U0179903

图像处理偏微分方程方法

吴勃英　郭志昌　杨云云　著

科学出版社

北京

内 容 简 介

本书从图像处理的基本概念出发,整理了若干图像处理中的偏微分方程模型和算法. 全书共 6 章,包括三部分内容:第一部分(第 1, 2 章)介绍基于偏微分方程数字图像处理的基础知识,包括绪论、现有图像去噪模型的数学定义;第二部分(第 3, 4, 5 章)详细讨论不同噪声模型下的偏微分方程去噪方法,包括加性噪声去除偏微分方程方法、乘性噪声去除偏微分方程方法、椒盐噪声以及混合噪声去除偏微分方程方法;第三部分(第 6 章)介绍基于偏微分方程的图像分割技术,主要对 CV 模型和 LBF 模型做改进,同时应用分裂 Bregman 方法极小化新能量泛函,不仅提高了改进模型的速度,也提高了模型的分割准确度. 书中部分图片的彩色版,可通过扫描图片旁的二维码获取.

本书可作为高等院校数学、通信、电子信息工程、计算机科学、自动化、数字多媒体、信息安全、遥感、生物工程等专业本科生和研究生的专业课教材,也可供从事上述相关学科专业的研究人员和工程技术人员参考.

图书在版编目(CIP)数据

图像处理偏微分方程方法/吴勃英,郭志昌,杨云云著. —北京:科学出版社,2020.11

ISBN 978-7-03-066860-8

I. ①图… Ⅱ. ①吴… ②郭… ③杨… Ⅲ. ①偏微分方程–应用–数字图像处理 Ⅳ. ①O175.2 ②TN911.73

中国版本图书馆 CIP 数据核字(2020) 第 222915 号

责任编辑:张中兴 龙嫚嫚 李 萍 / 责任校对:杨聪敏
责任印制:张 伟 / 封面设计:蓝正设计

科学出版社 出版

北京东黄城根北街 16 号
邮政编码: 100717
http://www.sciencep.com

北京九州迅驰传媒文化有限公司 印刷

科学出版社发行 各地新华书店经销

*

2020 年 11 月第 一 版 开本: 720 × 1000 1/16
2021 年 5 月第二次印刷 印张: 14 1/2
字数: 292 000

定价: 69.00 元
(如有印装质量问题,我社负责调换)

前　　言

随着近年来大数据与人工智能的迅猛发展, 图像处理领域中的诸多问题受到了学者们的广泛关注. 偏微分方程作为一种强有力的数学手段, 被广泛应用于包括图像处理在内的诸多领域. 例如, 针对各类图像处理任务, 基于偏微分方程的方法将图像处理过程与特定的若干物理现象作类比, 建立相应的偏微分方程模型, 进而从数学角度给出严谨的理论分析. 因此, 这类方法在各个领域研究人员的共同努力下, 逐渐发展成为一套较为系统和完整的研究手段.

本书较系统地介绍了基于偏微分方程数字图像处理的基本概念、基本原理、基本技术和基本方法, 较好地融合了数学基础知识与实际图像处理的工程问题, 从数学科学的角度深入分析并解决了图像处理问题, 包括图像去噪和图像分割. 本书重点研究使用偏微分方程进行图像处理的方法, 将偏微分方程方法直接应用于图像信息上, 更加接近于现实客观世界, 便于建模分析, 而且偏微分方程有丰富的数学理论, 这样对模型的分析更为深入. 本书内容系统性强、深入浅出、重点突出, 层次分明, 理论与实例并重, 并提供了丰富的数值实验与图例, 以供读者参考.

本书的第 1, 2 章由吴勃英执笔, 第 3, 4, 5 章由郭志昌执笔, 第 6 章由杨云云执笔. 张达治、孙杰宝、董刚、周振宇、施克汉等人对本书结构组织、部分实验的设计提供的许多有益的建议, 他们为本书的完成做出了贡献, 作者在此一并表示感谢.

限于作者的学识和经验, 本书难免有错误和不妥之处, 如蒙赐教, 不胜感激.

作　者

2020 年 3 月

目　　录

第1章 绪 论

1.1 数字图像与数字图像处理

图像是用各种观测系统以不同形式和手段观测客观世界而获得的, 可以直接或间接作用于人眼, 进而产生视觉的实体, 它是自然界景物的客观反映. 图像的本质是一个二维函数 $f(x, y)$, 其中 x 与 y 表示图像的横坐标与纵坐标. f 在任何一个坐标 (x, y) 上的值称为图像的灰度或者亮度, 当 x, y 和其对应的灰度值 $f(x, y)$ 都是有限的离散量时, 称该图像为数字图像, 数字图像中的有限个元素称作像素.

数字图像处理是利用计算机对数字图像进行一系列操作, 从而获得某种预期结果的技术. 数字图像处理起源于 20 世纪 60 年代, 当时美国宇航局喷气推进实验室、麻省理工学院、贝尔实验室和马里兰大学等在内的少数科研机构研究了卫星图像处理、医学图像处理、视频通话、特征识别和图像增强等图像处理技术, 这其中的典型代表是喷气推进实验室对航天探测器 "徘徊者 7 号" 发回的几千张月球照片使用了图像处理技术, 由计算机成功地绘制出月球表面地图. 随后又对探测飞船发回的近十万张照片进行了更为复杂的图像处理, 获得了月球的地形图、彩色图及全景镶嵌图, 为人类登月壮举奠定了坚实的基础. 20 世纪 70 年代, 计算机的发展使数字图像处理技术得到了迅猛的发展, 人们可以使用更复杂的算法处理数字图像并得到实时的结果, 而到了 21 世纪, 由于成本低廉、功能广泛, 数字图像处理成为最普遍的图像处理方法.

经过半个世纪的发展, 数字图像处理技术已经成为数学、计算机科学、信息科学等诸多领域学者研究图像的有力工具, 其研究内容也已经从狭义的图像处理拓展到图像分析和图像理解. 狭义上, 图像处理的研究范畴包括图像修复与增强[1]、图像分割[2]、图像压缩编码[3] 和图像变换[4] 等. 本书的工作主要集中在图像修复与图像分割方面.

1.2 偏微分方程图像处理

纵观数字图像处理的发展历程, 期间形成了各种各样的处理技术. 早期大部分的图像处理方法来源于一维信号处理技术, 例如滤波技术和统计理论等. 伴随着遥感、医学等领域与日俱增的图像处理需求以及物理技术上的突破, 人们越发关注图像处理的本质, 并试图用严格的数学理论对现有的图像处理算法进行归类和改进.

当前, 数字图像处理技术有三个主要的工具: 随机模型[5]、小波分析理论[6] 和偏微分方程方法[7]. 前两者具有悠久的发展历史, 其中随机模型以贝叶斯估计和马尔可夫随机场为基础直接作用到图像上, 建立了很多合理的模型, 而小波分析理论则以傅里叶分析为基础将图像信息变换到频域上, 然后建立模型, 间接地作用于图像.

自 20 世纪 90 年代以来, 使用偏微分方程方法进行图像处理获得了较大的发展, 逐渐成为十分具有吸引力的研究课题. 目前, 基于偏微分方程的图像处理技术在图像复原、图像分割、图像重构、图像识别、图像分析等方面得到了广泛的应用[8-11]. 偏微分方程方法将图像信息视为连续的二维函数, 可以看作某种场或者物理状态. 用偏微分方程方法处理图像信息, 更加接近于现实客观世界, 便于建模分析. 同时, 偏微分方程有丰富的数学理论支撑, 因此对模型的分析更为深入.

1.3 本书主要内容

本书根据图像处理的不同目的分为图像去噪、图像分割两大部分. 在图像去噪部分, 我们详细地讨论了如何在不同噪声模型下使用偏微分方程方法进行图像去噪. 在图像分割部分, 我们讨论了如何使用偏微分方程方法进行图像分割, 以及 CV模型和 LBF 模型的改进.

在各类图像系统中, 图像的传送和转换 (如成像、复制、扫描、传输和显示等), 总会造成图像的降质, 典型的表现为图像模糊、失真、有噪声等, 但是在众多的应用领域中, 又需要清晰的且高质量的图像, 因此, 为了抑制噪声, 改善图像质量, 对图像进行复原具有非常重要的意义. 在图像处理领域, 图像复原一直是最重要、最基本的研究课题之一, 具有重大的理论价值和实际意义. 一般来说, 噪声被认为是符合统计特性的随机变量, 按照概率密度函数的不同, 通常可以分为高斯 (Gauss)噪声[12]、椒盐 (salt-and-pepper) 噪声[13]、乘性 (multiplicative) 噪声[14] 等. 因此, 第 2 章讲述现有噪声模型的数学定义.

第 3 章讨论基于偏微分方程的高斯噪声去除方法. 高斯噪声是最为常见的一种图像噪声, 广泛存在于相机和手机等常用的成像系统中. 基于偏微分方程的高斯噪声去除方法可以追溯到 20 世纪 70 年代 Tikhonov 和 Arsenin 提出的热方程模型. 通过求解以噪声为初值的热方程, 就可以在扩散过程中将噪声去除. 由于热方程的解是高斯核函数与初值的卷积, 因此该方法的本质是对噪声图像进行高斯滤波, 而高斯滤波是一种低通滤波, 故而图像的一些细节在去噪的过程中也会被抹去. 1990年 Perona 和 Malik 开创性地在图像处理中引入各向异性扩散方程, 该方程能够在图像光滑区域快速扩散, 在图像边界附近减慢扩散, 甚至倒向扩散, 从而达到保护图像细节信息的目的. 1992 年, Rudin, Osher 和 Fatemi 提出将 TV 模型用于高斯噪声去除, 其本质是假设非噪声图像是有界变差的, 通过能量泛函的正则项和拟合项约束达到去噪目的.

Perona 和 Malik 提出的 PM 方程在图像去噪、图像增强和图像分割等方面有广泛的应用. 但由于其在图像梯度较大的地方是倒向扩散的, 因此有些噪声会被误探测为边界, 从而将噪声信息保留下来甚至噪声信息会得到增强. 通过对 PM 模型进行修正, 我们提出了变指数自适应 PM 模型

$$\frac{\partial u}{\partial t} = \operatorname{div}\left(\frac{\nabla u}{1 + (|\nabla u|/K)^{\alpha(x)}}\right) - \lambda(u - f), \quad (x,t) \in \Omega \times (0,T)$$
$$u(x,0) = f, \quad x \in \Omega$$
$$\frac{\partial u}{\partial \boldsymbol{n}} = 0, \quad (x,t) \in \partial\Omega \times (0,T)$$

其中 $\alpha(x) = 2 - \dfrac{2}{1 + k|\nabla G_\sigma * u|^2}$. 该方程是三类方程的融合:

(1) 当 $\alpha = 0$ 时, 方程为热方程;

(2) 当 $\alpha = 1$ 时, 方程类似于 Charbonnier 扩散方程;

(3) 当 $\alpha = 2$ 时, 方程为 PM 方程.

利用新的变指数函数可以根据图像特征自适应地控制方程扩散模式, 得到具有 PM 扩散和热扩散双重特征的自适应 PM 扩散方程, 具体扩散行为如下: 在图像梯度模值小的区域, 也就是图像的非边界区域, 自适应 PM 模型将进行类似热方程的扩散, 从而有效去噪; 在图像梯度模值大的区域, 也就是接近图像边界的区域, 自适应 PM 模型将进行类似 PM 方程的扩散, 可以很好地保护边界.

TV 模型在 BV 空间中考虑图像去噪问题. 由于其假设非噪声图像是具有有界变差的, 因此 TV 模型去噪后的图像容易出现阶梯效应. 此外, TV 模型还严重地依赖于原作者提出的数值格式, 因此我们提出了 TV 正则项的一个修正方案, 即

$$\min_{u \in \mathrm{BV}(\Omega) \bigcap L^2(\Omega)} \left\{ I(u) = \int_\Omega \phi(|\nabla u|)\mathrm{d}x + \frac{\lambda}{2} \int_\Omega (u - f)^2 \,\mathrm{d}x \right\}$$

其中 $\phi(s) = s - \dfrac{1}{K}\ln(1 + Ks)$. ϕ 在满足线性增长的同时还是凸的, 这也是修正的 TV 模型与原始 TV 模型的一个本质区别. 我们证明了最小化问题的解的唯一性和存在性, 讨论了与其相关的演化方程. 此外, 也定义了其所对应的演化问题的弱解, 得到了逼近问题的解的估计, 证明了其所对应的演化问题的弱解的存在性和唯一性, 并且讨论了当 $t \to \infty$ 时弱解的渐近性质. 新模型中仅有的参数 K 是一个只需微调的阈值, 它依赖于演化参数 t, 因此对于数值的选择没有太限制. 另外, 参数 λ 是动态得到的, 不需手动调节, 若取足够大的阈值参数 K, 新模型可以逼近 TV 模型. 数值结果可以验证新模型比经典的 TV 模型和 PM 模型更有效.

考虑更一般的线性增长能量泛函

$$\min_{u\in\mathrm{BV}(\Omega)\bigcap L^2(\Omega)}\left\{F(u)=\int_\Omega \Psi\left(|\nabla u|\right)|\nabla u|\,\mathrm{d}x+\frac{\lambda}{2}\int_\Omega (u-f)^2\,\mathrm{d}x\right\}$$

这里 $\Psi(s)$ 为检测边界梯度范数的函数, f 为噪声图像. 若设 $\Psi(s)=s$, 则 $F(u)$ 变为 L^2 范数的变分问题, 此变分等价于热方程, 从而解是光滑的, 因此会导致去噪后的图像丢失边界等细节信息; 若 $\Psi(s)=1$, 此问题变为古典的 TV 模型, 通过讨论能量泛函对应扩散方程的法向和切向分解, $\Psi(s)$ 应该满足

$$\lim_{s\to+\infty}\frac{[2\Psi''(s)+\Psi'(s)\cdot s]}{[\Psi'(s)+(\Psi(s)/s)]}=0$$

从该观点出发, 我们提出

$$\phi\left(\nabla u\right):=\Psi\left(|\nabla u|\right)|\nabla u|=\frac{|\nabla u|^2}{1+|\nabla u|}$$

并研究了在该情况下线性增长泛函的性质.

第 4 章讨论基于偏微分方程的乘性噪声去除方法. 随着航空航天领域和医学领域图像处理的发展, 乘性噪声进入了人们的视野. 乘性噪声普遍存在于合成孔径雷达 (synthetic aperture radar, SAR) 图像、医学上的超声波图像和激光图像等. 以 SAR 图像为例, 其受相干斑噪声的影响. 因为在雷达向地面发射连续电磁波, 再由传感器接收地面回波的过程中, 如果地面十分粗糙 (对于雷达的波长而言), 得到的图像就会被一种振幅很大的噪声, 即相干斑噪声所影响. 传统的 SAR 图像的模型符合 $I=\omega\eta$, 其中 I 为观测图片的强度, ω 为后向散射截面, η 为相干斑噪声, 且 η 满足均值为 1 的伽马 (Gamma) 分布

$$g(\eta)=\frac{L^L}{\Gamma(L)}\eta^{L-1}\exp(-L\eta)1_{\{\eta\geqslant 0\}}$$

即伽马乘性噪声. 一般地, 乘性噪声模型满足

$$f=u\eta$$

其中 f 为被观测图像, u 为恢复图像, η 为乘性噪声. 我们需要考虑的问题是, 从乘性噪声 η 所污染的噪声图像 f 中, 寻找真实的图像 u. 从发现乘性噪声到现在, 这个问题并没有得到广泛的研究.

虽然 TV 模型只适用于高斯噪声, 但它提供了一个用于图像处理其他问题的一般框架. 我们首先构造了用于估计光滑图像灰度值的灰度探测算子, 然后基于该算子提出一个自适应全变差正则项. 同时引入全局凸拟合项, 在变分去噪模型的

框架下提出了一个新的变分乘性去噪模型. 理论上, 我们首先论证了变分问题解的存在唯一性和比较原理. 由于演化方程具奇性和退化, 因此我们定义了一种新的弱解, 称之为伪解. 进而讨论变分模型对应的演化方程解的存在唯一性和解的长时间行为, 并证明解渐近趋近于变分模型的最小值点. 在数值上, 我们给出两种数值格式, 类似全变差流的数值格式和利用 p-Laplace 方程近似的数值格式, 并讨论此格式的性质. 最后通过一系列模拟实验, 将新模型与其他经典模型进行对比, 论证了新模型在视觉效果和 PSNR 值上都优于其他模型.

在乘性去噪领域, 基于偏微分方程的去噪方法研究还不够深入. 有别于其他传统的基于变分问题的乘性去噪模型理论, 我们从扩散方程角度出发, 提出一类基于非线性扩散方程的乘性去噪模型框架. 在该框架中, 针对乘性噪声的特点, 我们不仅考虑图像的梯度模信息, 同时也利用图像的灰度值信息来构造模型中的扩散系数和扩散源项.

我们在上述乘性去噪模型框架下, 提出一类基于双退化各向异性扩散方程的乘性去噪模型. 在该模型中, 扩散系数同时受图像梯度模值和图像灰度值控制, 使得模型不仅能够有效地去除乘性噪声, 同时也能够保护边界等重要信息. 更进一步地, 针对被压缩的乘性噪声图像信息, 我们利用伽马校正思想来构造模型中的参数. 在方程理论方面, 我们证明了上述方程弱解的存在性问题并给出了其他一些理论分析. 首先, 我们引入 Sobolev-Orlicz 空间及其基本性质, 在该空间中给出合理的弱解空间和弱解的定义. 进而通过正则化原方程、对弱解进行先验估计、收敛性证明等步骤最终证明模型弱解的存在性.

对于模型的数值实现问题, 我们首先给出方程的传统有限差分格式, 之后针对其算法效率受时间步长限制的问题, 引入快速显式扩散 (fast explicit diffusion, FED), 在原有有限差分格式的基础上通过变化时间步长的计算循环来加速去噪算法. 通过在不同的乘性噪声图像上进行实验, 与其他经典乘性去噪模型进行对比分析. 结果表明, 新算法在去噪效果和算法效率上都有了显著的提升, 尤其是在噪声较大时, 提升效果更为明显.

第 5 章讨论基于偏微分方程的脉冲噪声去除方法. 脉冲噪声主要来源于图像的采集和传输过程. 例如, 相机传感器部分像素点失灵、图像在有噪声的信道中传输都会引起脉冲噪声. 设原始的未知图像 u_0 定义在一个区域 $\Omega = \{(i,j) : i = 1, \cdots, M; j = 1, \cdots, N\}$ 内, 噪声图像 f 由下式所给出:

$$f_{i,j} = \begin{cases} u_{0i,j} + \eta_{i,j}, & x \in \Omega_D = \Omega - D \\ n_{i,j}, & x \in D \end{cases}$$

其中 η 是加性高斯白噪声, n 是脉冲噪声, 集合 D 表示 u_0 中信息缺失区域. 图像恢复的主要问题就是从给定的噪声图像 f 出发得到真实的图像 u. 椒盐噪声和随机值噪声是两种常见的脉冲噪声. 设图像的值域范围为 $[d_{\min}, d_{\max}]$, 对于被椒盐噪声污染的图像, 噪声点只能取 $d_{\min}$ 和 $d_{\max}$ 两个值; 而对于被随机值噪声污染的图像, 噪声点可以取 $d_{\min}$ 到 $d_{\max}$ 间的任意随机值.

多年来, 中值滤波器和变分法是两种最为常用的脉冲噪声去除方法. 中值滤波器先确定脉冲噪声像素点位置, 然后通过中值滤波将噪声点还原, 在噪声水平较高时能取得不错的效果, 但这些滤波器的主要缺陷在于噪声点仅是被一些中值所替换而并没有充分考虑边界等局部特征, 从而无法有效保护边界, 当噪声水平较高时尤为明显. 另外, 变分法则是通过求解如下能量泛函的最小值去除脉冲噪声:

$$\inf_{u}\{\psi(f - u) + \lambda\varphi(|\nabla u|)\}$$

其中 ψ 是数据保真项, φ 是正则项. 由于去除孤立点异常值具有鲁棒性, 因此实际去除脉冲噪声时常常采用 L^1–保真项 $\psi(f - u) = \int_{\Omega}|f - u|\mathrm{d}x$. 至于 φ, 则有多种选法, 代表性的例子包括 TV 正则化、Mumford-Sha 正则化以及非局部正则化.

由于椒盐噪声的图像是高度振荡的, 因此传统的 TV 模型不适用于去除椒盐噪声. 我们通过两种不同的手段改进传统的 TV 模型. 首先, 我们将 TV 模型中的正则项替换为更强的正则项, 即 Hölder 半范正则项. Hölder 半范正则项保证了恢复后的图像是 Hölder 连续的, 尽管有时处理后的图像可能会出现轻微模糊, 但是去除椒盐噪声效果十分显著. 其次, 我们在非局部情况下考察 TV 模型并对使用非局部 TV 模型去除椒盐噪声进行讨论. 根据自然图像和纹理图像的特征, 由 Hölder 半范正则项和非局部算子的性质可以得知这种算法对于处理这两类图像的去噪问题具有很好的效果. 最后, 我们从两个不同角度出发论证了两个模型具有一个统一的表达式

$$u_{i,j} = \begin{cases} f_{i,j}, & (i,j) \in N^{\mathrm{c}} \\ \min\limits_{z_{i,j}}\left(\sum\limits_{(s,t) \in N^c \cap S_{i,j}^w} F_{i,j}^{s,t}\right), & (i,j) \in N \end{cases}$$

其中 $F_{i,j}^{s,t}$ 因模型不同而异. 实验结果和现有方法对比表明, 这种算法对于椒盐噪声水平高达 90% 仍然行之有效.

传统的非线性扩散方程容易将脉冲噪声误判为边界, 从而并不适用于脉冲噪声图像去噪, 为此我们提出一类非散度型扩散方程

$$\frac{\partial u}{\partial t} = \lambda(x)\mathrm{div}\left(\frac{1}{1 + (|G_{\sigma} * \nabla u|/K)^2}\nabla u\right)$$

用于去除脉冲噪声, 这里控制函数 $\lambda(x) = \chi_D$, D 是噪声点的集合. 类似于其他方法, D 可以利用滤波方法等技术探测出来, 而当噪声点被探测出之后, 从模型可以

看出该方程并不改变没有被噪声点污染的像素值, 而被噪声点污染的像素被非线性扩散方程修复. 由于方程是各向异性的, 因此它能够在去噪的同时保护图像边界等细节信息. 通过数值实验, 我们验证了该方程优于我们已知的现有方法. 此外, 该方程的数值解具有一定的渐近性, 能够自动地收敛到我们所需的解. 这种性质可以帮助我们在数值实验中避免考虑选择扩散停止时间, 而且可以很容易将该方程推广到去除高斯脉冲混合噪声. 我们在控制函数中引入时间变量, 即

$$\frac{\partial u}{\partial t} = \lambda(x,t)\mathrm{div}\left(\frac{1}{1+(|G_\sigma * \nabla u|/K)^2}\nabla u\right)$$

其中$\lambda(x,t)=\begin{cases} \lambda(x), & 0 \leqslant t \leqslant T_0, \\ 1, & T_0 < t \leqslant T, \end{cases}$ $\lambda(x)=\chi_D, 0 < T_0 < T$ 为常数. 注意到该方程

包含了两个步骤: 第一步 $(0 \leqslant t \leqslant T_0)$ 用于去除脉冲噪声; 第二步 $(T_0 < t \leqslant T)$(经典非线性扩散方程) 则用于去除高斯噪声.

第 6 章讨论基于偏微分方程的图像分割技术. 图像分割是根据图像的灰度、颜色、纹理和边缘等特征, 把图像分为满足某种相似性准则或具有某种同质特征的连通区域集合的过程. 分割图像时, 如果加强分割区域的同性质的约束, 分割区域很容易产生许多不规则的边缘; 如果加强不同区域性质的差异, 会很容易造成非同质区域合并和边缘丢失. 所以根据不同的图像, 要求采用不同的分割技术.

分割方法根据不同的特点可以分为: 边缘检测方法、阈值分割方法、区域增长方法和活动轮廓模型方法等. 虽然对于图像分割问题已存在很多传统模型, 但是这些模型都存在一些不足和缺点. CV 模型虽然对初始化不是很敏感, 但只考虑了整体信息, 不能处理强度不均匀的图像, 同时具有抗噪性弱、演化速度慢等缺点; LBF 模型中能量函数是非凸的, 只考虑了局部信息, 这样的演变会很容易地陷入局部最小值. 第 6 章讨论了 CV 模型和 LBF 模型的改进, 同时也通过 Split Bregman 方法极小化能量泛函, 极大提高了计算速度.

第2章 图像去噪

图像在获取、传输和存储等过程中, 图片质量可能出现退化现象, 例如, 对象的运动、传感器的缺陷、周围环境的变化以及其他人为因素的干扰等, 均会导致得到的图像与真实图像有所偏差. 一般而言, 图像的退化过程可以表示为一个退化函数和一个加性噪声项相加的形式. 若原始图像为 $u(x,y)$, 由其产生的退化后的图像为 $f(x,y)$. 假定成像系统是一个线性平移不变的过程, 则在空间域中退化图像的数学模型可由下式给出:

$$f(x,y) = h(x,y) * u(x,y) + \eta(x,y)$$

其中 $h(x,y)$ 是退化函数的空间描述, 也称为点扩散函数 (point spread function, PSF), "$*$" 表示空间卷积. 例如, 散焦使图像变得模糊, 该退化过程的 PSF 可近似为高斯函数

$$h(x,y) = \exp\left\{-\left(x^2 + y^2\right)/\left(2\delta^2\right)\right\}$$

利用傅里叶变换, 可以把图像信息由空间域转换到频域上, 则上述退化图像的数学模型可以等价地写为

$$F(x,y) = H(x,y)U(x,y) + N(x,y)$$

其中的每一项对应原公式中相应项的傅里叶变换.

本章作为背景性章节, 将简要介绍几种噪声模型以及两类比较成熟的去噪方法: 滤波去噪方法和小波去噪方法. 本章的内容将为后面章节的问题背景做铺垫, 建议图像处理背景知识薄弱的读者详细阅读这一章以及相应的参考文献内容.

2.1 噪声模型

图像处理的每个过程都可能有噪声的出现. 噪声可以认为是不可预测的、服从一定概率分布的随机误差, 通常可以用概率分布函数和概率密度函数来描述噪声. 现实生活中噪声的种类繁多, 按照噪声和图像信号之间的关系, 我们可大致将噪声分为加性噪声、乘性噪声、椒盐噪声和量化噪声等. 下面来详细介绍这几类噪声的生成方式以及对图像的影响.

2.1.1 加性噪声

加性噪声通常与输入图像信号无关, 比如信道噪声及光导摄像管的摄像机扫描图像时产生的噪声, 都属于加性噪声. 加性噪声模型可以表示为

$$f = u + \eta$$

其中 $u: \Omega \subset \mathbb{R}^2 \to \mathbb{R}$ 为原清晰图像, $f: \Omega \subset \mathbb{R}^2 \to \mathbb{R}$ 为带有噪声图像, η 为加性噪声, 如图像处理任务中常用的高斯白噪声等. 一般地, 高斯噪声服从正态分布, 因此又被称为正态噪声. 由于其在空域和频域中都比较容易处理, 故该模型经常被用于实际应用中. 若将高斯噪声看作图像中的变量, 用 z 表示, 则其概率密度函数满足

$$p(z) = \frac{1}{\sqrt{2\pi}\sigma} \mathrm{e}^{-(z-\mu)^2/2\sigma^2}$$

其中, z 表示灰度值, μ 表示 z 的期望值, σ 表示 z 的标准差.

2.1.2 乘性噪声

与加性噪声不同, 乘性噪声和图像信号强度是相关的, 往往随图像信号的变化而变化, 如胶片颗粒噪声和光子入射散粒噪声等为泊松分布的乘性噪声, SAR 的数据噪声主要也为乘性噪声. 乘性噪声模型通常可表示为[15]

$$f = \eta' u$$

其中 η' 为乘性噪声.

与标准高斯加性噪声不同, 乘性噪声符合瑞利分布[16] 和伽马分布[17], 其中瑞利噪声的概率密度函数由下式给出:

$$p(z) = \begin{cases} \dfrac{2}{b}(z-a)\,\mathrm{e}^{-(z-a)^2/b}, & z \geqslant a \\ 0, & z < a \end{cases}$$

其均值和方差分别为

$$\mu = a + \sqrt{\pi b}/4$$

和

$$\sigma^2 = b(4-\pi)/4$$

此外, 伽马噪声的概率密度函数由下式给出:

$$p(z) = \begin{cases} \dfrac{a^b z^{b-1}}{(b-1)!} \mathrm{e}^{-az}, & z \geqslant 0 \\ 0, & z < 0 \end{cases}$$

其中, $a > 0, b$ 为正整数. 均值和方差分别为

$$\mu = \frac{b}{a}$$

和

$$\sigma^2 = \frac{b}{a^2}$$

尽管上式常被用来表示伽马密度函数, 但严格地说, 只有当分母为伽马函数 $\Gamma(b)$ 时才是正确的. 当分母如上式所示则近似于埃尔朗 (Erland) 密度函数.

2.1.3　椒盐噪声

椒盐噪声是由图像传感器、传输信道和解码处理等引起的噪声. 椒盐噪声的典型特点是图像只有一部分被污染, 而被污染部分的灰度值只能取图像灰度值中的最大值或最小值, 故其在灰度图像中表现为亮点或暗点. 椒盐噪声又被称为脉冲噪声, (双极) 脉冲噪声的概率密度函数可由下式给出:

$$p(z) = \begin{cases} P_a, & z = a \\ P_b, & z = b \\ 0, & \text{其他} \end{cases}$$

如果 $b > a$, 灰度值 b 在图像中将显示为一个亮点; 相反, 灰度值 a 将显示为一个暗点.

2.1.4　量化噪声

量化噪声是数字图像的主要噪声源, 其大小显示出数字图像和原始图像的差异, 减少这种噪声的最好办法就是采用按灰度级概率密度函数选择量化级的最优化措施.

按照噪声的概率密度函数分类, 除了上述讨论过的高斯噪声、瑞利噪声、伽马噪声和脉冲噪声 (椒盐噪声) 等, 还有指数分布噪声[18] 和均匀分布噪声等.

指数分布噪声的概率密度函数为

$$p(z) = \begin{cases} a\mathrm{e}^{-az}, & z \geqslant 0 \\ 0, & z < 0 \end{cases}$$

其中, $a > 0$, 其期望值和方差分别为

$$\mu = \frac{1}{a}$$

和

$$\sigma^2 = \frac{1}{a^2}$$

可以看出, 当指数分布噪声的概率密度函数中 $b=1$ 时, 该指数分布为埃尔朗分布的特殊情况.

均匀分布噪声的概率密度函数可由下式给出:

$$p(z) = \begin{cases} \dfrac{1}{b-a}, & a \leqslant z \leqslant b \\ 0, & \text{其他} \end{cases}$$

其期望值和方差分别为

$$\mu = \frac{a+b}{2}$$

和

$$\sigma^2 = \frac{(b-a)^2}{12}$$

由于噪声无法在理论上进行有效预测, 因此只能利用概率统计方法来将其看作随机误差, 因而将图像噪声看成多维随机过程, 利用其概率密度函数来描述是一种可取的办法, 通常我们可以使用其均值、方差和相关函数等数字特征来进行描述. 另外, 通过这种方式引入数学模型, 将更有利于应用数学方法来处理噪声.

2.2 滤波去噪方法

图像在成像、复制、扫描和传输等过程中不可避免地会出现退化现象, 那么如何更好地复原图像就显得尤为重要. 图像复原的传统方法主要是进行图像滤波. 滤波的概念来源于在频域对信号进行傅里叶变换. 图像处理中的滤波去噪方法, 基本上可以分成两类: 空间域去噪方法[19,20] 和变换域去噪方法[21]. 其中, 空间域去噪方法指的是直接在原图上进行数据运算, 即直接对图像的像素灰度值进行处理, 而变换域去噪方法是指将图像转换到频域或小波域等变换域上进行处理, 处理后再通过反变换转换到空间域, 从而达到去除图像噪声的目的. 下面分别介绍几种常见的图像滤波去噪方法.

2.2.1 空间域去噪方法

空间域去噪方法属于比较经典的图像去噪方法, 出现时间较早, 现已具有比较完备的理论基础. 具有代表性的方法有平滑线性滤波方法、维纳滤波方法和统计排序滤波方法.

1. 平滑线性滤波器

由于典型的随机噪声由灰度的尖锐变化组成, 而平滑线性滤波器的输出是包含在滤波器邻域像素的简单平均值, 经过这种处理就减小了图像灰度的尖锐变化, 从而有效减少图像噪声. 通常, 平滑线性滤波又被称为均值滤波[22]. 其采用的主要方法为邻域平均法, 即

$$f(x,y) = \frac{1}{M} \sum u(x,y)$$

其中 M 为选择的滤波模板中像素点的个数, 即求模板中所有像素灰度的均值, 再把该均值赋给当前像素, 作为该点经过邻域平均处理后的灰度值.

例如, 以 3×3 邻域模板为例, 则有

$$H_1 = \frac{1}{9} \begin{pmatrix} 1 & 1 & 1 \\ 1 & 1 & 1 \\ 1 & 1 & 1 \end{pmatrix}$$

均值滤波方法是一种常见的图像滤波去噪方法, 该方法运算简单, 对高斯噪声具有良好的去噪能力. 但均值滤波本质上是一种低通滤波方法, 在消除噪声的同时也会对图像的高频细节成分 (比如图像边缘) 造成破坏和损失, 从而导致图像变得模糊, 这是均值滤波方法存在的固有缺陷. 此外, 均值滤波方法对于椒盐噪声的抑制作用也并不理想.

为了改善均值滤波方法导致的细节对比度不好、区域边界模糊的缺陷, 人们通常使用门限法来抑制椒盐噪声和保护纹理, 用加权平均法来改善图像的边界模糊问题. 如下是几个经典的加权平均滤波模板:

$$H_2 = \frac{1}{10} \begin{pmatrix} 1 & 1 & 1 \\ 1 & 2 & 1 \\ 1 & 1 & 1 \end{pmatrix}, \quad H_3 = \frac{1}{16} \begin{pmatrix} 1 & 2 & 1 \\ 2 & 4 & 2 \\ 1 & 2 & 1 \end{pmatrix}, \quad H_4 = \frac{1}{8} \begin{pmatrix} 1 & 1 & 1 \\ 1 & 0 & 1 \\ 1 & 1 & 1 \end{pmatrix}$$

2. 维纳滤波器

维纳滤波器[23] 同样是一种经典的线性去噪滤波器, 是最早也最为人们熟知的线性图像恢复方法之一. 它是一种基于最小均方误差准则、对平稳过程进行最优估计的方法. 这种滤波器的设计准则是其输出与期望输出之间的均方误差为最小, 也就是寻找一种使统计误差函数

$$e^2 = E\left\{ \left[u(x,y) - \hat{f}(x,y) \right]^2 \right\} = \min$$

最小的估计 $\hat{f}$, 其中 u 为未退化图像, $E\{\}$ 表示期望算子. 该表达式在频域上可表示为

$$\hat{F}(x,y) = \left[\frac{1}{H(x,y)}\frac{H^*(x,y)H(x,y)}{[H(x,y)]^2 + P_n(x,y)/P_u(x,y)}\right] \times F(x,y)$$

其中 $H(x,y)$ 即本章开始叙述过的退化函数在频域的表示形式, $H^*(x,y)$ 表示其共轭, P_n 表示噪声的功率谱, P_u 为原始图像的功率谱, 那么 P_n/P_u 即为噪信功率比, 若这个比率为 0, 维纳滤波器就变成了逆滤波器.

维纳滤波方法常用于从加性噪声中恢复未知信号, 对高斯噪声和乘性噪声都有明显的抑制作用, 总体来说相对于均值滤波效果要更好一些. 缺点是容易损失图像的边缘信息. 维纳滤波方法对椒盐噪声几乎没有抑制作用, 而且维纳滤波方法需要较多有关图像的先验知识, 还需要知道非退化图像的相关函数或者功率谱特性等, 而在实际应用中, 获得这些先验知识比较困难. 因此, 该方法也具有一定的局限性.

3. 统计排序滤波器

统计排序滤波器是一种非线性的空间滤波器, 它将图像滤波器包围的图像区域中的像素进行排序, 然后由统计排序结果决定的值代替中心像素的值. 统计滤波器中最常见的例子就是中值滤波器. 正如其名, 中值滤波方法即取像素邻域内所有像素的中间值作为像素的输出值. 与上面提到的均值滤波方法不同, 中值滤波方法是取模板中排在中间位置上的像素的灰度值代替待处理像素的灰度值, 从而达到滤除噪声的目的. 若像素点 $f(x,y)$ 的邻域内灰度值为 $f_1, f_2, \cdots, f_n$, 不妨设其已经从小到大排列了, 则中值滤波后该像素点的灰度值为

$$f(x,y) = \text{med}(f_1, f_2, \cdots, f_n) = \begin{cases} f_{k+1}, & n = 2k+1 \\ \dfrac{1}{2}(f_k + f_{k+1}), & n = 2k \end{cases}$$

例如, 在一个 3×3 邻域内有一系列的像素值

$$\{10, 20, 20, 20, 15, 20, 20, 25, 100\}$$

对这些值进行排序后为

$$\{10, 15, 20, 20, 20, 20, 20, 25, 100\}$$

故中值为 20, 即原像素点的灰度值由 15 变为 20.

通过上面的例子不难看出, 在去除椒盐噪声方面中值滤波器是要优于均值滤波器的. 然而由于高斯噪声分布在每个点上, 这让中值滤波方法在选点的时候并不总

能选到合适的点, 故总体上在去除高斯噪声方面, 中值滤波方法并不如均值滤波方法表现得好.

尽管在图像处理中, 中值滤波器是应用最广泛的统计排序滤波器, 但同样有其他类型, 比如可以取排列数字中的最大值而不是中值, 即最大值滤波器, 这种滤波器在搜寻一幅图像中的最亮点时十分有用. 与之相反的, 有最小值滤波器.

2.2.2   变换域去噪方法

变换域去噪方法是利用原始信号和噪声信号在变换域会表现出不同的特征这一现象来去除噪声的, 如频域低通滤波方法. 由于图像的边缘及噪声都对应于频域中的高频分量, 因此通过对频域一定范围内的高频分量进行衰减, 可以实现图像的光滑去噪. 频域滤波可以用下述关系式给出:

$$G(u,v) = H(u,v) F(u,v)$$

其中 F 及 H 的意义在本章开头已经给出. 通过函数 H 使 F 的高频分量衰减, 得到的 G 经过傅里叶逆变换作用即可获得平滑后的图像. 由于滤除了高频分量, 低频信息得以保留, 所以称为低通滤波, 函数 H 即为频域低通滤波器的传递函数. 下面介绍几种常见的频域低通滤波器的传递函数.

1. 理想低通滤波器

二维理想低通滤波器的传递函数为

$$H(u,v) = \begin{cases} 1, & d(u,v) \leqslant d_0 \\ 0, & d(u,v) > d_0 \end{cases}$$

其中 d_0 表示截止频率点到原点的距离, d 表示点 (u,v) 到频率平面原点的距离, 即

$$d(u,v) = \sqrt{u^2 + v^2}$$

2. Butterworth 低通滤波器

n 阶 Butterworth 低通滤波器的传递函数为

$$H(u,v) = \frac{1}{1 + [d(u,v)/d_0]^{2n}}$$

其中 d_0 为截止频率.

通过观察传递函数不难发现, 不同于理想低通滤波器, Butterworth 低通滤波器传递函数在通过频率与滤去频率之间没有明显的不连续性, 故 Butterworth 低通滤波器在高低频之间的过渡比较光滑, 所以得到的去噪结果中振铃效应不明显.

3. 指数滤波器

指数滤波器的传递函数为

$$H(u,v) = \mathrm{e}^{-[d(u,v)/d_0]^n}$$

其中 n 决定指数函数的衰减率.

指数滤波器是在最小均方误差准则下的最佳滤波器, 可实现快速递归运算, 并且能较好地保护图像边缘, 增强抗噪能力.

除了上述的频域低通滤波器, 变换域去噪方法中具有代表性的方法还有基于傅里叶变换的去噪方法、基于 ICA 的去噪方法以及基于小波变换的去噪方法. 我们将在下一节详细地介绍基于小波变换的去噪方法.

所有的滤波去噪方法都不能完全地去除噪声, 实际中常用一些改进方法如小波导向、多级门限检测来提高去噪的效果. 上述的图像滤波去噪方法虽有一定的去噪效果, 但都有局限性. 由于图像的大部分信息存在于图像的边缘部分, 因此要求图像滤波不仅能去除图像的模糊和噪声, 同时又能保持图像的边缘等细节. 由于图像细节和噪声在频带上混叠, 因此图像的平滑和边缘细节的保持难以同时实现, 所以传统的滤波方法难以处理这类问题. 对于此类问题, 一方面我们可以构造新的滤波器, 比如 K 近邻平滑滤波器、对称近邻平滑滤波器和 Sigma 平滑滤波器等; 另一方面, 我们可以利用锐化空间滤波器来增强被模糊掉的细节. 由于均值滤波处理与积分类似, 那么用基于空间微分的锐化滤波器来突出图像边缘是可行的.

2.3　小波去噪方法

傅里叶变换是信号分析的强有力工具, 它为信号在时域的表达和在频域的表达之间的转换提供了坚实的数学基础. 自 20 世纪 50 年代末起, 傅里叶变换一直是变换域图像处理的基石, 然而傅里叶分析应用于图像处理的不足之处是它缺乏定域性, 难以实现针对图像局部特征进行处理的目的. 人们研究发现, 小波分析的发展克服了傅里叶变换的这一缺陷.

小波变换[24,25,26] 是在傅里叶变换基础上发展起来的一种具有多分辨分析特点的时–频分析方法, 其基本思想是通过伸缩平移运算对信号进行多尺度细化, 最终达到高频处时间细分、低频处频率细分的目的, 能自适应地聚焦到信号的任何细节. 小波去噪的基本方法是, 将含噪信号进行多尺度小波变换, 从时域变换到小波域, 然后在各尺度下尽可能提取信号的小波系数, 而去除属于噪声的小波系数, 然后用小波逆变换重构信号. 经典的基于小波变换的图像去噪方法大体分为模极大值去噪方法、相关性去噪方法和小波阈值去噪方法等. 下面我们来逐一进行简要介绍.

2.3.1　模极大值去噪方法

模极大值去噪方法是根据信号与噪声在不同尺度上模极大值的不同传播特性, 从所有小波变换模极大值中选择信号的模极大值而去除噪声的模极大值, 然后用剩余的小波变换模极大值重构原信号.

该方法的基本步骤为: 对图像作正交离散小波变换 (discrete wavelet transform, DWT), 一般选取尺度 4 或者 5; 在每个尺度上找出小波系数模极大值, 通过设置阈值去除噪声模极大值点, 保留图像模极大值点; 由各尺度下保留的模极大值点重构图像, 从而得到去噪图像.

模极大值法适用于白噪声的去除, 对边缘复杂、信噪比低的图像去噪效果较好, 而且去噪效果比较稳定, 能够有效地保留图像边缘, 对噪声依赖性小. 但是该方法重构计算量较大、速度慢、对分解尺度依赖性强.

2.3.2　相关性去噪方法

基于小波变换尺度间相关性去噪方法是根据相邻尺度的小波变换系数直接相乘来增强信号、抑制噪声的, 故可以利用小波变换相关性区分信号和噪声. 尺度 j 下点 n 处的相关系数定义为

$$\mathrm{Cor}\,(j, n) = W_{2^j} f\,(n) \cdot W_{2^{j+1}} f\,(n)$$

规范化相关系数

$$\mathrm{NCor}\,(j, n) = \mathrm{Cor}\,(j, n) \sqrt{\mathrm{PW}\,(j) / \mathrm{PCor}\,(j, n)}$$

$$\mathrm{PW}\,(j) = \sum_n \left(W_{2^j} f\,(n)\right)^2$$

$$\mathrm{PCor}\,(j) = \sum_n \mathrm{Cor}\,(j, n)^2$$

其中, PW 和 PCor 分别表示对应于尺度 j 的小波系数与相关系数的能量. 在尺度 j 下 (记 $W\,(j, n) = W_{2^j} f\,(n)$), 小波系数与规范化相关系数具有相同的能量, 即两者存在可比性.

相关性去噪方法的基本步骤为: 对图像作 DWT, 尺度一般不超过 3; 计算每点相邻尺度小波系数的相关值, 如果相关值比原小波系数幅值大, 则该点为图像边缘点, 保留该点, 反之则为噪声点, 将其去除; 利用各个尺度保留下的小波系数进行重构, 得到去噪后的图像.

相关性去噪方法适用于处理高信噪比的情况, 去噪效果比较稳定, 对分析图像边缘有一定的优势. 但同样有计算量大的缺点, 而且需要估计噪声方差, 因此也具有一定的局限性.

2.3.3 小波阈值去噪方法

小波阈值去噪方法的主要依据为, 小波变换具有很强的数据去相关性, 能够使信号的能量在小波域内集中在少量的较大小波系数中, 而噪声却分布在整个小波域, 对应大量的数值小的小波系数, 经过分解后, 信号的小波系数的幅值要大于噪声的小波系数的幅值, 于是可以采用阈值的办法把信号的小波系数保留, 而使大部分噪声的小波系数减小为零.

小波阈值去噪方法的基本步骤为: 将带有噪声的图像在各尺度上进行小波分解, 保留大尺度低分辨率下的全部小波系数; 对于各尺度高分辨率下的小波系数, 设定一个阈值, 幅值低于该阈值的小波系数置为 0, 高于则保留; 将处理后获得的小波系数利用逆小波变换进行重构得到去噪后的图像.

该方法的最关键环节在于如何选择阈值和阈值函数. 若阈值太小, 则去噪后依然会有噪声存在; 若阈值太大, 则去噪过程会将图像的特征一起滤掉. 一般情况下会根据给定的小波系数的统计特征, 计算出一个阈值. 比较常用的阈值有 VisuShrink 阈值、SureShrink 阈值和 Minmax 阈值等. 而根据阈值函数选择的不同, 大体可以将阈值去噪方法分成两类: 硬阈值去噪方法和软阈值去噪方法.

通过对小波系数进行阈值处理, 阈值取为 $\sigma \cdot \sqrt{2\lg(N)}$, 得到估计小波系数. 取 $\lambda = \sigma \cdot \sqrt{2\lg(N)}$, 如果估计小波系数为

$$\hat{w}_{j,k} = \begin{cases} 0, & |w_{j,k}| < \lambda \\ w_{j,k}, & |w_{j,k}| \geqslant \lambda \end{cases}$$

则称为硬阈值估计方法. 如果估计小波系数为

$$\hat{w}_{j,k} = \begin{cases} 0, & |w_{j,k}| < \lambda \\ \mathrm{sign}(w_{j,k}) \cdot (|w_{j,k}| - \lambda), & |w_{j,k}| \geqslant \lambda \end{cases}$$

则称为软阈值估计方法, 其中, $w_{j,k}$ 为各分辨率下的小波系数, $\hat{w}_{j,k}$ 为处理后的系数, λ 为阈值.

硬阈值去噪方法可以很好地保留图像边缘等局部信息, 但容易出现振铃效应或者伪吉布斯效应等视觉失真的结果; 软阈值去噪方法处理结果相对平滑一些, 但是软阈值去噪方法会造成边缘模糊的缺陷. 显而易见, 若是在两种阈值去噪方法之间进行较好的折中, 则去噪效果会好一些. 另外, 也可以对阈值函数进行修正, 比如得到新的阈值函数: Semisoft 阈值函数和 Garrote 阈值函数等, 它们有着更高阶导数, 重建后的图像更加平滑, 去噪性能更好.

小波阈值去噪方法对大部分噪声都有较好的去噪效果, 尤其是高信噪比的情形. 此外, 该方法实现简单、计算量较小、处理速度快, 能够得到理想图像的近似最

优估计, 因此实际中应用十分广泛. 然而该方法对信噪比、阈值等依赖性比较强, 也会出现伪吉布斯效应或者模糊边缘的缺陷.

　　相比于传统滤波去噪方法在去除噪声的同时会造成图像细节的大量流失, 小波阈值去噪方法具有良好的局部特性, 能在不同尺度下对图像进行去噪, 这是传统去噪方法所不具备的. 小波分析是目前国际信号与信息处理的高新技术, 也是信号处理的前沿课题和研究热点. 在信号滤波、图像去噪、图像压缩、图像边缘检测、图像融合等领域都有着重要的应用[27-30].

第3章 加性噪声去除的偏微分方程方法

本章介绍几种用于加性噪声去除的偏微分方程方法. 首先回顾几种比较经典的已有方法, 如: TV 模型、PM 模型、p-Laplace 模型及四阶模型. 后面将介绍两类自适应 PM 模型以及 TV 模型的修正模型, 最后详细介绍一种线性增长泛函模型.

3.1 经典偏微分方程方法

在对图像进行去噪的过程中, 可以通过对图像进行正则化假设来建立变分模型, 从而实现图像去噪. 一般地, 正则项设定为图像的某种范数. 例如, 图像处理中常用的全变差 (total variation, TV) 范数, 其本质上是 L' 范数的推广, 人们研究发现 L' 估计更适用于图像恢复. 具体而言, TV 模型是应用最小化全变差范数的去噪方法, 从一个约束最小化问题推导出一个发展型非线性偏微分方程. TV 模型能够有效地保留图像的边缘信息.

与 TV 模型不同, PM 模型则是直接利用扩散过程进行图像去噪, 同时保护边缘的算法. PM 模型中选取的扩散系数依赖于图像的局部特性, 因此区域内光滑先于区域间光滑发生. PM 模型成功地利用全局信息得到一个高质量的边缘检测, 能够使区域边界保持清晰, 从而达到图像去噪的目的.

对高度退化的图像, 严格在一个方向上的扩散会产生虚假边缘, 该现象通常被称为 "阶梯效应". p-Laplace 方程方法是通过基于一个介于各向同性和全变分之间的各向异性扩散来实现的, 该图像恢复模型不仅能够保留图像结构和低梯度边界, 而且可以避免分段光滑图像中的 "阶梯效应".

以上所介绍的方法均为二阶偏微分方程方法, 这一类方法处理的图像通常会存在 "阶梯效应", 从而导致计算机视觉系统可能会错误地识别一些边缘. 为避免 "阶梯效应", 人们提出四阶偏微分方程 (partial differential equation, PDE) 模型, 四阶 PDE 模型试图用一个分段平面图像去近似所观察到的图像, 能够很好地平衡去噪和边缘保护之间的关系.

3.1.1 TV 模型

目前, 判断噪声信号最常用的方法是基于最小二乘准则. 由统计理论可知, 在所有可能的图像中选取最小二乘估计是最好的. 这一过程与 L^2 范数有关, 然而图像的 TV 范数并不是 L^2 范数, 而是 L^1 范数的推广.

TV 模型是应用最小化全变差范数的去噪模型. 利用 TV 模型推导一个约束最小化算法可以得到一个发展型非线性偏微分方程, 其中该约束由噪声统计量来确定. 同样地, TV/L^1 原理可以应用于设计混合算法、综合降噪和其他噪声敏感的图像处理任务.

设观测到的图像为 $u_0(x,y)$, 表示噪声图像上点 $x,y \in \Omega$ 的像素值. $u(x,y)$ 表示要求的无噪声图像, 则有

$$u_0(x,y) = u(x,y) + n(x,y) \tag{3.1.1}$$

其中 n 是加性噪声, 图像处理的目的是在已知 u_0 的前提下恢复出 u.

在实际应用中通常不使用 L^1 范数, 因为如 $\int_\Omega |u|\mathrm{d}x$ 这种表达式的变化会产生单分布作为系数 (例如 δ 函数), 其不能在纯代数框架下加以处理. 梯度的 L^1 范数在有界变差 (bounded variation, BV) 函数空间中, 从而我们可以去除此空间中的虚假振荡, 保留尖锐信号. 因此对于许多基本图像处理来说, BV 函数空间是较为合理的图像空间.

综上, TV 模型中通常考虑约束最小化问题

$$\min \int_\Omega \sqrt{u_x^2 + u_y^2}\mathrm{d}x\mathrm{d}y \tag{3.1.2a}$$

约束条件如下:

$$\int_\Omega u\mathrm{d}x\mathrm{d}y = \int_\Omega u_0\mathrm{d}x\mathrm{d}y \tag{3.1.2b}$$

$$\int_\Omega (u-u_0)^2\mathrm{d}x\mathrm{d}y = \sigma^2 \tag{3.1.2c}$$

其中 $\sigma > 0$ 是给定的. 式 (3.1.2b) 表明在 $u_0(x,y)$ 中的白噪声 $n(x,y)$ 是零均值的, 式 (3.1.2c) 使用了先验估计, 噪声 $n(x,y)$ 的标准差是 σ. 求得欧拉–拉格朗日方程为

$$0 = \frac{\partial}{\partial x}\left(\frac{u_x}{\sqrt{u_x^2+u_y^2}}\right) + \frac{\partial}{\partial y}\left(\frac{u_y}{\sqrt{u_x^2+u_y^2}}\right) - \lambda_1 - \lambda_2(u-u_0), \quad (x,y)\in\Omega \tag{3.1.3a}$$

$$\frac{\partial u}{\partial \boldsymbol{n}} = 0, \quad (x,y)\in\partial\Omega \tag{3.1.3b}$$

$\boldsymbol{n}$ 表示单位外法向, 其对应的梯度下降流为

$$u_t = \frac{\partial}{\partial x}\left(\frac{u_x}{\sqrt{u_x^2+u_y^2}}\right) + \frac{\partial}{\partial y}\left(\frac{u_y}{\sqrt{u_x^2+u_y^2}}\right) - \lambda(u-u_0), \quad t>0, (x,y)\in\Omega \tag{3.1.4a}$$

$$u(x,y,0) = u_0(x,y), \quad (x,y) \in \partial\Omega \tag{3.1.4b}$$

$$\frac{\partial u}{\partial \boldsymbol{n}} = 0, \quad (x,y) \in \partial\Omega \tag{3.1.4c}$$

注 3.1.1　在对应的梯度下降流中, 丢掉了第一个约束 (3.1.2b), 这是因为初始条件 (3.1.4b) , (3.1.2b) 会自动执行.

下面计算 $\lambda(t)$. 用 $(u - u_0)$ 乘以 (3.1.4a), 在区域 Ω 上积分, 若达到稳定状态, 则 (3.1.4a) 左端项为零, 所以有

$$\lambda = -\frac{1}{2\sigma^2} \int_\Omega \left[\sqrt{u_x^2 + u_y^2} - \left(\frac{(u_0)_x\, u_x}{\sqrt{u_x^2 + u_y^2}} + \frac{(u_0)_y\, u_y}{\sqrt{u_x^2 + u_y^2}} \right) \right] \mathrm{d}x\mathrm{d}y \tag{3.1.5}$$

其中 $\lambda(t)$ 是一个动态值, 当 $t \to \infty$ 时达到收敛.

下面给出在二维空间中的数值方法. 令

$$x_i = ih, \quad y_i = jh, \quad i,j = 0,1,\cdots,N, \quad 其中 Nh = 1 \tag{3.1.6a}$$

$$t_n = n\Delta t, \quad n = 0,1,\cdots \tag{3.1.6b}$$

$$u_{i,j}^n = u(x_i, y_j, t_n) \tag{3.1.6c}$$

$$u_{ij}^0 = u_0(ih, jh) + \sigma\varphi(ih, jh) \tag{3.1.6d}$$

(3.1.4)~(3.1.5) 的数值近似为

$$
\begin{aligned}
u_{ij}^{n+1} = u_{ij}^n + \frac{\Delta t}{h} &\left[\Delta_-^x \left(\frac{\Delta_+^x u_{ij}^n}{\left(\left(\Delta_+^x u_{ij}^n\right)^2 + \left(m\left(\Delta_+^y u_{ij}^n, \Delta_-^y u_{ij}^n\right)\right)^2 \right)^{1/2}} \right) \right.\\
&\left. + \Delta_-^y \left(\frac{\Delta_+^y u_{ij}^n}{\left(\left(\Delta_+^y u_{ij}^n\right)^2 + \left(m\left(\Delta_+^x u_{ij}^n, \Delta_-^x u_{ij}^n\right)\right)^2 \right)^{1/2}} \right) \right] - \Delta t \lambda^n \left(u_{ij}^n - u_0(ih, jh) \right)
\end{aligned}
\tag{3.1.7a}
$$

对 $i,j = 1,\cdots,N$. 边界条件为

$$u_{0j}^n = u_{1j}^n, \quad u_{Nj}^n = u_{N-1,j}^n, \quad u_{i0}^n = u_{i1}^n, \quad u_{iN}^n = u_{i,N-1}^n \tag{3.1.7b}$$

其中

$$\Delta_\mp^x u_{ij} = \mp(u_{i\mp1,j} - u_{ij}) \tag{3.1.8a}$$

同样地, 有 $\Delta_\mp^y u_{ij}$.

$$m\left(\Delta_+^y u_{ij}^n\right) = \min \bmod (a,b) = \frac{\operatorname{sgn} a + \operatorname{sgn} b}{2} \min\{|a|, |b|\} \tag{3.1.8b}$$

λ^n 可由下式定义:

$$\lambda^n = -\frac{h}{2\sigma^2}\left[\sum_{i,j}\left(\sqrt{\left(\Delta_+^x u_{ij}^n\right)^2 + \left(\Delta_+^y u_{ij}^n\right)^2} - \frac{\left(\Delta_+^x u_{ij}^0\right)\left(\Delta_+^x u_{ij}^n\right)}{\sqrt{\left(\Delta_+^x u_{ij}^n\right)^2 + \left(\Delta_+^y u_{ij}^n\right)^2}}\right.\right.$$

$$\left.\left. -\frac{\left(\Delta_+^y u_{ij}^0\right)\left(\Delta_+^y u_{ij}^n\right)}{\sqrt{\left(\Delta_+^x u_{ij}^n\right)^2 + \left(\Delta_+^y u_{ij}^n\right)^2}}\right)\right] \tag{3.1.8c}$$

其稳定性条件为

$$\frac{\Delta t}{h^2} \leqslant c \tag{3.1.8d}$$

3.1.2　PM 模型

Witkin 提出的尺度空间技术是用高斯核卷积原始图像生成粗糙分辨率的图像, 这种方法有一个重大的缺陷: 在粗尺度意义下很难获得边缘的位置. 为了克服这一缺陷, PM 模型利用扩散过程来达到去噪效果, 同时有效保护边缘. 选取的扩散系数依赖于图像的局部特性, 从而使得区域内光滑比区域间光滑优先发生. 它表明传统尺度空间的 "粗尺度上不会产生新的最大值" 特性被保留下来. PM 模型能够使区域边界保持清晰, 成功地利用全局信息得到一个高质量的边缘检测.

尺度空间本质思想是: 用一族衍生图像 $I(x,y,t)$ 嵌入原始图像中, 用方差为 t 的高斯核函数 $G(x,y;t)$ 对初始图像 $I_0(x,y)$ 进行卷积得 $I(x,y,t)$, 即

$$I(x,y,t) = I_0(x,y) * G(x,y;t)$$

可以看出, 尺度空间的参数 t 越大, 对应的图像越粗糙. 这样导出图像的参数族可被等价地视为热传导方程或者扩散方程

$$I_t = \Delta I = (I_{xx} + I_{yy})$$

的解, 初始条件为 $I(x,y,0) = I_0(x,y)$.

考虑在时间 t 的各向异性扩散方程

$$I_t = \operatorname{div}(c(x,y,t)\nabla I) = c(x,y,t)\Delta I + \nabla c \cdot \nabla I \tag{3.1.9}$$

可以通过假设在每个区域的内部传导系数为 1, 边界上为 0, 使得区域内光滑优先于跨边界光滑. 模糊会分别发生在每个区域内且区域间没有相互作用, 则区域边界依然是不光滑的.

下面说明如何选取合适的传导系数 $c(x,y,t)$ 使其在去噪的同时保护边缘. 令 $E(x,y,t)$ 是一个定义在图像上的向量值函数, 且满足下面特性: ① 在每个区域的内部有 $E(x,y,t) = 0$; ② 在每个边界点上, $E(x,y,t) = Ke(x,y,t)$, 此时 e 是一个垂

直于边界的单位矢量, K 是边界的局部对比度 (左侧和右侧的图像强度差). 可选择传导系数 $c(x,y,t)$ 为 E 的函数, 即 $c = g(\|E\|)$, 其中 $g(\cdot)$ 是一个非负的单调递增的函数, 且 $g(0) = 1$, 这样扩散过程只发生在区域的内部, 不会影响区域的边界, 其中 E 值很大的地方就是区域的边界. 可以取 E 为亮度的梯度函数

$$E(x,y,t) = \nabla I(x,y,t)$$

一个扩散的传导系数可以局部地选为亮度函数的梯度模的函数

$$c(x,y,t) = g(\|\nabla I(x,y,t)\|) \tag{3.1.10}$$

选取合适的 $g(\cdot)$, 亮度边缘不仅被保留而且被锐化.

综上所述, PM 模型可表示为如下偏微分方程:

$$\begin{cases} \dfrac{\partial I(x,y,t)}{\partial t} = \mathrm{div}\left(g\left(\|\nabla I\|\right)\nabla I\right) \\[2mm] I(x,y,0) = I_0(x,y) \end{cases}$$

可以看出, 其改进了线性尺度, 能够在去噪的同时保护边缘.

PM 模型是一种特殊的椭圆方程, 其满足极值原理. 方程在空间和时间上解的最大值在初始状态取到, 且在给定的传导系数为正的定义域的边界上. 此模型中因使用了绝热传导, 此最大值原理更强, 最大值仅属于原始图像.

模糊图像的边缘检测和重建可由高通滤波器或者在时间方向倒向扩散方程来实现. 但是这是一个不适定问题. 如果传导系数选为图像梯度的一个合适的函数, 在时间上正向运行各项异性扩散方程会增强边界, 且由最大值原理会保证扩散是稳定的.

下面分析上述扩散行为会使得边缘增强. 为不失一般性, 假设边缘与 y 轴一致, 使用散度算子简化表达为

$$\mathrm{div}(c(x,y,t)\nabla I) = \frac{\partial}{\partial x}(c(x,y,t)I_x)$$

与 (3.1.10) 式相同, 选取 c 为梯度 I 的函数, $c(x,y,t) = g(I_x(x,y,t))$. 令 $\phi(I_x) = g(I_x) \cdot I_x$, 那么扩散方程 (3.1.9) 变为

$$I_t = \frac{\partial}{\partial x}\phi(I_x) = \phi'(I_x) \cdot I_{xx}$$

下面讨论边缘的斜率 $\dfrac{\partial}{\partial t}(I_x)$ 随时间的变化. 如果 $c(\cdot) > 0$, 方程 $I(\cdot)$ 是光滑的, 微分的顺序可以颠倒, 即

$$\frac{\partial}{\partial t}(I_x) = \frac{\partial}{\partial x}(I_t) = \frac{\partial}{\partial x}\left(\frac{\partial}{\partial x}\phi(I_x)\right) = \phi'' \cdot I_{xx}^2 + \phi' \cdot I_{xxx}$$

假设边缘的方向是 $I_x > 0$ 的方向. 在拐点 $I_{xx} = 0$ 处, $I_{xxx} \ll 0$, 拐点是斜率取到最大值的点. 在拐点附近 $\dfrac{\partial}{\partial t}(I_x)$ 与 $\phi'(I_x)$ 符号相反. 如果 $\phi'(I_x) > 0$, 边缘的斜率会随着时间减小; 相反地, 如果 $\phi'(I_x) < 0$, 斜率随时间而增加, 这样就会锐化边缘.

　　下面给出数值格式. 将方程 (3.1.9) 在方形网格内离散, 在顶点上取亮度值, 在弧上取传导系数的值. 给出下面的离散格式:

$$I_{i,j}^{t+1} = I_{i,j}^t + \lambda[c_N \cdot \nabla_N I + c_S \cdot \nabla_S I + c_E \cdot \nabla_E I + c_W \cdot \nabla_W I]_{i,j}^t$$

其中 $0 \leqslant \lambda \leqslant 1/4$ 保证数值格式的稳定性, 则有

$$\nabla_N I_{i,j} \equiv I_{i-1,j} - I_{i,j}$$
$$\nabla_S I_{i,j} \equiv I_{i+1,j} - I_{i,j}$$
$$\nabla_E I_{i,j} \equiv I_{i,j+1} - I_{i,j}$$
$$\nabla_W I_{i,j} \equiv I_{i,j-1} - I_{i,j}$$

传导系数作为亮度的梯度 (3.1.10) 的函数在每步迭代的过程中更新

$$C_{N_{i,j}}^t = g(\|(\nabla I)_{i+(1/2),j}^t\|)$$
$$C_{S_{i,j}}^t = g(\|(\nabla I)_{i-(1/2),j}^t\|)$$
$$C_{E_{i,j}}^t = g(\|(\nabla I)_{i,j+(1/2)}^t\|)$$
$$C_{W_{i,j}}^t = g(\|(\nabla I)_{i,j-(1/2)}^t\|)$$

　　梯度的值可以在不同的邻域结构之间计算, 实现准确性和位置之间的均衡. 最简单的取法是, 在每个弧的位置用沿着弧方向的投影的绝对值来近似梯度的范数

$$C_{N_{i,j}}^t = g\left(|\nabla_N I_{i,j}^t|\right)$$
$$C_{S_{i,j}}^t = g\left(|\nabla_S I_{i,j}^t|\right)$$
$$C_{E_{i,j}}^t = g\left(|\nabla_E I_{i,j}^t|\right)$$
$$C_{W_{i,j}}^t = g\left(|\nabla_W I_{i,j}^t|\right)$$

该方法是 (3.1.9) 的不确定离散, 但是类似于扩散方程, 其中所述的传导张量是 $g(|I_x|)$ 和 $g(|I_y|)$ 的对角线项, 而不是 $g(\|\nabla I\|)$ 的对角线项. 这种离散格式保留了连续方程 (3.1.9) 的性质, 即图像中的总亮度被保留. 网格上通过每个弧的亮度 "通量" 仅依赖于定义的两个节点的亮度值. 无论梯度的近似如何选取, 此离散方案都能够满足最大值 (最小值) 原理给出的函数 g 在 0 和 1 之间有界.

　　$g(\cdot)$ 通常可取为

$$g(\nabla I) = \mathrm{e}^{-(\|\nabla I\|/K)^2} \quad \text{或} \quad g(\nabla I) = \frac{1}{1 + \left(\dfrac{\|\nabla I\|}{K}\right)^2}$$

PM 模型可以成功地应用于多尺度图像分割. 作为一个预处理步骤, 它使得变薄和连接的边缘没有必要. 其保留了边缘连接点, 且不需要在不同尺度的图像之间进行复杂的比较, 这是因为在每个尺度形状和位置都被保留下来了.

在图像中, 由噪声产生的亮度梯度比边缘的梯度大, 噪声的水平集在整个图像中显著变化, 表明这并不足以获得正确的多尺度分割. 在这种情况下, 全局噪声估计不能给出一个精确的局部估计, 且梯度的局部值提供了许多能够区分噪声与边缘的信息. 此外, 函数 $\phi(\cdot)$ 的峰值的横坐标 K 由特殊的对比度值给出. 如果对比度变化较大, K 的值需要被局部定义, 可使用局部对比度和噪声估计实现各项异性扩散来解决这些问题.

3.1.3 *p*-Laplace 模型

图像是通过非均匀强度的亮度函数来表示的, 而且边缘不能被定义为均匀区域的边界. 此外, 对高度退化的图像, 严格在一个方向上的扩散会产生虚假边缘, 该现象通常被称为 "阶梯效应". 在这种情况下, 扩散的方向和速度需要具有很大的灵活性. 一种解决方案是在远离边缘的区域各向同性扩散, 在边缘附近各向异性扩散.

p-Laplace 模型是一种能够保留图像结构和低梯度边界, 并且避免分段光滑图像中的 "阶梯效应" 的图像恢复模型. 这一恢复效果本质上通过基于一个介于各向同性和全变分之间的各向异性扩散来实现. 各向异性的类型主要取决于图像的局部信息, 从而提供一个自然的内插来进行控制.

p-Laplace 模型是非标准增长泛函的最小化问题, 形式如下:

$$\min_{u \in \mathrm{BV}(\Omega) \cap L^2(\Omega)} \int_\Omega \phi(x, \nabla u)\mathrm{d}x + \frac{\lambda}{2}\left|u - I\right|^2 \tag{3.1.11}$$

I 为噪声图像, 并且

$$\phi(x, r) := \begin{cases} \dfrac{1}{p(x)}\left|r\right|^{p(x)}, & |r| < \varepsilon \\[3mm] |r| - \dfrac{p(x) - 1}{p(x)}, & |r| \geqslant \varepsilon \end{cases} \tag{3.1.12}$$

其中 $\varepsilon > 0$ 固定, $p(x) = p(|\nabla \tilde{I}(x)|)$ 满足

$$\begin{aligned} \lim_{s \to 0} p(s) = 2 \\ \lim_{s \to \infty} p(s) = 1 \end{aligned} \tag{3.1.13}$$

$x \in \Omega$ 且 $\Omega \subset \mathbb{R}^2$ 为图像区域, $\tilde{I}$ 为 I 的光滑图像, (3.1.11) 的最后一项为保真项.

(3.1.11) 和 (3.1.12) 的主要特点是: 在图像中每个不同的位置, 速度和扩散的方向取决于局部图像信息. 在梯度足够大的位置, 即最有可能为边缘的位置, 只发生 TV 模型扩散行为. 而在梯度接近于零的位置, 也就是最有可能为均匀区域的位置, 扩散是各向同性的. 在其他位置 $(1 < p < 2)$, 此时扩散是介于各向同性扩散与 TV 模型的扩散之间的. 更具体地说, 在这些不明确的区域, 各向异性的类型取决于梯度的强度. 因此, 除了在各向同性和各向异性扩散之间切换, 各向异性的类型将依赖于图像的局部特性的变化. 这样就避免了在光滑区域上出现阶梯效应.

(3.1.11) 和 (3.1.12) 作为图像重建模型, 其数学理论也是合理的, 其在 $\mathrm{BV}(\Omega) \bigcap L^2(\Omega)$ 上存在唯一解. 若初始图像 $I \in \mathrm{BV}(\Omega)$, 则当 $t \to \infty$ 时, (3.1.11) 和 (3.1.12) 的梯度下降流的解 $u(x,t) \in \mathrm{BV}(\Omega \times \mathbb{R}^+)$ 收敛到 (3.1.11) 和 (3.1.12) 的解.

使用有限差分法可得到数值解, 最小化问题 (3.1.11) 和 (3.1.12) 的欧拉–拉格朗日方程的梯度下降流为

$$\frac{\partial u}{\partial t} - \mathrm{div}(\phi_r(x, Du)) + \lambda(u - I) = 0, \quad (x,t) \in \Omega \times [0, T]$$

$$\frac{\partial u}{\partial \boldsymbol{n}}(x,t) = 0, \quad (x,t) \in \partial\Omega \times [0, T]$$

$$u(0) = I, \quad x \in \Omega$$

此时可以选择满足 (3.1.13) 式的 $p(x) = p(|\nabla I_\sigma(x)|)$ 为

$$p(x) = 1 + \frac{1}{1 + k |\nabla G_\sigma * I(x)|^2} \tag{3.1.14}$$

其中 $k, \sigma > 0$ 且 $G_\sigma(x) = \dfrac{1}{\sigma} \exp\left(-\dfrac{|x|^2}{4\sigma^2}\right)$ 为高斯滤波器.

这里我们需要考虑两个问题:

(1) 局部图像信息确定 p 的值, 所以我们假设计算与 (3.1.14) 相关联的欧拉–拉格朗日方程的梯度下降流时 p 是恒定的. 这是合理的, 因为该模型是基于在给定位置的 p 值, 而不是变化的 p 值.

(2) 因为此扩散为退化的, 所以可用下式来近似 $\phi(x, r)$:

$$\phi_\beta(x, r) := \begin{cases} \dfrac{1}{p(x)} \left(\sqrt{|r|^2 + \beta^2}\right)^{p(x)}, & |r| < \varepsilon \\[3mm] \sqrt{|r|^2 + \beta^2} - \dfrac{p(x) - 1}{p(x)}, & |r| \geqslant \varepsilon \end{cases}$$

其中 $\beta > 0$ 为一个很小的参数.

数值方面, 差分格式设计如下: 令 h 为空间步长, Δt 为时间步长, $u_{ij} = u(x_i, y_j)$, $u_{ij}^n = u(x_i, y_j, t_n)$, 其中 $x_i = ih$, $y_j = jh$, $t_n = n\Delta t$. 对扩散项使用中心差分, 得

$$\Delta_x = \frac{u_{i+1,j}^n - u_{i-1,j}^n}{2h}, \quad \Delta_y = \frac{u_{i,j+1}^n - u_{i,j-1}^n}{2h}, \quad \Delta_{xx} = \frac{u_{i+1,j}^n - 2u_{i,j}^n + u_{i-1,j}^n}{h^2}$$

$$\Delta_{yy} = \frac{u_{i,j+1}^n - 2u_{i,j}^n + u_{i,j-1}^n}{h^2}, \quad \Delta_{xy} = \frac{u_{i+1,j+1}^n - u_{i+1,j-1}^n - u_{i-1,j+1}^n + u_{i-1,j-1}^n}{h^2}$$

$$\mathrm{div}((\phi_\beta)_r(x, Du))_{ij}^n$$

$$= \begin{cases} \dfrac{\left(\Delta_x^2 + \Delta_y^2 + \beta^2\right)\left(\Delta_{xx} + \Delta_{yy}\right) + (p-2)\left(\Delta_x^2\Delta_{xx} + 2\Delta_x\Delta_y\Delta_{xy} + \Delta_y^2\Delta_{yy}\right)}{\left(\Delta_x^2 + \Delta_y^2 + \beta^2\right)^{\frac{4-p}{2}}}, \\ \hspace{7cm} \sqrt{\Delta_x^2 + \Delta_y^2} < \varepsilon \\[4mm] \dfrac{\beta^2\left(\Delta_{xx} + \Delta_{yy}\right) + \Delta_{xx}\Delta_y^2 - 2\Delta_x\Delta_y\Delta_{xy} + \Delta_{yy}\Delta_x^2}{\left(\Delta_x^2 + \Delta_y^2 + \beta^2\right)^{\frac{3}{2}}}, \\ \hspace{7cm} \sqrt{\Delta_x^2 + \Delta_y^2} \geqslant \varepsilon \end{cases}$$

差分格式可以简单地写为

$$u_{ij}^{n+1} = u_{ij}^n + \Delta t \left(\mathrm{div}(\phi_\beta)_r(x, Du)\right)_{ij}^n + \lambda \left(u_{ij}^n - I_{ij}^n\right)$$

3.1.4 四阶模型

通过二阶偏微分方程处理后的图像看起来会具有块状效应, 在视觉上表现得不自然, 并且可能使计算机视觉系统错误地识别一些边缘. 为避免块状效应, 本节介绍一种四阶 PDE 模型, 其能够很好地权衡去噪和边缘保护之间的关系. 四阶 PDE 模型对应的泛函是关于图像亮度函数的拉普拉斯的增函数. 四阶 PDE 模型试图通过用一个分段斜面图像去近似所观察到的图像, 从而达到去除噪声和保留边界的目的.

首先考虑, 在支集 Ω 上的连续图像空间上定义的泛函

$$E(u) = \int_\Omega f(|\Delta u|)\, \mathrm{d}x \mathrm{d}y$$

其中 Δ 代表拉普拉斯算子. 要求函数 $f(\cdot) \geqslant 0$, 且为增函数, 即有

$$f'(\cdot) > 0$$

此泛函为一个增函数, 图像的光滑度由 $|\Delta u|$ 来确定, 所以泛函的极小解为光滑图像. 其欧拉–拉格朗日方程为

$$\Delta \left(f'(|\Delta u|) \frac{\Delta u}{|\Delta u|}\right) = 0 \tag{3.1.15}$$

若定义

$$\frac{\Delta u}{|\Delta u|}\bigg|_{\Delta u=0} = 0$$

(3.1.15) 式可写为

$$\Delta\left(c\left(|\Delta u|\right)\Delta u\right) = 0$$

这里 $c(s) = \dfrac{f'(s)}{s}$, 可由下面的梯度下降法来求解欧拉–拉格朗日方程:

$$\frac{\partial u}{\partial t} = -\Delta\left(f'\left(|\Delta u|\right)\frac{\Delta u}{|\Delta u|}\right) = -\Delta\left(c\left(|\Delta u|\right)\Delta u\right) \tag{3.1.16}$$

初始条件为所观察到的图像. 当 $t \to \infty$ 时得到方程的解, 注意时间演变可能会提前结束以达到去噪和边缘保存之间的平衡.

如果 $f(\cdot)$ 是凸的, 则平面图像是 $E(u)$ 唯一的全局最小, 因此 (3.1.16) 的演化是一个使得图像越来越光滑直至成为斜面图像的过程. 四阶模型中的 $f(\cdot)$ 是非凸的, 例如, 对所有的 $s \geqslant 0$ 有 $f''(s) < 0$, 则目标泛函 $E(u)$ 在分段斜面图像处取到极小值, 其中 $c(s)$ 表示为

$$c(s) = \frac{1}{1 + (s/k)^2}$$

各项异性扩散将观察到的图像演化为阶梯图像, 因此这是各项异性扩散会出现阶梯效应的原因. 四阶偏微分方程的目的在于将观察到的图像演化为分段斜面图像, 这是对自然图像更好的逼近. 因此, 经过处理的图像看起来很少有块状且更加自然.

微分方程 (3.1.16) 可以通过数值迭代逼近求解. 假设时间步长为 Δt, 空间网格大小为 h, 量化时间和空间的关系如下所示:

$$
\begin{aligned}
t &= n\Delta t, & n &= 0, 1, 2, \cdots \\
x &= ih, & i &= 0, 1, 2, \cdots, I \\
y &= jh, & j &= 0, 1, 2, \cdots, J
\end{aligned}
$$

其中 $Ih \times Jh$ 是图像支集的大小. 然后应用三步逼近去离散 (3.1.16) 的右端项.

第一步, 计算图像亮度函数的拉普拉斯算子, 如下:

$$\Delta u_{i,j}^n = \frac{u_{i+1,j}^n + u_{i-1,j}^n + u_{i,j+1}^n + u_{i,j-1}^n - 4u_{i,j}^n}{h^2}$$

对称边界条件为

$$u_{-1,j}^n = u_{0,j}^n, \quad u_{I+1,j}^n = u_{I,j}^n, \quad j = 0, 1, 2, \cdots, J$$

且

$$u_{i,-1}^n = u_{i,0}^n, \quad u_{i,J+1}^n = u_{i,J}^n, \quad i = 0, 1, 2, \cdots, I$$

第二步, 计算下面函数的值

$$g(\Delta u) = f'(\Delta u)\frac{\Delta u}{|\Delta u|} = c(|\Delta u|)\Delta u \tag{3.1.17}$$

$$g_{i,j}^n = g\left(\Delta u_{i,j}^n\right)$$

第三步, 将拉普拉斯算子作用于 $g(\cdot)$ 可得

$$\Delta g_{i,j}^n = \frac{g_{i+1,j}^n + g_{i-1,j}^n + g_{i,j+1}^n + g_{i,j-1}^n - 4g_{i,j}^n}{h^2}$$

对称边界条件为

$$g_{-1,j}^n = g_{0,j}^n, \quad g_{I+1,j}^n = g_{I,j}^n, \quad j = 0, 1, 2, \cdots, J$$

和

$$g_{i,-1}^n = g_{i,0}^n, \quad g_{i,J+1}^n = g_{i,J}^n, \quad i = 0, 1, 2, \cdots, I$$

最后可得, 微分方程 (3.1.16) 的数值逼近为

$$u_{i,j}^{n+1} = u_{i,j}^n - \Delta t \Delta g_{i,j}^n$$

选择满足收敛条件的最优步长 Δt 时会产生一个问题: 由于方程的非线性性, 很难得到最优步长, 且计算代价较高, 实验发现最优步长为 0.25.

四阶 PDE 模型会留下像素值既不大于也不小于周围像素值的孤立黑白斑点. 这是因为图像亮度函数经拉普拉斯算子作用后, 在斑点附近的像素值很大, 函数 $f(\cdot)$ 迅速减小是为了保留边界, (3.1.17) 中的函数 $g(\cdot)$ 在斑点附近的像素值很小, 这样 (3.1.16) 式右端项会很小. 因此, 斑点会像边缘一样被保留下来.

这种类型的孤立斑点可通过简单的算法去除, 如中值滤波器. 假设像素 (i, j) 周围的均值和方差为

$$m = \frac{u_{i,j-1} + u_{i,j+1} + u_{i-1,j} + u_{i+1,j}}{4}$$

$$\sigma^2 = \frac{u_{i,j-1}^2 + u_{i,j+1}^2 + u_{i-1,j}^2 + u_{i+1,j}^2}{4} - m^2$$

若 σ 很小且 $|u_{i,j} - m| \gg \sigma$, 则此像素为斑点. 因此, 降噪算法为

$$u_{i,j} = \begin{cases} m, & f\,|u_{i,j} - m|^2 > k\sigma^2 \\ u_{i,j}, & \text{其他} \end{cases}$$

这里 k 是常数, 在特殊情形下可以调整.

3.2　自适应 PM 模型

图像去噪领域的研究主要针对以下几个方面: 了解各向异性扩散的数学性质和相关的变分公式[31-34], 发展相关的适定稳定方程[35-37], 扩展和修正各向异性扩散[38-41], 并研究各向异性扩散与其他图像处理方法[42-44] 之间的关系. 传统的 PM 模型[45] 虽然在图像分割、图像去噪、边界探测和图像增强等方面都有着广泛的应用, 但是其在处理过程中会产生新的图像特征, 从而引起 "阶梯效应". 传统 PM 方程由于倒向扩散的影响容易加强图像的噪声边界, 从而产生新信息, 引起斑点效应. 通过对 PM 模型进行修正得到带指数的 PM 模型, 此模型有着和 PM 模型完全不同的倒向扩散发生条件. 受文献 [46] 的思想启发, 本节介绍两种新的具有变指数函数的 PM 模型. 它们在图像的不同特征区域有着不同的值. 利用自适应函数可以根据图像特征自适应地控制方程扩散模式, 得到具有 PM 扩散和热扩散双重特征的自适应 PM 扩散方程: 在图像梯度模小的区域, 也就是图像非边界的区域, 自适应 PM 模型类似热方程进行扩散, 可以有效去噪; 在图像梯度模大的区域, 也就是近图像边界的区域, 自适应 PM 模型类似 PM 方程进行扩散, 可以很好地保护边界.

3.2.1　α-PM

首先, 我们介绍第一种自适应模型, 即 α-PM 方程, 形式如下:

$$
\begin{cases}
\dfrac{\partial u}{\partial t} = \mathrm{div}\left(\dfrac{\nabla u}{1 + (|\nabla u|/K)^{\alpha}}\right), & (x,t) \in \Omega \times (0,T) \\
u(x,0) = f, & x \in \Omega, \\
\dfrac{\partial u}{\partial \boldsymbol{n}} = 0, & (x,t) \in \partial\Omega \times (0,T)
\end{cases}
\tag{3.2.1}
$$

其中 f 是原始图像, $0 \leqslant \alpha \leqslant 2$, $T > 0$ 是给定的常数. 由扩散系数可知, 新模型是各向异性扩散: 在区域内部, u 的梯度模较弱, 方程 (3.2.1) 接近于热方程, 从而可以快速光滑图像; 在边界处, 梯度模较大, 光滑过程暂停, 从而边界被保持. 更进一步, 若选取合适的参数 $0 \leqslant \alpha \leqslant 2$, 则新模型还有如下性质.

(1) 对 $\alpha = 0$, 方程 (3.2.1) 为热方程

$$
\frac{\partial u}{\partial t} = \Delta u
$$

(2) 对 $\alpha = 1$, 方程 (3.2.1) 类似于 Charbonnier 扩散方程[31]

$$
\frac{\partial u}{\partial t} = \mathrm{div}\left(\frac{\nabla u}{1 + |\nabla u|/K}\right)
\tag{3.2.2}
$$

(3) 对 $\alpha = 2$, 方程 (3.2.1) 为 PM 方程

$$\frac{\partial u}{\partial t} = \text{div}\left(\frac{\nabla u}{1 + (|\nabla u|/K)^2}\right) \tag{3.2.3}$$

接下来, 我们将给出图像结构的局部分解, 即按照等度线的切向和法向分解. 更确切地说, 对于每一点 (x, y), $|\nabla u(x, y)| \neq 0$. 可以定义向量 $N(x) = \nabla u/|\nabla u|$ 和 $T(x) = (-u_y, u_x)/|\nabla u|$, $|T(x)| = 1$, $T(x)$ 正交于 $N(x)$, 这里 u_x 和 u_y 是 u 的一阶偏导数, u_{TT} 和 u_{NN} 表示在切向和法向的二阶偏导

$$u_{TT} = T'\nabla^2 u T = \frac{1}{|\nabla u|^2}\left(u_x^2 u_{yy} + u_y^2 u_{xx} - 2u_x u_y u_{xy}\right)$$

$$u_{NN} = N'\nabla^2 u N = \frac{1}{|\nabla u|^2}\left(u_x^2 u_{xx} + u_y^2 u_{yy} + 2u_x u_y u_{xy}\right)$$

其中 $T' = \frac{1}{|\nabla u|}\begin{pmatrix} -u_y \\ u_x \end{pmatrix}$, $N' = \frac{1}{|\nabla u|}\begin{pmatrix} u_x \\ u_y \end{pmatrix}$, 则方程 (3.2.1) 可写成

$$\frac{\partial u}{\partial t} = \frac{1 + (1-\alpha)(|\nabla u|/K)^\alpha}{(1 + (|\nabla u|/K)^\alpha)^2}u_{NN} + \frac{1}{(1 + (|\nabla u|/K)^\alpha)^2}u_{TT} \tag{3.2.4}$$

对 $0 \leqslant \alpha \leqslant 1$, 方程 (3.2.1) 是正向扩散方程, 可以光滑图像并抑制噪声; 而对 $1 < a \leqslant 2$, 方程 (3.2.1) 在法向可能是正向方程或者倒向方程中的一种, 可以锐化边界, 其中发生倒向扩散的条件如下:

$$\frac{|\nabla u|}{K} \geqslant \frac{1}{(\alpha - 1)^{1/\alpha}} \tag{3.2.5}$$

可以看到上述条件与原始的 PM 新模型不同, 选取合适的参数 α, 可以抑制甚至消除倒向扩散, 从而该模型不仅能够保留重要的图像信息, 而且不会发生 "阶梯效应".

3.2.2 $\alpha(x)$-PM

接下来我们介绍第二种自适应扩散方程模型. 众所周知, 边界探测算子的主要作用在于区分不同灰度值的图像特征. 例如在文献 [45] 中, Perona 和 Malik 引入如下边界探测算子:

$$\alpha(x) = \frac{1}{1 + k|\nabla u|^2} \tag{3.2.6}$$

其中 u 是待去噪的图像. 在文献 [31] 中, 为了平抑噪声的影响, Catte 等人提出了如下边界探测算子:

$$\alpha(x) = \frac{1}{1 + k|\nabla G_\sigma * u|^2}, \quad k > 0, \ \sigma > 0 \tag{3.2.7}$$

其中 $G_\sigma(x) = \dfrac{1}{(4\pi\sigma)^{N/2}} \exp\left(-\dfrac{|x|^2}{4\sigma}\right)$.

　　然而上述边界探测算子只能粗略地探测出图像特征, 并且仅仅依赖于边界探测算子的取值, 我们并不能逐点地判断图像特征. 例如, 对像素点 $x_1, x_2 \in \Omega$, 若 $\alpha(x_1) = 0.01$ 和 $\alpha(x_2) = 0.98$, 则其表明像素点 x_1 应该在区域内部, 而像素点 x_2 在区域边界上. 然而由于图像噪声的存在, $\alpha(x)$ 的取值可能受到噪声的影响而变大, 因此我们并不能确定 x_2 一定是在区域的边界上而 x_1 一定不在边界上. 对比 (3.2.6) 和 (3.2.7), 我们发现前者对噪声过于敏感, 而后者的边界则明显地变宽了 (图 3.2.1 (c)), 并且参数 σ 越大, 则边界越宽.

　　由上述讨论, 如果在模型中直接利用前述的两个边界探测算子, 则不可避免地会产生对于图像边界的错误判断, 从而由于噪声的影响在恢复图像中产生新的图像结构. 同时, 这些边界探测算子只能粗略地区分区域内部和区域边界. 因此, 我们将在方程 (3.2.1) 中用 $\alpha(x)$ 代替 α 来控制扩散速率和正向–倒向扩散.

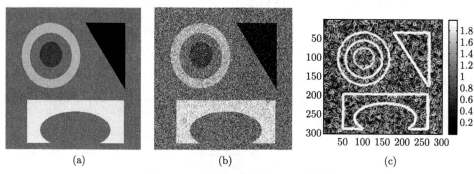

图 3.2.1　边界探测函数 $\alpha(x)$ 的影响

(a) 原始图像; (b) 噪声图像 (PSNR=14.2); (c) 边缘探测函数 $\alpha(x)(\sigma = 2, k = 0.1)$

　　由前述分析, 我们得到如下模型:

$$
\begin{cases}
\dfrac{\partial u}{\partial t} = \mathrm{div}\left(\dfrac{\nabla u}{1 + (|\nabla u|/K)^{\alpha(x)}}\right) - \lambda(u - f), & (x,t) \in \Omega \times (0, T) \\
u(x, 0) = f, \quad x \in \Omega \\
\dfrac{\partial u}{\partial \boldsymbol{n}} = 0, \quad (x, t) \in \partial\Omega \times (0, T)
\end{cases}
\tag{3.2.8}
$$

其中 λ 是调整光滑图像 u 和噪声图像 f 之间保真度的参数.

　　在该模型中, 边界探测算子 $\alpha(x)$ 选取如下:

$$
\alpha\left(|\nabla G_\sigma * f|\right) = 2 - \dfrac{2}{1 + k\,|\nabla G_\sigma * f|^2}
\tag{3.2.9}
$$

$$\alpha\left(|\nabla G_\sigma * u|\right) = 2 - \frac{2}{1 + k |\nabla G_\sigma * u|^2} \tag{3.2.10}$$

通过这样的参数选取, 扩散系数 $\alpha(x)$ 有如下性质: $\alpha(s) = 2 - 2/(1+ks)$ 是递增函数, 并且 $\alpha(0) = 0$. 在区域内部, 由 (3.2.10) 可知, $|\nabla G_\sigma * u|^2 \to 0$ 使得 $\alpha(x) \to 0$, 从而方程 (3.2.8) 类似于热方程, 进行各向同性光滑; 而在区域边界上, 由 (3.2.10) 可知, $|\nabla G_\sigma * u|^2 \to \infty$ 使得 $\alpha(x) \to 2$, 从而方程 (3.2.8) 类似于 PM 方程, 可进行各向异性光滑.

边界探测算子 $\alpha(x)$ 将图像分成两个子区域 $\Omega_1 = \{x \in \Omega, \nabla G_\sigma * u \approx 2\}$ 和 $\Omega_2 = \{x \in \Omega, 0 \leqslant \alpha(x) < 2\}$. 尽管图像质量下降, 但是从图 3.2.1 (c) 中可以看到, 边界仍旧比较清晰. 子区域 Ω_1 几乎包含了所有图像的边界, 而子区域 Ω_2 则是图像的内部. 由于卷积作用, 这种分割对于噪声是不敏感的. 在图 3.2.1 (c) 中, 子区域 Ω_1 是包含真实边界的白色带状部分, 并且在这一区域中扩散系数 $\alpha(x)$ 的取值接近于 2. 在扩散过程中, 这一部分的变化非常小, 从而方程 (3.2.8) 类似于 PM 方程; 由 (3.2.4) 可知, 新模型可能在法向方向发生倒向扩散, 从而锐化边界.

另外, 在子区域 Ω_2 上, 由于噪声的影响, 扩散系数 $\alpha(x)$ 将在 0 到 2 之间变动, 但是会远远小于 2. 此时可能会发生两种情形: $0 \leqslant \alpha(x) \leqslant 1$ 和 $1 < \alpha(x) < 2$. 当 $0 \leqslant \alpha(x) \leqslant 1$ 时, 由 (3.2.4) 可知, 对于任意的 $K > 0$, 方程 (3.2.8) 始终是正向扩散光滑图像. 特别地, 当 $\alpha \to 0$ 时, 方程 (3.2.8) 趋向于热方程. 另外, 无论阈值 K 取什么值, 方程 (3.2.8) 始终会光滑图像. 由 (3.2.4) 可知, 对于 $1 < \alpha < 2$, 发生倒向扩散的条件为

$$\frac{|\nabla u|}{K} \geqslant \frac{1}{(\alpha - 1)^{1/\alpha}}$$

函数 $C(\alpha) = \dfrac{1}{(\alpha - 1)^{1/\alpha}}$ 在 $1 < \alpha < 2$ 时是递减的. 从图 3.2.2 中可以看到, 对于 $1.7 < \alpha < 2$, 函数 $C(\alpha)$ 的值域为 1 到 1.2334; 然而, 对于 $1 < \alpha < 1.38$, 函数 $C(\alpha)$ 却从无穷大迅速减小至 2.0161. 因此, 如果我们选取合适的参数 $\alpha(x)$, 则在子区域 Ω_2 内, 发生倒向扩散的条件 (3.2.5) 很难被满足. 值得注意的是, 使 $1 < \alpha(x) < 2$ 的像素点被使 $0 \leqslant \alpha(x) \leqslant 1$ 的像素点所包围. 更进一步, 在扩散过程中, 子区域 Ω_2 内的值将会极其接近于 0, 因此新模型基本不会发生倒向扩散, 从而能够光滑图像并去除噪声. 从图 3.2.3 (a) 中可以看到, 在新模型的扩散过程中, 边界探测函数表明去除图像区域内部噪声的同时保持了图像边界 (图 3.2.4 和图 3.2.5).

在 PM 扩散中, 没有区别地对待区域内部和近边界区. 如果没有合适地选择阈值 K, 那么在区域内部将会存在许多小斑点 (图 3.2.3(b)). 然而, 新模型却能在有效避免原始 PM 模型这一缺点的同时充分保持图像的微小特征. 在图 3.2.1 (b) 中, 我们标记了 5 个点 $P_i (i = 1, 2, \cdots, 5)$, 这里 $P_1 = (218, 98)$ 和 $P_2 = (247, 196)$ 是边界点, 而 $P_3 = (68, 238)$, $P_4 = (181, 78)$, $P_5 = (111, 183)$ 是区域内点. 图 3.2.4 给出了

这 5 个点处的边界探测函数值. 可以看到, 在 PM 扩散中, 内点 P_3, P_4, P_5 变成了边界点, 而在新模型扩散过程中, 这 3 个点逐渐变成了内点. 与此同时, 新模型和 PM 模型都同时保持了边界点 P_1, P_2.

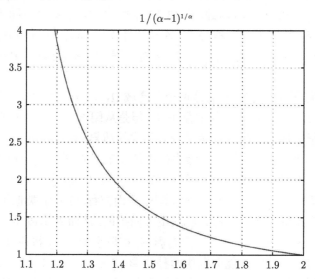

$$1/(\alpha-1)^{1/\alpha}$$

图 3.2.2   倒向扩散条件函数 $C(\alpha)$

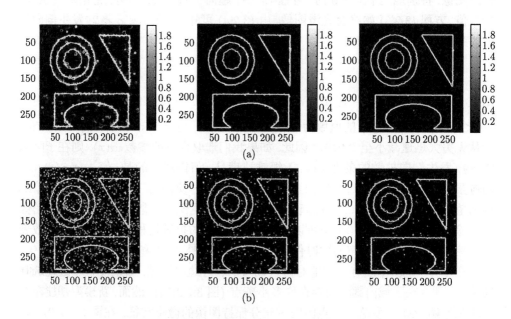

(a)

(b)

图 3.2.3   两种不同扩散过程中相同边界探测函数的探测结果

(a) 新的扩散过程; (b) PM 扩散过程

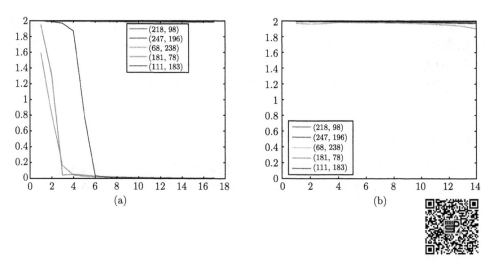

图 3.2.4 在五个不同像素点的边界探测函数值

(a) 新扩散过程中不同像素点的边界探测函数值; (b) PM 扩散过程中不同像素点的边界探测函数值

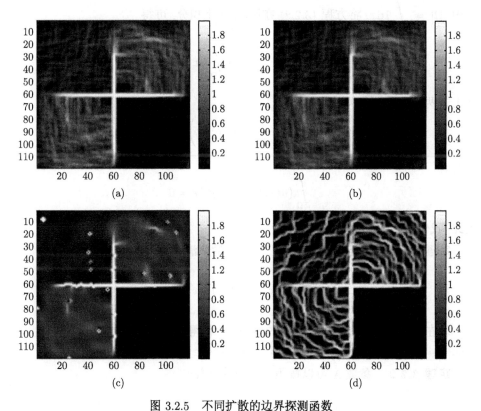

图 3.2.5 不同扩散的边界探测函数

(a) 带有 (3.2.9) 的新扩散; (b) 带有 (3.2.10) 的新扩散; (c) PM 扩散; (d) TV 扩散

总而言之, 在该模型中, 我们可以控制扩散过程如下: 在近边界区域 (区域 Ω_1), 类似于 PM 模型, 新模型可能会发生倒向扩散, 从而保留甚至增强边界; 而在内部区域 (区域 Ω_2), 在某些点, 噪声图像中的这些噪声点被完全光滑, 而其他像素点则逐渐变成内点, 并且最终使得新模型能够进行正向扩散光滑图像并且去除噪声.

3.2.3   模型分析

对于加性噪声, 我们所考虑的图像去噪问题是从噪声图像 f 恢复得到未知图像 u, 此时 u 和 f 满足 $f = u + \eta$, 我们有如下对于噪声 η 的一些先验估计:

$$\frac{1}{|\Omega|} \int_{\Omega} \eta \mathrm{d}x = 0$$

$$\frac{1}{|\Omega|} \int_{\Omega} \eta^2 \mathrm{d}x = 0$$

其中 $|\Omega| = \displaystyle\int_{\Omega} 1 \mathrm{d}x$, 将方程 (3.2.8) 在区域 Ω 上积分, 可得

$$\frac{\partial}{\partial t} \int_{\Omega} u \mathrm{d}x = -\lambda \int_{\Omega} (u - f) \mathrm{d}x$$

在上式两边同乘 $\mathrm{e}^{\lambda t}$, 则

$$\frac{\mathrm{d}}{\mathrm{d}t} \left(\mathrm{e}^{\lambda t} \int_{\Omega} (u - f) \mathrm{d}x \right) = 0$$

从而有

$$\int_{\Omega} (u(x,t) - f(x)) \mathrm{d}x = 0$$

由此, 我们得到如下定理.

定理 3.2.1   对于 $t > 0$, 方程 (3.2.10) 的解满足

$$\int_{\Omega} (u(x,t) - f(x)) \mathrm{d}x = 0$$

现在, 我们考虑如何选取合适的参数 λ. 使得当 $t \to \infty$ 时, 解 u 会达到稳态, 也即 $\partial_t u = 0$. 由文献 [37], 我们可得到如下定理.

定理 3.2.2   参数 λ 可以按照如下方式计算:

$$\lambda = \frac{1}{\nu^2 |\Omega|} \int_{\Omega} \mathrm{div} \left(\frac{\nabla u}{1 + (|\nabla u|/K)^{\alpha(x)}} \right) (u - f) \mathrm{d}x$$

证明 在方程 (3.2.8) 两边同乘 $(u-f)$, 并在 Ω 上积分. 注意到 $\partial_t u = 0$, 我们有

$$\lambda = \frac{\int_\Omega \mathrm{div}\left(\nabla u/(1+(|\nabla u|/K)^{\alpha(x)})\right)(u-f)\mathrm{d}x}{\int_\Omega (u-f)^2 \mathrm{d}x}$$

则易得结论.

注 3.2.1 (1) 同理易证 TV 模型中的参数可由下式给出[37]:

$$\lambda = \frac{1}{\nu^2|\Omega|}\int_\Omega \mathrm{div}\left(\frac{\nabla u}{|\nabla u|}\right)(u-f)\mathrm{d}x$$

(2) 在实际问题中, 有关噪声的均值和方差是未知的, 那么通常新模型中的参数 λ 选取 0;

(3) 在本章中, 我们考虑的是高斯白噪声. 如果我们将 (3.2.8) 中的最后一项用 $-\lambda\left(1-\dfrac{f}{u}\right)$ 代替, 则可得

$$\frac{\partial u}{\partial t} = \mathrm{div}\left(\frac{\nabla u}{1+(|\nabla u|/K)^{\alpha(x)}}\right) - \lambda\left(1-\frac{f}{u}\right), \quad (x,t) \in \Omega \times (0,T)$$

$$u(x,0) = f, \qquad\qquad\qquad\qquad\qquad\quad x \in \Omega$$

$$\frac{\partial u}{\partial \boldsymbol{n}} = 0, \qquad\qquad\qquad\qquad\qquad\qquad\quad (x,t) \in \partial\Omega \times (0,T)$$

该模型能够处理乘性噪声, 也即 $f = u\eta$. 令乘性噪声满足如下均值和方差:

$$\frac{1}{|\Omega|}\int_\Omega \eta \mathrm{d}x = 1$$

$$\frac{1}{|\Omega|}\int_\Omega (\eta-1)^2 \mathrm{d}x = \nu^2$$

则有

$$\lambda = \frac{1}{\nu^2|\Omega|}\int_\Omega \mathrm{div}\left(\frac{\nabla u}{1+(|\nabla u|/K)^{\alpha(x)}}\right)\left(1-\frac{f}{u}\right)\mathrm{d}x$$

3.2.4 数值实验

本小节将利用数值实验来说明新模型对图像高斯噪声的去除效果, 同时也将结果与其他经典模型 (PM 模型[45], TV 模型[37]) 的实验结果进行比较.

1. AOS 格式

利用文献 [47] 中的数值格式, 方程 (3.2.8) 有如下离散格式:

$$\lambda^0 = 0$$

$$u^{n+1} = \frac{1}{m} \sum_{l=1}^{m} [I - m\tau A_l(u^n)]^{-1} [u^n + \lambda\tau(f - u^n)]$$

$$\mathrm{div}^n = (u^{n+1} - u^n)/\tau$$

$$\lambda^n = \frac{1}{\sigma^2 MN} (u - f)\mathrm{div}^n$$

$$u_{i,j}^0 = f_{i,j} = f(ih, jh)$$

$$u_{i,0}^n = u_{i,1}^n, \quad u_{0,j}^n = u_{1,j}^n$$

$$u_{I,i}^n = u_{I-1,i}^n, \quad u_{i,J}^n = u_{i,J-1}^n$$

其中 $A_l(u^n) = (a_{i,j}(u^n))$,

$$a_{i,j}(u^n) := \begin{cases} \dfrac{C_i^n + C_j^n}{2h^2}, & j \in \mathcal{N}(i) \\[3mm] -\displaystyle\sum_{n \in \mathcal{N}(i)} \dfrac{C_i^n + C_N^n}{2h^2}, & j = i \\[3mm] 0, & \text{其他} \end{cases}$$

$$C_i^n := \frac{1}{1 + \left(|\nabla u_{i,j}^n|/K\right)^\alpha}$$

其中

$$|\nabla u_{i,j}^n| = \frac{1}{2} \sum_{p,q \in \mathcal{N}(i)} \frac{|u_p^n - u_q^n|}{2h}$$

$$\alpha = 2 - \frac{2}{1 + k|\nabla G_\sigma * f|^2}$$

$$\alpha^n = 2 - \frac{2}{1 + k|\nabla G_{\sigma^n} * u^n|^2}$$

其中 $\mathcal{N}(i)$ 是像素点 i 的两个邻域 (边界像素点只有一个邻域).

在上述格式中, 若函数 $\alpha(x)$ 按照 (3.2.10) 计算, 那么参数 σ 是动态变化的. 在实际应用中, 参数 σ 通常依赖于时间, 在迭代初期一般较大. 在这里, 我们按照如下方式更新 $a_{i,j}$:

$$\sigma^0 = \sigma_U$$

$$\sigma^n = \sigma^0 + n(\sigma_L - \sigma_U)/N$$

$$\alpha_{i,j}^n = 2 - \frac{2}{1 + k\,|\nabla G_\sigma^n * u^n|_{i,j}^2}$$

其中 σ_U 和 σ_L 是分别是上极限和下极限, N 是迭代次数.

2. PMS 格式

与原始 PM 模型类似, 方程 (3.2.8) 的显格式离散如下:

$$C_{Ni,j}^n = \frac{1}{1 + (|\nabla_N u_{i,j}|/K)^{\alpha_{i,j}}}$$

$$C_{Si,j}^n = \frac{1}{1 + (|\nabla_S u_{i,j}|/K)^{\alpha_{i,j}}}$$

$$C_{Ei,j}^n = \frac{1}{1 + (|\nabla_E u_{i,j}|/K)^{\alpha_{i,j}}}$$

$$C_{Wi,j}^n = \frac{1}{1 + (|\nabla_W u_{i,j}|/K)^{\alpha_{i,j}}}$$

$$\mathrm{div}_{i,j}^n = \left(C_{Ni,j}^n \nabla_N u_{i,j} + C_{Si,j}^n \nabla_S u_{i,j} + C_{Ei,j}^n \nabla_E u_{i,j} + C_{Wi,j}^n \nabla_W u_{i,j} \right)$$

$$\lambda^n = \frac{1}{\sigma^2 MN} \sum_{i,j} \mathrm{div}_{i,j}^n (u_{i,j} - f_{i,j})$$

$$u_{i,j}^{n+1} = u_{i,j}^n + \tau \mathrm{div}_{i,j}^n - \lambda^n \tau (u_{i,j} - f_{i,j})$$

$$u_{i,j}^0 = f_{i,j} = f(ih, jh)$$

$$u_{i,0}^n = u_{i,1}^n, \quad u_{0,j}^n = u_{1,j}^n$$

$$u_{I,i}^n = u_{I-1,i}^n, \quad u_{i,J}^n = u_{i,J-1}^n$$

对于 $0 \leqslant i \leqslant I, 0 \leqslant j \leqslant J$, 有

$$\nabla_N u_{i,j} = u_{i-1,j} - u_{i,j}, \quad \nabla_S u_{i,j} = u_{i+1,j} - u_{i,j}$$

$$\nabla_E u_{i,j} = u_{i,j+1} - u_{i,j}, \quad \nabla_W u_{i,j} = u_{i,j-1} - u_{i,j}$$

基于极值原理的稳定性、Lyapunov 泛函, 以及对于常值稳态解的收敛性[47], 大时间步长的 AOS 格式仍旧可以保持均值不变性. 同时, AOS 格式比 PMS 格式效率至少高出两倍. 因此我们利用 AOS 格式进行数值实验. 为了简单起见, 我们记幂指数为 (3.2.9) 的方程 (3.2.8) 为 $\alpha(x)$-PM 模型, 而幂指数为 (3.2.10) 的方程 (3.2.8) 为动态 $\alpha(x)$-PM 模型 (D-$\alpha(x)$-PM 模型).

3. 阈值 K

在传统的 PM 模型中, 阈值 K 对恢复图像有重要的影响, 而在我们的新模型中, 由 (3.2.8) 可知, 阈值 K 对恢复图像的近边界区域和内部区域有着更加深刻的影响. 图 3.2.6 是分别用 PM 模型、$\alpha(x)$-PM 模型和 D-$\alpha(x)$-PM 模型对合成图像进行去噪的结果, 其中只有阈值 K 是不同的, 而其他模型参数都相同, 具体如下: PM 模型中 $\tau = 0.25$, 而新模型中 $\tau = 3$; $\alpha(x)$-PM 模型中 $\sigma = 11/6$, $k = 0.5$; D-$\alpha(x)$-PM

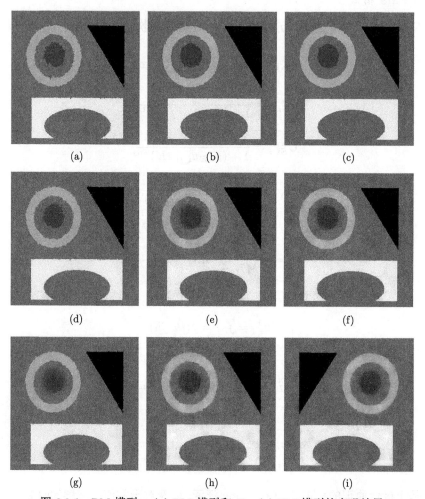

(a)   (b)   (c)

(d)   (e)   (f)

(g)   (h)   (i)

图 3.2.6   PM 模型, $\alpha(x)$-PM 模型和 D-$\alpha(x)$-PM 模型的去噪结果
(a) PM 模型 ($K = 1$); (b) $\alpha(x)$-PM 模型 ($K = 1$); (c) D-$\alpha(x)$-PM 模型 ($K = 1$);
(d) PM 模型 ($K = 3$); (e) $\alpha(x)$-PM 模型 ($K = 3$); (f) D-$\alpha(x)$-PM 模型 ($K = 3$);
(g) PM 模型 ($K = 5$); (h) $\alpha(x)$-PM 模型 ($K = 5$); (i) D-$\alpha(x)$-PM 模型 ($K = 5$)

模型中 $k = 0.5, \sigma_U = 2, \sigma_L = 5/6$. 可以看到, 即使阈值 K 非常小, 新模型仍旧能够去除噪声并且保护边界. 在 PM 模型中, 如果阈值 K 过小, 那么恢复图像将会出现 "阶梯效应", 并且还会出现许多斑点. PM 模型和新模型的实验结果列在表 3.2.1 中. 可以看到, 新模型实验结果的峰值信噪比 (peak signal to noise ratio, PSNR) 和平均绝对偏差 (mean absolute-deviation error, MAE) 都优于 PM 模型, 另外在视觉效果方面也是如此. 通常来说, 新模型的阈值 K 都小于 PM 模型, 并且在恢复图像中也不会出现斑点.

表 3.2.1 不同模型去噪结果的 PSNR 和 MAE 值

K	PM		$\alpha(x)$-PM		D-$\alpha(x)$-PM	
	PSNR	MAE	PSNR	MAE	PSNR	MAE
1	29.5	2.44	33.2	1.86	33.2	1.71
3	29.8	2.86	32.4	2.45	32.4	2.19
5	29.8	3.33	31.3	3.26	31.4	3.11

4. 去噪实现

在实验中, 所有的去噪模型都在以下三幅图像上进行测试: 合成图像 (128×128)、Lena 图像 (300×300)、高塔图像 (500×500). 我们同样用 PSNR 和 MAE 评价去噪效果.

5. 边界相似性

由于 PSNR 值并不能始终精确地评价图像发生 "阶梯效应" 的程度, 因此 Tai 等人考虑了 $\mathrm{PSNR_{grad}}$ 值, 其定义为 $\frac{1}{2}(\mathrm{PSNR}(\partial_x u, \partial_x u_0) + \mathrm{PSNR}(\partial_y u, \partial_y u_0))$, 用以评价恢复图像的导数值和真实图像的相似程度[48].

由 (3.2.10) 定义的边界映射可以写成如下形式:

$$\mathrm{EM}(u) = 2 - \frac{2}{1 + k\,|\nabla G_\sigma * u|^2}, \quad k > 0, \quad \sigma > 0 \tag{3.2.11}$$

这里 $G_\sigma(x) = \dfrac{1}{4\pi\sigma} \exp\left(-\dfrac{|x|^2}{4\sigma}\right)$. 若所有图像都被正规化了, 那么它们的灰度值范围应在 $[0, 255]$ 内. Levine 等人发现当 $0.0025 \leqslant c \leqslant 0.025$ 和 $\sigma = 0.5$ 时, 能有最优的边界映射[49]. 在文献 [50] 中, Durand 等人提出了如下 PSNR′:

$$\mathrm{PSNR}' = 10 \lg \frac{MN\, |\max u_0 - \min u_0|^2}{\|u - u_0\|_{L^2}^2} \mathrm{dB} \tag{3.2.12}$$

其中 $|\max u_0 - \min u_0|$ 是原始图像的灰度值范围. 值得注意的是, PSNR' 可以评价重构数据和真实数据之间的相似程度, 并不局限于图像处理. 结合 (3.2.11) 和 (3.2.12), 我们定义如下指标来评价边界的相似性:

$$\mathrm{PSNR_E} = \mathrm{PSNR}'(\mathrm{EM}(u), \mathrm{EM}(u_0))\mathrm{dB}$$

如果在某种算法的恢复图像中有错误的边界, 那么其 $\mathrm{PSNR_E}$ 值会变得很低.

6. 模型去噪效果对比

　　合成图像的实验结果列在图 3.2.7 和图 3.2.8 中, Lena 图像的实验结果列在图 3.2.9 和图 3.2.10 中, 高塔图像的实验结果列在图 3.2.11 和图 3.2.12 中. 即使对于较高的 σ, 新模型也能够良好地恢复图像模糊的细节. 例如, 在图 3.2.10 中, 新模型在 Lena 图像上有良好的恢复效果. 大多数情况下, 新模型在视觉效果和 PSNR 以

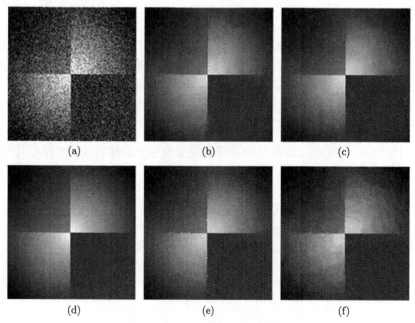

图 3.2.7　合成图像的去噪结果
(a) 标准差为 30 的高斯噪声污染的噪声图像; (b) 原始图像; (c) $\alpha(x)$-PM 模型的结果, $\sigma = 0.5, k = 0.2, \tau = 2, K = 3$ (20 步); (d) D-$\alpha(x)$-PM 模型的结果, $\sigma_U = 5/6, \sigma_L = 0.5$ (24 步); (e) PM 模型的结果, $K = 6, \tau = 0.25$ (133 步); (f) TV 模型的结果, $\tau = 0.1$ (554 步)

及 MAE 值都优于其他经典模型. 对于 TV 模型, 当 σ 增加时, 其达到最佳去噪效果所需的迭代时间会快速增加. 对于 PM 模型, 达到最佳去噪效果所需要的参数 K 也很难确定.

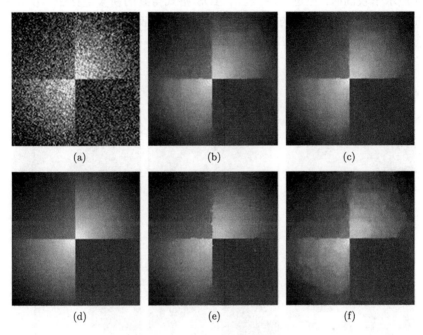

图 3.2.8   合成图像的去噪结果

(a) 被标准差为 50 的高斯噪声污染的噪声图像; (b) 原始图像; (c) $\alpha(x)$-PM 模型的结果,
$\sigma = 11/6, k = 0.1, \tau = 3, K = 3$ (18 步); (d) D-$\alpha(x)$-PM 模型的结果, $\sigma_U = 9/6, \sigma_L = 7/6$ (18 步);
(e) PM 模型的结果, $K = 7, \tau = 0.25$ (242 步); (f) TV 模型的结果, $\tau = 0.1$ (863 步)

图 3.2.7 和图 3.2.8 表明新模型在锐化边界的同时, 可以避免 "阶梯效应". 相比之下, TV 模型也可以锐化边界, 但是其 "阶梯效应" 也非常明显, 而 PM 模型虽然也可以锐化边界, 但是其代价在于产生了新的孤立白点和黑点. 因此, 新模型的优点就在于不仅高效地锐化了边界, 同时能够在内部区域进行各向同性扩散以去除噪声并避免 "阶梯效应". 表 3.2.2 给出了不同模型对合成图像的实验结果. 图 3.2.5 是分别经过新模型、PM 模型和 TV 模型处理之后的恢复图像的边界函数. 可以看到, PM 模型和 TV 模型都不同程度地在恢复图像中产生了新的边界.

图 3.2.9 和图 3.2.10 是经过 PM 模型、TV 模型、$\alpha(x)$-PM 模型和 D-$\alpha(x)$-PM 模型修复的 Lena 图像. 在图 3.2.9 (e) 和图 3.2.10 (e) 中, PM 模型的恢复图像都产生了孤立的白点和黑点, 而新模型的恢复图像 (图 3.2.9 (c) 和 (d)) 却没有这种情况. 图 3.2.11 和图 3.2.12 展示了修复的高塔图像. 表 3.2.3 和表 3.2.4 分别给出了不

同模型对 Lena 图像和高塔图像的数值实验结果. 在表 3.2.3 和表 3.2.4 中, 我们可以看到新模型恢复图像的 PSNR 值和 MAE 值都优于其他经典模型的结果, 另外 PSNR_E 值也提升得很明显. 值得注意的是, 新模型的 PSNR 值有巨大的提升, 特别是在噪声水平较高时. 更进一步, 利用 AOS 格式得到的新模型算法不仅有着较高的 PSNR 值, 而且对于较大的图像, 其计算效率也较高.

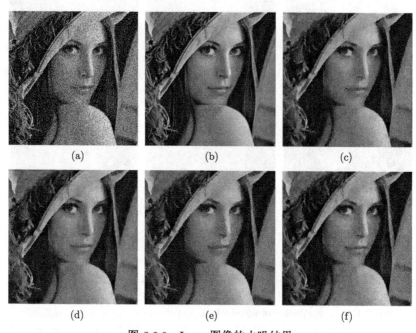

图 3.2.9　Lena 图像的去噪结果

(a) 被标准差为 30 的高斯噪声污染的噪声图像; (b) 原始图像; (c) $\alpha(x)$-PM 模型的结果,
$\sigma = 5/6, k = 0.1, \tau = 2, K = 4\,(10\,\text{步})$; (d) D-$\alpha(x)$-PM 模型的结果, $\sigma_U = 5/6, \sigma_L = 3/6(14\,\text{步})$;
(e) PM 模型的结果, $K = 5; \tau = 0.25\,(108\,\text{步})$; (f) 原 TV 模型的结果, $\tau = 0.1\,(298\,\text{步})$

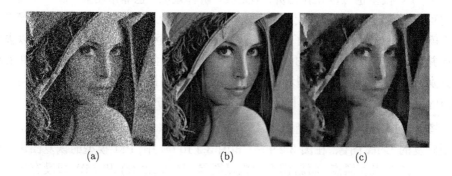

(d)　　　　　　　　　(e)　　　　　　　　　(f)

图 3.2.10　Lena 图像的去噪结果

(a) 被标准差为 50 的高斯噪声污染的噪声图像; (b) 原始图像; (c) $\alpha(x)$-PM 模型的结果,
$\sigma = 9/6, k = 0.1, \tau = 2, K = 5$ (14 步); (d) D-$\alpha(x)$-PM 模型的结果, $\sigma_U = 9/6, \sigma_L = 7/6$ (10 步);
(e) PM 模型的结果, $K = 7, \tau = 0.25$ (174 步); (f) TV 模型的结果, $\tau = 0.1$ (493 步)

(a)　　　　　　　　　(b)　　　　　　　　　(c)

(d)　　　　　　　　　(e)　　　　　　　　　(f)

图 3.2.11　高塔图像的去噪结果

(a) 被标准差为 30 的高斯噪声污染的噪声图像; (b) 原始图像; (c) $\alpha(x)$-PM 模型的结果,
$\sigma = 5/6, k = 0.5, \tau = 2, K = 5$ (6 步); (d) D-$\alpha(x)$-PM 模型的结果, $\sigma_U = 5/6, \sigma_L = 3/6$ (8 步);
(e) PM 模型的结果, $K = 5, \tau = 0.25$ (108 步); (f) TV 模型的结果, $\tau = 0.1$ (269 步)

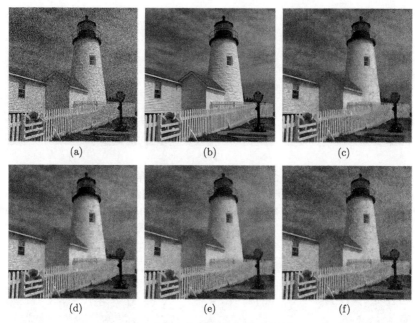

图 3.2.12　高塔图像的去噪结果

(a) 被标准差为 50 的高斯噪声污染的噪声图像; (b) 原始图像; (c) $\alpha(x)$-PM 模型的结果,
$\sigma = 7/6, k = 0.3, \tau = 2, K = 6$(10 步); (d) D-$\alpha(x)$-PM 模型的结果, $\sigma_U = 7/6, \sigma_L = 5/6$(10 步);
(e) PM 模型的结果, $K = 7, \tau = 0.25$(150 步); (f) TV 模型的结果, $\tau = 0.1$ (500 步)

表 3.2.2　合成图像的实验结果

σ	PSNR		MAE		PSNR_E		CPU/秒	
	30	50	30	50	30	50	30	50
$\alpha(x)$-PM	36.8	34.2	2.33	3.44	20.4	19.0	0.43	0.39
D-$\alpha(x)$-PM	37.0	34.3	2.32	3.42	20.9	19.1	0.48	0.50
PM	35.7	32.1	2.71	3.56	20.0	18.9	0.44	0.94
TV	34.5	32.2	3.39	4.36	13.4	13.2	5.42	8.66

表 3.2.3　Lena 图像的实验结果

σ	PSNR		MAE		PSNR_E		CPU/秒	
	30	50	30	50	30	50	30	50
$\alpha(x)$-PM	27.9	25.9	7.23	9.19	10.9	9.8	1.35	1.89
D-$\alpha(x)$-PM	28.0	25.9	7.21	9.17	10.9	9.8	1.44	1.58
PM	26.1	23.6	8.43	11.04	9.3	8.1	2.21	3.05
TV	27.2	24.5	7.70	10.56	9.7	8.7	18.14	29.35

表 3.2.4 高塔图像的实验结果

C	PSNR		MAE		$PSNR_E$		CPU/秒	
	30	50	30	50	30	50	30	50
$\alpha(x)$-PM	27.1	24.8	7.36	9.73	11.5	10.3	3.01	4.57
D-$\alpha(x)$-PM	27.0	24.7	7.46	9.69	11.4	10.3	2.57	5.04
PM	25.7	23.0	8.23	11.34	9.7	8.3	5.51	7.27
TV	26.1	23.1	8.13	10.91	10.1	8.6	48.51	79.50

本节结合热方程和 PM 方程提出了一类自适应 PM 扩散方程. PM 方程在图像分割、噪声去除、边界探测和图像增强等领域具有重要的应用, 然而传统 PM 方程容易引起图像的阶梯效应并且引入新特征. 本节还提出了一个变指数的边界探测算子, 根据图像特征自适应地控制扩散模式, 实现在边界区域各向异性扩散, 在图像光滑区域高斯扩散. 数值实验表明, 新模型具有很好的边界探测能力和噪声去除能力.

3.3 TV 模型的严格凸修正模型

3.3.1 模型动机

近三十年来, 图像去噪、图像增强、图像修复和图像分割一直都是数学图像处理和分析领域中热烈讨论的研究课题. 现阶段已经有几个方法被提出, 如小波变换[51,52]、曲波变换[53-56] 以及基于变分 PDE 的方法[37,45]. 这些方法产生的过程可以简单地分为线性过程和非线性过程, 或是各向同性过程和各向异性过程.

由于非线性各向异性扩散能够保护图像的重要特征, 如边缘、纹理等, 所以这类方法要比各向同性扩散方法更受青睐. 因此, 大部分研究集中在理解并处理与非线性各向异性扩散相关的数学特征和关联变分公式[31,57] 上. 例如, 文献 [37, 57] 提出了适定的函数和稳定的方程; 文献 [57-59] 修改和扩充了各向异性扩散方程, 并研究了各种图像处理技术之间的关系[57].

任何图像去噪过程的目的不应只关注噪声的消除, 而是应该确保在保护图像边缘的前提下或是在对边缘锐化的图像进行修改时, 保证没有细节上的错误, 因此有必要提高公式对于局部图像结构的敏感性, 尤其是边缘、轮廓[45,60,61]. 为此, 文献 [45, 57, 62] 提出了大量的边缘指标, 并将其与变分 PDE 有逻辑地联系在一起.

这些偏微分方程起源于变分问题. 最初, Rudin 等[37] 提出了一个极小化泛函, 被广泛称为 TV 泛函, 形式如下:

$$\min_u \left\{ F(u) = \int_\Omega |\nabla u|\, dx + \lambda \int_\Omega (u - f)^2 dx \right\} \tag{3.3.1}$$

其中 λ 是保真项参数, $f = f(x)$ 是带有噪声的图像, Ω 是 $\mathbb{R}^2$ 中的一个有界开集. TV 泛函被定义在 BV 函数空间, 因此, 无须要求图像连续或者光滑. 事实上, 它允许有跳跃点或不连续点, 从而更好地保护边缘.

尽管如此, TV 模型也有一定的缺点. 首先, 该模型不是严格凸的, 所以容易出现反向扩散现象. 其次, 从文献 [63-65] 可以看出, 若分母中不含有小的扰动量 ε, 则不能完成数值实验. 在这种情况下, 当 $|\nabla u| = 0$ 时, 均匀区域中会突然产生一个尖峰, 又称为奇点. 这种扰动现象被认为在复原过程中导致结果丢失了一些精确性. 此外, 多余的参数将增加参数的数目, 使确定最佳参数估计的过程变得十分困难.

另外, 文献 [46] 给出的方法有效地保护了均匀图像的边缘和小曲率. 然而, 它有可能导致原有噪声图像过于光滑, 同时破坏小尺度特征而使其具有更明显弯曲的边缘. 文献 [66] 指出, 即使是无噪声的图像, TV 正则化方法也可能导致最终输出图像的对比度和几何形状有所损失. 此外, 文献 [67] 表明 TV 正则化对恢复纹理有一定的困难, 并且在选择保真参数的同时噪声也有明显的增强迹象, 纹理并不会被消除. 文献 [66] 中的方法在最后的图像上会造成 "阶梯效应"(错误的边缘), 这一点在对噪声严重退化的图像进行处理时表现得尤为明显.

然而, 对 TV 模型技术的改进, 尤其是在边缘保护方面, 人们提出了若干模型. 目前, Vogel 等[64,68] 提出了一个带有惩罚项的全变分, 形式如下:

$$\min_u \left\{ \int_\Omega (Au - z)^2 \mathrm{d}x + \alpha \int_\Omega \sqrt{|\nabla u|^2 + \beta}\, \mathrm{d}x \right\} \tag{3.3.2}$$

其中 $\beta \geqslant 0$, A 是一个线性算子, α 是一个大于 0 的惩罚系数. 当 $\beta = 0$ 时, 该模型变成了 Rudin 等在文献 [37] 中提出的全变分模型, 所以它与原始 TV 模型具有相同的缺点. 因此, 这个模型并没有比原始 TV 模型有明显的优势.

Strong 和 Chan 在文献 [69] 中提出了一种基于自适应全变分的正则化模型

$$\min_{u \in \mathrm{BV}(\Omega)} \int_\Omega \alpha(x) |\nabla u|\, \mathrm{d}x \tag{3.3.3}$$

其中 $0 \leqslant \alpha(x) \leqslant 1$ 是一个依赖于均匀区域以及边缘的函数, 用来控制扩散速度. 这个模型表现出相当不错的去噪效果. 然而, 它并不是严格凸的, 仍然会出现反向扩散现象, 这在图像修复中可能会造成模糊.

Chambolle 和 Lions 在文献 [70] 中提出了将全变差和梯度模值的平方为范数结合起来, 得到如下泛函:

$$\min_{u \in \mathrm{BV}(\Omega)} \left\{ \frac{1}{2\varepsilon} \int_{|\nabla u| \leqslant \varepsilon} |\nabla u|^2 \mathrm{d}x + \int_{|\nabla u| > \varepsilon} \left(|\nabla u| - \frac{\varepsilon}{2} \right) \mathrm{d}x \right\} \tag{3.3.4}$$

其中 ε 是一个参数, 在这个方程中 $|\nabla u| > \varepsilon$ 表示边缘区域, $|\nabla u| \leqslant \varepsilon$ 表示均匀区域. 该模型能够在被一些明显边缘分割的区域内修复图像, 但当出现不均匀的图像强度或严重退化时, 这个模型将会对阈值参数 ε 变得敏感[46].

Chen 等在文献 [46] 中提出了一个可变的指数自适应模型, 形式如下:

$$\min_{u \in \mathrm{BV}(\Omega)} \left[\int_\Omega |Du|^{q(x)} + \frac{\lambda}{2}(u - I)^2 \right] \mathrm{d}x \tag{3.3.5}$$

其中 $1 \leqslant \alpha \leqslant q(x) \leqslant 2$, $q(x) = 1 + 1/(1 + K\,|\nabla G_\sigma * I(x)|^2)$. G_σ 是高斯核函数, 并固定参数 $k > 0, \sigma > 0$.

可以发现, 当 $q(x) = 2$ 时, 该模型显示出高斯平滑的优点; 当 $q(x) = 1$ 时, TV 模型正则化有所加强. 这个模型可以得到很好的结果, 实验效果相比于早期的模型有了很大的提高. 在演化过程之前, 由于引入了高斯核卷积中的高斯尺度方差, 因此减少了该模型的精准性. 从文献 [31] 看出尺度方差是一个要通过人工调节的辅助参数. 同时, 如果高斯尺度方差太小, 扩散过程将会变成病态的, 而高斯尺度方差太大又会使原有图像特征变得模糊[32]. 因此, 对于选择最优的尺度方差仍然是个极具挑战性的问题. 由于涉及了大量的参数, 确定出可以得到最优结果的最佳参数也是一个具有挑战性的问题.

大量文献表明, 有效的正则化泛函可以产生恢复图像的扩散过程, 同时可以保存图像的关键特征, 但是这种模型的实际实验效果仍然是人们关心的问题. 在下一小节中, 我们针对图像去噪问题介绍一个新的自适性全变差泛函, 并且这个泛函是严格凸的. 仅有的参数 K 是一个只需要稍稍调整的阈值, 它依赖演化参数 t, 对于数值方法的选择没有限制.

3.3.2 严格凸修正模型

在本小节中, 受文献 [57, 63, 46] 的启发, 我们给出 TV 模型的一个修正版本. 该模型是根据一个基于对数的严格凸的修正 TV 泛函的极小值. 首先, 给出模型形式及它的一些重要性质.

1. 新的能量泛函

这个新的严格凸能量泛函形式如下:

$$\min_{u \in \mathrm{BV}(\Omega) \bigcap L^2(\Omega)} \left\{ I(u) = \int_\Omega \phi\left(|\nabla u|\right) \mathrm{d}x + \frac{\lambda}{2} \int_\Omega (u - f)^2 \mathrm{d}x \right\} \tag{3.3.6}$$

式中

$$\phi(s) = s - \frac{1}{K} \ln(1 + Ks) \tag{3.3.7}$$

其中, K 是一个正参数, f 是带噪声图像.

通过直接计算, 我们可以得到如下命题.

命题 3.3.1　函数 $\phi(s)$ 满足如下性质:

(1) $\phi(0) = 0$, $\phi'(s) = \dfrac{Ks}{1 + Ks}$, 因此当 $s > 0$ 时, $\phi(s)$ 是一个严格非降的函数;

(2) $\phi''(s) = \dfrac{K}{(1 + Ks)^2} > 0$, 因此 $\phi(s)$ 是严格凸的;

(3) 当 $s \to 0$ 时, $\phi(s) = (K/2)\, s^2 + o(s^2)$;

(4) $\lim\limits_{s \to +\infty} (\phi(s)/s) = 1$, $\alpha\,|s| \leqslant \phi(|s|) < |s|$, $0 < \alpha < 1$, 因此 $\phi(s)$ 是线性增长的.

与文献 [71] 的模型相比, 这个新的模型满足更自然的线性增长条件.

标记 3.3.1　在这个方法中, ϕ 满足如下假设:

(H1) ϕ 是一个严格凸的函数, 从 $\mathbb{R}^+$ 到 $\mathbb{R}^+$ 非降的函数, 并且 $\phi(0) = 0$.

(H2) 因为在均匀的区域, 弱梯度应该光滑, 所以在这些区间都应该是加以弱的惩罚. 因此当 $|\nabla u| = s \to 0$ 时, $\phi(s) \approx Ks^2$, 这保证了各向同性扩散.

(H3) 因为边缘 (也就是强梯度的区域) 应该被保护, 所以边缘附近的正则化将受到严重的惩罚. 因此, 当 $|\nabla u| = s \to +\infty$ 时, $\alpha\,|s| < \phi(|s|) < \Lambda\,|s|$, $0 < \alpha < \Lambda$. 这不仅显示了模型线性增长的特性而且也显示了该模型对边缘保护的特性.

在文献 [71] 中, 可以得到

$$\lim_{\beta \to 0} J_\beta(u) = J_0(u) \tag{3.3.8}$$

其中 $J_\beta(u) = \displaystyle\int_\Omega \sqrt{\beta + |\nabla u|^2}\,\mathrm{d}x$. 事实上, 扰动项 β 通常被用来消除 $\mathrm{div}\,(Du/|Du|)$ 的奇异点. 本身就带有 β 或是加上 β 进行实验之后得到的数值结果实际上都不是 TV 模型的解, 而是一种逼近解. 文献 [72] 正是因为这种逼近的思想, 当 β 逐渐减小时, 离散格式的时间步长将被限制取作更小的值. 当数值实验不需要提升参数时, 设计起来相对简单, 从而克服了数值计算上的某些困难. 此外, 我们要注意, 对于 $s \in \mathbb{R}$, 有

$$\lim_{K \to +\infty} \phi(|s|) = |s| \tag{3.3.9}$$

这是 TV 模型的形式. 这就意味着当 K 越来越大时, 该模型将具有 TV 模型的许多优点.

注 3.3.1　(1) 因为 TV 模型 (即 $\phi(s) = s$) 仅仅是凸的 (即 $\phi''(s) = 0$), 它给出了一个局部极小值, 但并不能保证能量极小解的唯一性, 然而新的能量泛函 (即 $\phi(s) = s - (1/K)\ln(1 + Ks)$) 是严格凸的 (即 $\phi''(s) = K/(1 + Ks)^2 > 0$), 并且在保真部分 $H(z) = (z - f)^2$ 附加严格凸性, 这种组合的能量泛函对于 $|\nabla u|$ 和 u 都是严格凸的, 从而给出了一个全局最小能量, 因此保证了结果的唯一性.

(2) 本节所提出的方法旨在减少人工调节的参数数目. 在实验过程中, K 是一个依赖于时间的参数, 从而使得时间 t(演化参数) 为唯一的调节参数.

其他的修正 TV 模型仅仅针对 $|\nabla u|$ 是凸的, 并不能保证整个模型解的唯一性. 因此, 解的存在性不容易被得到. 另外, 模型中包含 $1/|\nabla u|$ 的部分在光滑区域的演化中, 当 $|\nabla u| = 0$ 时, 将会出现一个尖端. 因此本节提出的逼近方法更加可行, 详见文献 [46, 58, 62, 68, 70].

2. 相关的演化方程

能量泛函 (3.3.6) 对应的欧拉–拉格朗日方程是

$$0 = -\operatorname{div}\left(\frac{K\nabla u}{1 + K|\nabla u|}\right) + \lambda(u - f), \quad x \in \Omega \tag{3.3.10}$$

$$\frac{\partial u}{\partial n} = 0, \quad x \in \partial\Omega \tag{3.3.11}$$

当用数值模拟来计算方程 (3.3.10) 的解时, 它被嵌入一个动态的体系, 这里 t 被用来表示演化参数. 因此, 与建立的最小化模型 (3.3.6) 相对应, 变成如下形式:

$$u_t = \operatorname{div}\left(\frac{K\nabla u}{1 + K|\nabla u|}\right) - \lambda(u - f), \quad (x, t) \in \Omega \times (0, T) \tag{3.3.12}$$

$$u(x, 0) = f(x), \quad x \in \partial\Omega \tag{3.3.13}$$

$$\frac{\partial u}{\partial n} = 0, \quad (x, t) \in \partial\Omega \times (0, T) \tag{3.3.14}$$

注 3.3.2 (1) 若分母不为零, 则该修正的模型不会出现奇点. 另外, 该模型更容易设计数值格式.

(2) 为了进一步深入了解扩散算子 (核) 的作用, 我们在局部图像结构的前提下分解了散度项, 将其分成等照度线的切线方向 T 和法线方向 N, 可以得到

$$\operatorname{div}\left(\frac{\nabla u}{1 + K|\nabla u|}\right) = \frac{1}{(1 + K|\nabla u|)^2}u_{NN} + \frac{1}{1 + K|\nabla u|}u_{TT} \tag{3.3.15}$$

其中

$$\begin{cases} u_{NN} = \dfrac{1}{|\nabla u|^2}(u_{x_1}^2 u_{x_1 x_1} + u_{x_2}^2 u_{x_2} u_{x_2} + 2u_{x_1} u_{x_2} u_{x_1 x_2}) \\[2mm] u_{TT} = \dfrac{1}{|\nabla u|^2}(u_{x_1}^2 u_{x_2 x_2} + u_{x_2}^2 u_{x_1 x_1} - 2u_{x_1} u_{x_2} u_{x_1 x_2}) \end{cases} \tag{3.3.16}$$

显然, 散度项是沿切线方向和法线方向的方向导数的加权总和. 由于既要保护图像边缘也要保护图像的重要特征, 所以在靠近边界 (边缘) 的区域切线方向应该比法线方向要更光滑.

(3) 在边缘处通常 $|\nabla u|$ 值较高. $|\nabla u|$ 越大, u_{NN} 的系数减小的速度越快, 在法线方向上减少了扩散, 因此保护了边缘. 然而当 $|\nabla u|$ 足够小时, 在 u_{NN} 和 u_{TT} 的方向都是均匀扩散, 因此在均匀区域都完成了各项同性扩散, 图像在均匀区域的 $|\nabla u|$ 值减小. 所以, 建立的模型对局部图像结构很灵敏. 然而, 基于 TV 去噪模型和大多数的修正模型都没有 u_{NN} 这项. 这就导致了一种均匀的部分被处理成分段常数区域的现象, 其中这些区域的边界反映到图像上是阶梯现象或虚假边缘.

3.3.3　模型分析

在这一小节中, 我们证明了最小化问题 (3.3.6) 的解的存在唯一性. 首先, 给出一些预备知识.

1. 预备知识

定义 3.3.1　Ω 是一个 $\mathbb{R}^n$ 的开子集, 函数 $u \in L^1$ 在 Ω 中是一个有界变差函数:

$$\sup\left\{\int_\Omega u \mathrm{div}\phi \,\mathrm{d}x : \phi \in C_0^1(\Omega; \mathbb{R}^n),\ |\phi| \leqslant 1\right\} < \infty \tag{3.3.17}$$

这种函数形式的空间称为 $\mathrm{BV}(\Omega)$, 进而得到 BV 的范数定义为

$$\|\nabla u\|_{\mathrm{BV}} = \int_\Omega |\nabla u| + |u|_{L^1(\Omega)} \tag{3.3.18}$$

定义 3.3.2　设 $u \in \mathrm{BV}(\Omega)$, 定义

$$Du = \nabla u \cdot L^n + D^s u \tag{3.3.19}$$

并且 Du 是一个 Radon 测度, 这里 ∇u 是 Du 关于 n 维 Lebesgue 测度 L^n 的绝对连续部分, $D^s u$ 是奇异部分[73].

引理 3.3.1　令 $\phi : \mathbb{R} \to \mathbb{R}^+$ 是凸的, 甚至在 $\mathbb{R}^+$ 上非降无限线性增长. 也令 ϕ^∞ 是 ϕ 的回收函数, 定义如下:

$$\phi^\infty(w) = \lim_{s \to \infty} \frac{\phi(sw)}{s} \tag{3.3.20}$$

由于 $u \in \mathrm{BV}(\Omega)$, 并令 $\phi(\theta) = \phi(|\theta|)$, 我们可以得到

$$\int_\Omega \phi(Du) = \int_\Omega \phi(|\nabla u|)\,\mathrm{d}x + \phi^\infty(1)\int_\Omega D^s u \tag{3.3.21}$$

这就意味着 $u \to \int_\Omega \phi(Du)$ 在拓扑空间 $\mathrm{BV}(\Omega)$ 是弱下半连续的[74].

2. 最小化问题的解存在唯一性

线性增长的条件使这个问题的解在如下空间考虑:

$$U = \left\{ u \in L^2(\Omega); \nabla u \in L^1(\Omega)^2 \right\} \tag{3.3.22}$$

U 不是自反空间, 但是 U 的有界序列在 $\mathrm{BV}(\Omega)$ 内也是有界的, 因此对于 BV^* 弱拓扑是紧的. 此外, 由文献 [74-87] 可以看出, 由于 L^1 空间是可分的 * 弱拓扑, 即使这个空间不是自反的, 这个空间仍然允许带有紧性的解. 因此, 通过 BV^* 弱拓扑简单地表示成 $\mathrm{BV}(\Omega)$, 我们可以在 $\mathrm{BV}(\Omega) \bigcap L^2(\Omega)$ 空间找到最小化问题 (3.3.6) 的解, 有如下定理.

定理 3.3.1 最小化问题 (3.3.6) 有唯一解 $u \in \mathrm{BV}(\Omega) \bigcap L^2(\Omega)$.

证明 由 $\phi(s)$ 的线性增长性质可以得到

$$\alpha |s| \leqslant \phi(|s|) < |s|, \quad 0 < \alpha < 1 \tag{3.3.23}$$

这说明

$$\lim_{s \to +\infty} \phi(s) = +\infty \tag{3.3.24}$$

因此 $I(u)$ 是强制的. 令 u_n 是 $\mathrm{BV}(\Omega) \bigcap L^2(\Omega)$ 中的一个极小化序列, 则有

$$I(u_n) \leqslant M \tag{3.3.25}$$

其中 M 是一个常数. 根据以上内容很显然可以得到

$$\int_{\Omega} \phi(|\nabla u_n|) \, \mathrm{d}x \leqslant I(u_n) \leqslant M, \quad \int_{\Omega} |u_n|^2 \, \mathrm{d}x \leqslant M \tag{3.3.26}$$

因而 $\{u_n\}$ 在 $\mathrm{BV}(\Omega) \bigcap L^2(\Omega)$ 中是有界的, 则 $\{u_n\}$ 存在一个子序列 $\{u_{n_k}\}$ 和一个函数 $u \in \mathrm{BV}(\Omega) \bigcap L^2(\Omega)$, 使得

$$
\begin{aligned}
u_{n_k} &\xrightarrow{\text{强收敛}} u \quad \text{于} L^1(\Omega) \\
u_{n_k} &\xrightarrow{\text{强收敛}} u \quad \text{于} L^2(\Omega)
\end{aligned}
\tag{3.3.27}
$$

根据引理 3.3.1 和 L^2 范数的弱下半连续性, 则有

$$I(u) \leqslant \liminf_{k \to \infty} I(u_{n_k}) = \min_{\mathrm{BV}(\Omega) \bigcap L^2(\Omega)} I(v) \tag{3.3.28}$$

因此, 极小化问题的解存在. 根据方程的严格凸性, 可以得到解的唯一性.

3. 弱解的定义

令 $v \in L^2(0,T;H^1(\Omega))$, $f \in \mathrm{BV}(\Omega)$, $v > 0$, $\partial v/\partial \boldsymbol{n} = 0$, 其中 $\Omega_T = \Omega \times [0,T]$, u 是 (3.3.12)~(3.3.14) 的一个解. 在方程 (3.3.12) 左右两端同乘上 $(v-u)$ 并在 Ω 积分, 可以得到

$$\int_\Omega \partial_t u(v-u)\,\mathrm{d}x + \int_\Omega \frac{K\nabla u}{1+K\nabla u}(\nabla v - \nabla u)\mathrm{d}x = -\lambda \int_\Omega (u-f)(v-u)\mathrm{d}x \quad (3.3.29)$$

对于方程 (3.3.29) 左边的第二项和右边的项, 利用 ϕ 的凸性的条件, 即 $\phi(x)-\phi(y) \geqslant \phi'(y)(x-y)$, 可以得到

$$\int_\Omega \partial_t u(v-u)\mathrm{d}x + \int_\Omega \phi\left(|\nabla u|\right)\mathrm{d}x \geqslant \int_\Omega \phi\left(|\nabla u|\right)\mathrm{d}x + \frac{\lambda}{2}\int_\Omega (u-f)^2\mathrm{d}x \quad (3.3.30)$$

对方程 (3.3.30) 中的 t 进行积分, 可以得到

$$\int_0^t \int_\Omega \partial_t u(v-u)\mathrm{d}x\mathrm{d}t + \int_0^t I(v)\mathrm{d}t \geqslant \int_0^t I(u)\mathrm{d}t \quad (3.3.31)$$

$v \in L^2(0,T;H^1(\Omega))$, 选取 $v = u + \xi\phi$, 其中 $\phi \in C_0^\infty(\Omega)$. 当 $\xi = 0$ 时, (3.3.1) 式左边有极小值, 则 u 是 (3.3.12) 的一个解. 以上的结论可知 (3.3.12)~(3.3.14) 的解可定义如下.

定义 3.3.3　如果 $\partial_t u \in L^2(\Omega_T)$, $u(x,0) = f(x)$, $x \in \Omega$. 对于每个 $v \in L^2(0,T;H^1(\Omega))$, u 都满足 (3.3.31), $t \in [0,T]$, 则函数 $u \in L^2(0,T;\mathrm{BV}(\Omega)\bigcap L^2)$ 是 (3.3.12)~(3.3.14) 的一个弱解.

4. 逼近能量泛函

令 Ω 是 $\mathbb{R}^n$ 的有界子集, $f \in \mathrm{BV}(\Omega)\bigcap L^\infty$. 考虑如下的逼近能量泛函: 当 $1 < p \leqslant 2$ 时,

$$I_p(u) = \int_\Omega \phi_p(\nabla u)\mathrm{d}x + \frac{\lambda}{2}\int_\Omega (u-f)^2\mathrm{d}x \quad (3.3.32)$$

其中

$$\phi_p(s) = \frac{1}{p}\left(|s|^p - \frac{1}{K}\ln\left(1+K|s|^p\right)\right) \quad (3.3.33)$$

$\phi_p(s)$ 有如下性质:

(1) $\phi_p'(s) = K|s|^{2p-2}s/(1+K|s|^p)$, $s \in \mathbb{R}^n$, $\phi_p'(s) \geqslant 0$;

(2) $\phi_p''(s) = K|s|^{2p-2}[(2p-1)+K(p-1)|s|^p]/[1+K|s|^p]^2 > 0$.

因此, $\phi(s)$ 对 s 是严格凸的.

标记 3.3.2　由 $f \in \mathrm{BV}(\Omega)$, 可以得到一个子序列 $f_k \in W^{1,p}(\Omega)$, 使得当 $k \to 0$ 时, $f_k \to f$ 在 $L^2(\Omega)$ 中成立, 即

$$\int_\Omega |\nabla f_k|\, \mathrm{d}x \to \int_\Omega |\nabla f|\, \mathrm{d}x \tag{3.3.34}$$

根据文献 [62] 中定理 2.9 的结论, 则有

$$\int_\Omega |\nabla f_k|\, \mathrm{d}x \leqslant C \tag{3.3.35}$$

由 $\phi(s)$ 的性质 (3)(命题 3.3.1(3)) 可以看出

$$\phi(\nabla f) \leqslant |\nabla f| \tag{3.3.36}$$

则有

$$\int_\Omega \phi(\nabla f_k)\, \mathrm{d}x \to \int_\Omega \phi(\nabla f)\, \mathrm{d}x \tag{3.3.37}$$

因此, 当 $k \to 0$ 时, 有

$$\int_\Omega \phi(\nabla f_k)\mathrm{d}x \to \int_\Omega \phi(\nabla f)\mathrm{d}x \tag{3.3.38}$$

由 (3.3.32) 式和标记 3.3.2, 考虑逼近演化问题

$$\partial_t u_{k,p} = \mathrm{div}(\phi_p'(\nabla u_{k,p})) - \lambda(u_{k,p} - f_k), \quad (x,t) \in \Omega \times [0,T] \tag{3.3.39}$$

$$\frac{\partial u_{k,p}}{\partial \boldsymbol{n}} = 0, \quad (x,t) \in \partial\Omega \times [0,T] \tag{3.3.40}$$

$$u_{k,p}(x,0) = f_k, \quad x \in \Omega \tag{3.3.41}$$

允许 L^∞ 上也有 (3.3.39)~(3.3.41) 的解. 逼近演化问题 (3.3.39)~(3.3.41) 的解 $u_{k,p}$ 的有界性由引理 3.3.2 可以得到.

引理 3.3.2　假设 $f_k \in L^\infty(\Omega) \bigcap \mathrm{BV}(\Omega)$, $u_{k,p}$ 是 (3.3.39)~(3.3.41) 的解, 则有

$$\inf f_k \leqslant u_{k,p} \leqslant \sup f_k \tag{3.3.42}$$

证明　利用类似文献 [77] 中的方法, 令 $M = \sup f_k$, 并定义 $(u_{k,p} - M)_+$ 为

$$(u_{k,p} - M)_+ = \begin{cases} u_{k,p} - M, & u_{k,p} - M \geqslant 0 \\ 0, & \text{其他} \end{cases} \tag{3.3.43}$$

与 (3.3.39) 相乘, 并在 Ω 上进行积分

$$\int_\Omega \partial_t u_{k,p}(u_{k,p} - M)_+\mathrm{d}x + \int_\Omega \phi_p'(\nabla u_{k,p}) \cdot \nabla u_{k,p}\mathrm{d}x$$
$$+ \lambda \int_\Omega (u_{k,p} - f_k)(u_{k,p} - M)_+\mathrm{d}x = 0 \tag{3.3.44}$$

根据 $(u_{k,p} - M)_+$ 的定义和 $\phi'_p(s) \cdot s \geqslant 0$, 可以看出方程 (3.3.44) 中后两个积分都是正的. 因此, 可以得到

$$\frac{1}{2} \int_\Omega \frac{\mathrm{d}}{\mathrm{d}t} (u_{k,p} - M)_+^2 \mathrm{d}x \leqslant 0 \tag{3.3.45}$$

这里可以看出 $J(t) = \frac{1}{2} \int_\Omega (u_{k,p} - M)_+^2 \mathrm{d}x$ 关于 t 是一个减函数. 由 $J(0) = 0$, 对任意 $t \in [0, T]$ 有

$$J(t) = 0 \tag{3.3.46}$$

因此, $u_{k,p} \leqslant M = \sup f_k$.

　　类似地, 在式(3.3.39) 两边同乘 $(u_{k,p} - m)_-$, 其中 $m = \inf f_k$, 则对任意 $t \in [0, T]$ 有

$$u_{k,p} \geqslant -m$$

因此, 可以得到

$$\inf f_k \leqslant u_{k,p} \leqslant \sup f_k, \quad \text{对任意} t \in [0, T] \text{成立}$$

另一个估计也可以通过引理 3.3.3 得到.

　　引理 3.3.3　　逼近演化问题 (3.3.39)~(3.3.41) 存在唯一解 $u_{k,p} \in L^\infty(0, T; \mathrm{BV}(\Omega))$, 且有 $\partial_t u_{k,p} \in L^2(0, T; L^2(\Omega))$, 并满足如下不等式:

$$\int_0^t \int_\Omega \partial_t u_{k,p}(v - u_{k,p})\mathrm{d}x\mathrm{d}t + \int_0^t I_p(v)\mathrm{d}t \geqslant \int_0^t I_p(u_{k,p})\mathrm{d}t \tag{3.3.47}$$

对任意 $t \in [0, T]$, $v \in L^2(0, T; W^{1,p}(\Omega))$ 和 $\dfrac{\partial v}{\partial \boldsymbol{n}} = 0$. 同时, 满足变分不等式

$$\int_0^\infty \int_\Omega |\partial_t u_{k,p}|^2 \,\mathrm{d}x\mathrm{d}t + \sup_{t \in [0,T]} \left\{ \int_\Omega \phi_p(\nabla u_{k,p})\mathrm{d}x + \frac{\lambda}{2} \int_\Omega (u_{k,p} - f_k)^2 \mathrm{d}x \right\} \leqslant I_p(\nabla f_k) \tag{3.3.48}$$

　　证明　　因为 $\phi(\nabla u)$ 是一个下半连续且严格凸的函数, 根据文献 [74, 78, 79] 中的定义, $-\mathrm{div}(\phi'(\nabla u))$ 是 $\displaystyle\int_\Omega \phi(\nabla u)\mathrm{d}x$ 的一个次微分并且是极大单调的, 逼近演化问题 (3.3.39)~(3.3.41) 有唯一解 $u_{k,p} \in L^\infty(0, T; W^{1,p}(\Omega))$.

　　为了证明 $u_{k,p}$ 是逼近演化问题 (3.3.39)~(3.3.41) 的弱解, 即证明 $u_{k,p}$ 要满足式 (3.3.47), 因此, 在方程 (3.3.39) 两端同时乘 $(v - u_{k,p})$, $v \in L^2(0, T; W^{1,p}(\Omega))$ 且 $\dfrac{\partial v}{\partial \boldsymbol{n}} = 0$, 并在 Ω 和 $t \in [0, T]$ 上进行积分, 则有

$$\int_0^t \int_\Omega \partial_t u_{k,p}(v - u_{k,p})\mathrm{d}x\mathrm{d}t$$

$$= \int_0^t \int_\Omega (\mathrm{div}(\phi'_p(\nabla u_{k,p}))(v - u_{k,p})) \int_\Omega \mathrm{d}x\mathrm{d}t - \lambda \int_0^t \int_\Omega ((u_{k,p} - f_k)(v - u_{k,p}))\,\mathrm{d}x\mathrm{d}t \tag{3.3.49}$$

$$\int_0^t \int_\Omega \partial_t u_{k,p}(v - u_{k,p})\mathrm{d}x\mathrm{d}t + \int_0^t \int_\Omega \phi'_p(\nabla u_{k,p})(\nabla v - u_{k,p})\,\mathrm{d}x\mathrm{d}t$$

$$= -\lambda \int_0^t \int_\Omega ((u_{k,p} - f_k)(v - u_{k,p}))\,\mathrm{d}x\mathrm{d}t \tag{3.3.50}$$

对方程 (3.3.50) 两边应用凸条件可以得到

$$\int_0^t \int_\Omega \partial_t u_{k,p}(v - u_{k,p})\mathrm{d}x\mathrm{d}t + \int_0^t \int_\Omega \phi_p(\nabla v)\mathrm{d}x\mathrm{d}t - \frac{\lambda}{2}\int_0^t \int_\Omega (v - f_k)^2\mathrm{d}x\mathrm{d}t$$

$$\geqslant \int_0^t \int_\Omega \phi_p(\nabla u_{k,p})\,\mathrm{d}x\mathrm{d}t + \frac{\lambda}{2}\int_0^t \int_\Omega (u_{k,p} - f_k)^2\mathrm{d}x\mathrm{d}t \tag{3.3.51}$$

故可以推出式 (3.3.47).

在式 (3.3.39) 两端乘以 $\dot{u}_{k,p}$, 并在 Ω 和 $t \in [0,T]$ 进行积分, 可以得到

$$\int_0^t \int_\Omega (\partial_t u_{k,p})^2\mathrm{d}x\mathrm{d}t = \int_0^t \int_\Omega \mathrm{div}(\phi'_p(\nabla u_{k,p}))\dot{u}_{k,p}\mathrm{d}x\mathrm{d}t - \lambda \int_0^t \int_\Omega (u_{k,p} - f_k)\dot{u}_{k,p}\mathrm{d}x\mathrm{d}t \tag{3.3.52}$$

可以得到

$$\int_0^t \int_\Omega (\partial_t u_{k,p})^2\mathrm{d}x\mathrm{d}t + \int_0^t \partial_t \left(\int_\Omega \phi_p(\nabla u_{k,p})\mathrm{d}x\right)\mathrm{d}t$$

$$+ \frac{\lambda}{2}\int_0^t \partial_t \left(\int_\Omega (u_{k,p} - f_k)\mathrm{d}x\right)^2\mathrm{d}t = 0 \tag{3.3.53}$$

结合式 (3.3.40) 和 (3.3.41) 可得到式 (3.3.48).

5. 演化问题的解的存在唯一性

利用上面得到的先验估计结果, 再通过逼近问题的解, 证明演化问题 (3.3.12)~(3.3.14) 的解的存在唯一性.

定理 3.3.2　令 $f \in \mathrm{BV}(\Omega) \bigcap L^\infty(\Omega)$, 则存在唯一的弱解 $u \in L^\infty(0,\infty; \mathrm{BV}(\Omega) \bigcap L^\infty(\Omega))$, 且满足 $\partial_t u \in L^2(Q_\infty)$, $u(x,0) = f$, 则

$$\int_0^\infty \int_\Omega |\partial_t u|^2\,\mathrm{d}x\mathrm{d}t + \sup_{t \in [0,\infty)}\{I(u)\} \leqslant I(f) \tag{3.3.54}$$

其中 $t \in [0,\infty)$, $Q_\infty := \Omega \times [0,\infty)$.

证明　由引理 3.3.2 和引理 3.3.3 可知

$$\|\partial_t u_{k,p}\|_{L^2(Q_\infty)} + \|u_{k,p}\|_{L^\infty(Q_\infty)} + \|u_{k,p}\|_{L^\infty(0,\infty;W^{1,p}(\Omega) \bigcap L^\infty(\Omega))} \leqslant M \tag{3.3.55}$$

其中 M 是某个线性常数. 设 $\{u_{k,p}\}$ 是一个满足引理 3.3.2 的问题 (3.3.39)~(3.3.41) 的解的有界序列, 则存在 $\{u_{k,p}\}$ 的一个子列 $\{u_{k,p_i}\}$ 和一个函数 $u_k \in L^\infty(\Omega)$, $\dot{u}_k \in$

$L^2(\Omega; [0, T])$. 当 $p_i \to 1$ 时,

$$u_{k,p_i} \xrightarrow{\text{强收敛}} u_k \text{ 于} L^1(\Omega), \text{对任意 } t \in [0, \infty) \text{ 成立} \tag{3.3.56}$$

$$\partial_t u_{k,p_i} \xrightarrow{\text{弱收敛}} \partial_t u_k \text{ 于} L^2(Q_\infty) \tag{3.3.57}$$

$$u_{k,p_i} \xrightarrow{\text{弱 * 收敛}} u_k \text{ 于} L^\infty(Q_\infty) \tag{3.3.58}$$

$$u_{k,p_i} \xrightarrow{\text{强收敛}} u_k \text{ 于} L^2(\Omega) \tag{3.3.59}$$

$$\lim_{t \to 0^+} \int_\Omega |u_{k,p_i}(x,t) - f_k(x)|^2 \mathrm{d}x = 0 \tag{3.3.60}$$

事实上, 从式 (3.3.55) 看出, 存在一个序列 $\{u_{k,p}\}$ 和一个函数 $u_k \in L^\infty(Q_\infty)$, $\dot{u}_k \in L^2(Q_\infty)$ 满足式 (3.3.57) 和式 (3.3.58). 同样也发现对任意的 $\phi \in L^2(\Omega)$, 当 $i \to \infty$ 时,

$$\int_\Omega (u_{u,p_i}(x,t) - f_k(x))\phi(x)\mathrm{d}x = \int_0^t \partial_s \left(\int_\Omega u_{k,p_i}(x,s)\phi(x)\mathrm{d}x \right)$$
$$\to \int_0^t \partial_s \left(\int_\Omega u_k(x,s)\phi(x)\,\mathrm{d}x \right)\mathrm{d}s = \int_\Omega (u_k(x,t) - f_k(x))\phi(x)\mathrm{d}x \tag{3.3.61}$$

可以推出, 对任意的 t, 有

$$u_{k,p_i} \xrightarrow{\text{弱收敛}} u_k \text{ 于} L^2(\Omega) \tag{3.3.62}$$

通过引理 3.3.2 和引理 3.3.3, 对每一个 $t \in [0, \infty)$, $\{u_{k,p_i}(x,t)\}$ 在 $W^{1,1}(\Omega)$ 上是一个有界序列. 结合 (3.3.62) 式, 可以得到, 对任意的 t, 当 $p_i \to 1$ 时,

$$u_{k,p_i} \xrightarrow{\text{强收敛}} u_k \text{ 于} L^1(\Omega) \tag{3.3.63}$$

此外, (3.3.60) 式遵循事实

$$\|u_{k,p_i}(\cdot,t) - u_{k,p_i}(\cdot,t')\|_{L^2(\Omega)}^2 \leqslant |t - t'| \int_0^t \int_\Omega (\partial_t u_{k,p_i})^2 \mathrm{d}x\mathrm{d}t \tag{3.3.64}$$

从 (3.3.64) 式可以看出, $t \mapsto u_{k,p_i}(\cdot, t) \in L^2(\Omega)$ 是等度连续的. 同时, 从 (3.3.55) 式和 (3.3.58) 式可以得到

$$u_{k,p_i} \xrightarrow{\text{强收敛}} u_k \text{ 于} L^2(\Omega; [0, T]) \tag{3.3.65}$$

通过标准参数可以得到 u_{p,k_i} 在 $L^2(\Omega)$ 中对 t 一致强收敛到 u_k, 从而得到了 (3.3.59). 由引理 3.3.2 和 (3.3.58), 可以得到 $u \in L^\infty(0, \infty; \mathrm{BV}(\Omega) \bigcap L^\infty(\Omega))$ 和 $\dot{u}_k \in L^2(Q_\infty)$.

接着, 证明对所有的 $v \in L^2(0,T;W^{1,p}(\Omega)\bigcap L^2(\Omega))$, $v > 0$, $\partial v/\partial \boldsymbol{n} = 0, t \in [0,\infty)$, 有

$$\int_0^t \int_\Omega \partial_t u_{k,p}(v - u_{k,p})\mathrm{d}x\mathrm{d}t + \int_0^t \int_\Omega \phi(\nabla v)\mathrm{d}x\mathrm{d}t - \frac{\lambda}{2}\int_0^t \int_\Omega (v - f_k)^2\mathrm{d}x\mathrm{d}t$$

$$\geqslant \int_0^t \int_\Omega \phi(\nabla u_k)\,\mathrm{d}x\mathrm{d}t - \frac{\lambda}{2}\int_0^t \int_\Omega (u_k - f_k)^2\mathrm{d}x\mathrm{d}t \tag{3.3.66}$$

为了证明这个结论, 根据引理 3.3.3 , 可以得到

$$\int_\Omega \partial_t u_{k,p_i}(v - u_{k,p_i})\,\mathrm{d}x + \int_\Omega \phi_{p_i}(\nabla v)\mathrm{d}x + \frac{\lambda}{2}\int_\Omega (v - f_k)^2\mathrm{d}x$$

$$\geqslant \int_\Omega \phi_{p_i}(\nabla u_{k,p_i})\mathrm{d}x + \frac{\lambda}{2}\int_\Omega (u_{k,p_i} - f_k)^2\mathrm{d}x \tag{3.3.67}$$

由 (3.3.56) 式和 (3.3.58) 式, 存在一个子列 $\{u_{k,p_i}\}$ 满足

$$u_{k,p_i} \xrightarrow{\text{强收敛}} u_k 于 L^2(\Omega; [0,T]) \tag{3.3.68}$$

根据 (3.3.57), (3.3.59) 和 (3.3.68), 当 $p_i \to 1$ 时, 利用 (3.3.67) 式, 可以得到

$$\int_\Omega \partial_t u_k(v - u_k)\,\mathrm{d}x + \int_\Omega \phi_{p_i}(\nabla v)\mathrm{d}x + \frac{\lambda}{2}\int_\Omega (v - f)^2\mathrm{d}x$$

$$\geqslant \liminf_{i\to\infty} \int_\Omega \phi_{p_i}(\nabla u_{k,p_i})\mathrm{d}x + \frac{\lambda}{2}\int_\Omega (u_k - f_k)^2\mathrm{d}x \tag{3.3.69}$$

根据弱下半连续性定理

$$\int_\Omega \phi(\nabla u_k)\mathrm{d}x \leqslant \liminf_{i\to\infty} \int_\Omega \phi_{p_i}(\nabla u_{k,p_i})\,\mathrm{d}x \tag{3.3.70}$$

将 (3.3.70) 代入 (3.3.69) 中, 并对 $t \in [0,s]$ 进行积分, 可以得到

$$\int_0^s \int_\Omega \partial_t u_k(v - u_k)\mathrm{d}x\mathrm{d}t + \int_0^s \int_\Omega \phi(\nabla v)\,\mathrm{d}x\mathrm{d}t + \frac{\lambda}{2}\int_0^s \int_\Omega (v - f_k)^2\mathrm{d}x\mathrm{d}t$$

$$\geqslant \int_0^s \int_\Omega \phi_k(\nabla u_k)\,\mathrm{d}x\mathrm{d}t + \frac{\lambda}{2}\int_0^s \int_\Omega (u_k - f_k)^2\mathrm{d}x\mathrm{d}t \tag{3.3.71}$$

这就可以推出 (3.3.66).

现在, 为了证明 (3.3.12)~(3.3.14) 的解的存在性, 当 $k \to 0$ 时, 仍然取 (3.3.71) 的极限. 将 (3.3.48) 中的 p 代替成 p_i, 令 $i \to \infty$, $p_i \to 1$, 并由 (3.3.57)~(3.3.59), 可以得到

$$\int_0^\infty \int_\Omega |\partial_t u_k|^2\,\mathrm{d}x\mathrm{d}t + \sup_{t\in[0,\infty)}\left\{\int_\Omega \phi(\nabla u_k)\mathrm{d}x + \frac{\lambda}{2}\int_\Omega (u_k - f_k)^2\mathrm{d}x\right\} \leqslant \int_\Omega \phi(\nabla f_k)\mathrm{d}x \tag{3.3.72}$$

由引理 3.3.2 和式 (3.3.72), 可以得到 u_k 在 $L^\infty(0,\infty,\mathrm{BV}(\Omega)\bigcap L^\infty(\Omega))$ 中一致有界, $\partial_t u_k$ 在 $L^2(Q_\infty)$ 上一致有界, 故可以从 $\{u_k\}$ 中取一个子列 $\{u_{k_i}\}$ 使得当 $i \to \infty$ (即 $k_i \to 0$) 时, 有

$$\partial_t u_{k_i} \xrightarrow{\text{弱收敛}} \partial_t u \, \mp L^2(Q_\infty)$$

$$u_{k_i} \xrightarrow{\text{弱}*\text{收敛}} u \, \mp L^\infty(Q_\infty)$$

$$u_{k_i} \xrightarrow{\text{强收敛}} u \, \mp L^1(\Omega,[0,T]), \text{对任意 } t \in [0,\infty) \text{ 成立}$$

$$u_{k_i} \xrightarrow{\text{一致收敛}} u \, \mp L^2(\Omega), \text{对任意 } t \in [0,\infty) \text{ 成立}$$

$$\lim_{t \to 0^+} \int_\Omega |u_{k,p_i}(x,t) - f_k(x)|^2 \, \mathrm{d}x = 0 \tag{3.3.73}$$

将 (3.3.71) 中的 k 替换成 k_i, 令 $i \to \infty \, (k_i \to 0)$, 利用 (3.3.73) 的弱下半连续, 可以得到

$$\int_0^s \int_\Omega \partial_t u(v-u)\mathrm{d}x\mathrm{d}t + \int_\Omega I(v)\mathrm{d}t \geqslant \int_\Omega I(u)\mathrm{d}t \tag{3.3.74}$$

对 $v \in L^2(0,T,W^{1,p}(\Omega)\bigcap L^2(\Omega))$, $v > 0$, $\partial v/\partial \boldsymbol{n} = 0$, $t \in [0,\infty)$ 成立. 因此, u 是 (3.3.12)~(3.3.14) 的一个弱解. 将 (3.3.72) 中的 k 替换成 k_i, 令 $i \to \infty \, (k_i \to 0)$, 根据 (3.3.57)~(3.3.59) 和 (3.3.70) 可以得到 (3.3.54).

　　最后, 证明弱解的唯一性. 参考所给出不等式 (3.3.31) 的解的定义, 设 u_1 和 u_2 是 (3.3.12)~(3.3.14) 的两个弱解, 则 $u_1(x,0) = u_2(x,0) = f$. 对于两个弱解, 对应两个如下不等式:

$$\begin{cases} \displaystyle\int_0^s \int_\Omega \partial_t u_1(u_2-u_1)\mathrm{d}x\mathrm{d}t + \int_0^s I(u_2)\mathrm{d}t \geqslant \int_0^s I(u_1)\mathrm{d}t \\ \displaystyle\int_0^s \int_\Omega \partial_t u_2(u_1-u_2)\mathrm{d}x\mathrm{d}t + \int_0^s I(u_1)\mathrm{d}t \geqslant \int_0^s I(u_2)\mathrm{d}t \end{cases} \tag{3.3.75}$$

将 (3.3.75) 中两个不等式加起来, 可以得到

$$\int_0^s \int_\Omega (\partial_t u_2 - \partial_t u_1)(u_1 - u_2)\mathrm{d}x\mathrm{d}t \geqslant 0 \tag{3.3.76}$$

则说明

$$\int_0^s \frac{\mathrm{d}}{\mathrm{d}t} \int_\Omega (u_1 - u_2)^2 \mathrm{d}x\mathrm{d}t \leqslant 0 \tag{3.3.77}$$

则可以推出 $\|u_1 - u_2\| = 0$ 对几乎处处 $(x,t) \in Q_\infty$ 成立, 这就证明了弱解的唯一性.

6. 长时间行为

在这一小节, 我们讨论当 $t \to \infty$ 时弱解 $u(\cdot,t)$ 的渐近极限, 其本质是演化问题 (3.3.12)～(3.3.14) 的解随着时间最终收敛到泛函 (3.3.6) 的极小值, 定理如下.

定理 3.3.3　　当 $t \to \infty$ 时演化方程 (3.3.12)～(3.3.14) 的弱解在 $L^2(\Omega)$ 中弱收敛到 (3.3.6) 式中的泛函 $I(u)$ 的一个极小值 $\bar{u}$.

证明　　将 $v \in \mathrm{BV}(\Omega) \bigcap L^\infty(\Omega)$ 代入式 (3.3.31) 中得到

$$-\frac{1}{2} \int_\Omega (v(x) - u)^2 \big|_0^s \mathrm{d}x + \int_0^s I(v(x))\mathrm{d}t \geqslant \int_0^s I(u)\mathrm{d}t \tag{3.3.78}$$

上述方程简化为

$$\int_\Omega (u(x,s) - f)v(x)\mathrm{d}x - \frac{1}{2}\int_\Omega (u^2(x,s) - f^2)\mathrm{d}x + sI(v(x)) \geqslant \int_0^s I(u)\mathrm{d}t \tag{3.3.79}$$

令 $\bar{u}(x,s) = (1/s)\int_0^s u(x,t)\mathrm{d}t$, 并且对每一个 s, 有 $\bar{u}(x,s) \in \mathrm{BV}(\Omega)\bigcap L^\infty(\Omega)$, 则 $\bar{u}$ 在 $\mathrm{BV}(\Omega)$ 是一致有界的, 可以推出存在序列 $\bar{u}(x,s_n)$ 以及它的子列, 仍记为 $\{\bar{u}(x,s_n)\}$, 当 $s_n \to \infty$ 时 $\bar{u}(x,s_n)$ 在 $L^1(\Omega)$ 中收敛到 $\bar{u}(x,s)$, 且 $\bar{u}(x,s_n)$ 在 $\mathrm{BV}(\Omega)$ 弱 * 收敛到 $\bar{u}(x,s)$. 因此, 将不等式 (3.3.79) 除以 s 并对 $s_n \to \infty$ 取极限, 可以得到

$$I(v) \geqslant I(\bar{u}) \tag{3.3.80}$$

表明 $\bar{u}$ 是 (3.3.12)～(3.3.14) 的一个弱解, 也是 (3.3.6) 的唯一极小值.

3.3.4　数值实验

在这一小节, 我们将介绍 TV 模型的严格凸修正模型对带有高斯白噪声的图像的处理效果, 并将其与经典的 PM 模型[45]、TV 模型[37] 和 $D\text{-}\alpha(x)$-PM 模型[57] 得到的结果进行比较.

1. 数值格式

下面我们给出两种数值离散格式: PMS 格式和 AOS 格式.

1) PMS 格式

首先, 我们给出类似于原 PM 模型的数值格式, 将 (3.3.12)～(3.3.14) 离散成如下形式:

$$C_{Ni,j}^n = \frac{K}{1 + K\,|\nabla_N u_{i,j}|}, \quad C_{Si,j}^n = \frac{K}{1 + K\,|\nabla_S u_{i,j}|}$$

$$C_{Ei,j}^n = \frac{K}{1 + K\,|\nabla_E u_{i,j}|}, \quad C_{Wi,j}^n = \frac{K}{1 + K\,|\nabla_W u_{i,j}|} \tag{3.3.81}$$

$$\mathrm{div}_{i,j}^n = [C_{Ni,j}^n \nabla_N u_{i,j} + C_{Si,j}^n \nabla_S u_{i,j} + C_{Ei,j}^n \nabla_E u_{i,j} + C_{Wi,j}^n \nabla_W u_{i,j}]$$

其中, λ 是根据如下的离散格式动态确定的, 即

$$\lambda^n = \frac{1}{\sigma^2 |\Omega|} \sum_{i,j} \mathrm{div}_{i,j}^n (u_{i,j} - f_{i,j}) \tag{3.3.82}$$

其中, $|\Omega| = MN$ 是图像的尺寸. 因此, 由 (3.3.81) 和 (3.3.82) 可以得到

$$
\begin{aligned}
& u_{i,j}^{n+1} = u_{i,j}^n + \tau \mathrm{div}_{i,j}^n - \lambda^n \tau (u_{i,j} - f_{i,j}) \\
& u_{i,j}^0 = f_{i,j}, \quad u_{i,0}^n = u_{i,1}^n, \quad u_{0,j}^n = u_{i,j}^n \\
& u_{M,j}^n = u_{M-1,j}^n, \quad u_{i,N}^n = u_{i,N-1}^n
\end{aligned}
\tag{3.3.83}
$$

其中

$$
\begin{aligned}
& \nabla_N u_{i,j} = u_{i-1,j} - u_{i,j}, \quad \nabla_S u_{i,j} = u_{i+1,j} - u_{i,j} \\
& \nabla_E u_{i,j} = u_{i,j+1} - u_{i,j}, \quad \nabla_W u_{i,j} = u_{i,j-1} - u_{i,j}
\end{aligned}
\tag{3.3.84}
$$

$i = 0, 1, 2, \cdots, N$ 和 $j = 0, 1, 2, \cdots, M$.

2) AOS 格式

使用 AOS 格式, 可将 (3.3.12)~(3.3.14) 离散成如下形式:

$$
\begin{aligned}
& \lambda^0 = 0 \\
& u^{n+1} = \frac{1}{m} \sum_{l=1}^m [I - m\tau A_l(u^n)]^{-1}[u^n + \lambda\tau(f - u^n)] \\
& \mathrm{div}^n = \frac{u^{n+1} - u^n}{\tau} \\
& \lambda^n = \frac{1}{\sigma^2 MN}(u - f)\mathrm{div}^n \\
& u_{i,j}^0 = f_{i,j} = f(ih, jh), \quad u_{i,0}^n = u_{i,1}^n \\
& u_{0,j}^n = u_{1,j}^n, \quad u_I^n = u_{I-1}^n, \quad u_{i,J}^n = u_{i,J-1}^n
\end{aligned}
\tag{3.3.85}
$$

其中 $A_l(u^n) = [a_{i,j}(u^n)]$, 此外

$$
a_{i,j}(u^n) := \begin{cases}
\dfrac{C_i^n + C_j^n}{2h^2}, & j \in \mathcal{N}(i) \\[2mm]
-\displaystyle\sum_{N \in \mathcal{N}(i)} \dfrac{C_i^n + C_N^n}{2h^2}, & j = i \\[2mm]
0, & \text{其他}
\end{cases}
\tag{3.3.86}
$$

$$C_i^n := \frac{K}{1 + K |\nabla u_{i,j}^n|}$$

其中

$$|\nabla u_{i,j}^n| = \frac{1}{2} \sum_{p,q \in \mathcal{N}(i)} \frac{|u_p^n - u_q^n|}{2h} \tag{3.3.87}$$

其中 $\mathcal{N}(i)$ 是像素 i 的二邻域 (边界像素就只有一个邻域).

可以看出, 利用 AOS 格式的模型在很大的时间步长下平均灰度值仍然保持不变. 基于极值原理的稳定性, 根据文献 [84], Lyapunov 泛函收敛到一个稳定的状态. 由文献 [47] 可知, AOS 格式比 PM 模型要快不到两倍, 也会以更少的代价来得到绝对稳定.

值得注意的是, 在数值格式中我们用 $\mathrm{div}\left(\nabla u \Big/ \sqrt{\varepsilon + |\nabla u|^2}\right)$ 来逼近 $\mathrm{div}(\nabla u/$ $|\nabla u|)$, AOS 格式因为 ε 也许会变得不稳定. 然而, 我们的逼近可以有效地避免这种情况下所产生的不稳定性. 这就是我们的数值实验采用 AOS 格式的另一个动机, 在演化过程中出现零分母是 TV 模型在数值实验中出现问题的根本原因.

2. 与其他模型的比较

该实验已经在配有 Windows 8 64 位运行系统的电脑上实现. 根据一些指标来评判图像去噪的效果, 指标有 PSNR、MAE、结构相似性指标 (PSNR$_{\mathrm{E}}$) 和视觉效果. 这里, 我们根据最大值 PSNR 或者最小的 MAE 来决定迭代停止步数. 根据文献 [50] 可以得到 PSNR 和 MAE 的值, 形式如下:

$$\begin{cases} \mathrm{PSNR}(u, u_0) = 10 \lg \dfrac{MN \left|\max u_0 - \min u_0\right|^2}{\|u - u_0\|_{L^2}^2} \\ \mathrm{MAE}(u, u_0) = \dfrac{\|u - u_0\|}{MN} \end{cases} \tag{3.3.88}$$

当然也可以从演化方程得到边缘图像 $\mathrm{EM}(u)$, 有

$$\mathrm{EM}(u) = \frac{K}{1 + K|\nabla u|} \tag{3.3.89}$$

并给出相应的边缘相似测度, 根据 Guo 等在文献 [57] 中的工作, 可以得到如下公式:

$$\mathrm{PSNR_E} = \mathrm{PSNR}(\mathrm{EM}(u), \mathrm{EM}(u_0)) \tag{3.3.90}$$

根据 Wang 等的文献 [80], 我们可以得到相似结构性 (structural similarity, SSIM) 计算方法, 形式如下:

$$\mathrm{SSIM}(u, u_0) = L(u, u_0) \cdot C(u, u_0) \cdot R(u, u_0) \tag{3.3.91}$$

其中 u_0 是无噪声图像, u 是去噪后的图像, $M \times N$ 是图像的维数, 并且 $|\max u_0 - \min u_0|$ 是原始图像的灰度范围.

另外, 用 $L(u, u_0) = (2\mu_u\mu_{u_0} + k_1)/(\mu_u^2 + \mu_{u_0}^2 + k_1)$ 来比较平均亮度 μ_u 和 μ_{u_0}.
当 $\mu_u = \mu_{u_0}$ 时, $L(u, u_0)$ 最大值是 1, 且用 $C(u, u_0) = (2\sigma_u\sigma_{u_0} + k_2)/(\sigma_u^2 + \sigma_{u_0}^2 + k_2)$
测量两个图像 u 和 u_0 的对比度的接近程度. 对比度是通过标准偏差 σ 决定的, 当
且仅当 $\sigma_u = \sigma_{u_0}$ 时, 对比度 $C(u, u_0)$ 最大值为 1, 即图像有相同的对比度.

$R(u, u_0) = (\sigma_{uu_0} + k_3)/(\sigma_u\sigma_{u_0} + k_3)$ 是一个确定图像 u 和 u_0 之间的相关性的
结构比较度量, 其中 σ_{uu_0} 是 u 和 u_0 之间的协方差. 可以知道如果两个图像结构相
符, 则这个最大值是 1, 当两个图像结构完全不一致, 则这个度量为零. 常量 k_1, k_2
和 k_3 是很小的正数, 避免了零分母的可能性.

下面是我们的模型与 PM 模型[45]、TV 模型[37] 和 D-$\alpha(x)$-PM 模型[57] 的比
较. 表 3.3.1 和表 3.3.2 分别给出了实验汇总, 图 3.3.1 对应合成图像, 图 3.3.2 对应
Lena 图像. 这里, 考虑的参数有阈值 K、方差 δ、时间步长 τ 和在 D-$\alpha(x)$-PM 模型
中的卷积参数 σ_1. 保真参数 λ 是根据 (3.3.82) 动态获得的或者在 3.3.4 小节 AOS
格式中得到的, 而其余参数的选择要保证稳定性和达到最佳的结果.

表 3.3.1   合成图像 (300×300) 的数值计算结果

模型	σ	参数 K	τ	步数	CPU 耗时/秒	PSNR	MAE	SSIM	$PSNR_E$
PM	30	12	0.25	232	12.73	34.23	2.84	25.26	0.9829
TV	30	n/a	0.2	203	17.86	32.79	3.76	15.76	0.9748
D-$\alpha(x)$-PM	30	1	0.25	42	2.40	37.30	3.38	24.76	0.9838
PMS	30	n/a	0.2	262	12.01	35.75	2.15	25.60	0.9870
AOS	30	n/a	3	17	2.51	33.30	2.92	25.40	0.9839

表 3.3.2   Lena 图像 (300×300) 的数值计算结果

模型	σ	参数 K	τ	步数	CPU 耗时/秒	PSNR	MAE	SSIM	$PSNR_E$
PM	30	12	0.25	60	2.43	27.10	7.75	21.70	0.7234
TV	30	n/a	0.2	149	13.87	27.46	7.49	22.63	0.7960
D-$\alpha(x)$-PM	30	4	2	13	0.90	28.17	7.35	24.78	0.7880
PMS	30	n/a	0.20	122	5.80	27.73	7.45	26.60	0.8060
AOS	30	n/a	2.00	7	1.24	28.06	7.27	27.80	0.8509

表 3.3.1 是合成图像的数值结果, 在表 3.3.1 第五行中显示的是我们的模型使用
PMS 格式算出的结果. 可以发现 PMS 格式所得到的效果图的 PSNR 值、$PSNR_E$
值、SSIM 值更高、MAE 值更低, 这表明我们的模型比 PM 模型和 TV 模型有更好
的性能. 尽管有更多的迭代步数, 但是相应的 CPU 时间要比 TV 模型和传统的 PM
模型要短. 虽然 D-$\alpha(x)$-PM 模型得到的 PSNR 和 MAE 值要更好, 但是可以发现
在 $PSNR_E$ 和 SSIM 方面, 我们的模型表现得更好. 此外, 我们的模型运用 AOS 格
式有效节省了 CPU 时间 (表 3.3.1). 我们的模型相比于 TV 模型 (表 3.3.1), MAE

值要更小, PSNR 值更高.

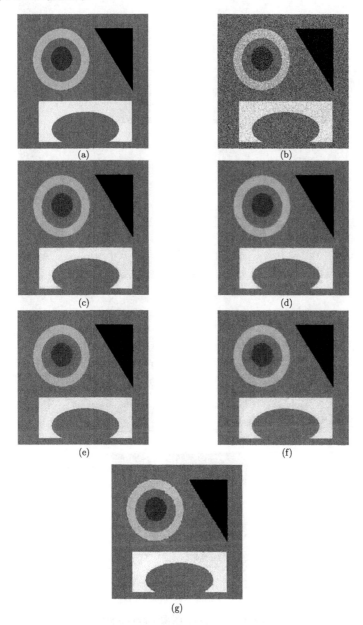

图 3.3.1 合成图像 (300×300)

(a) 原始图像; (b) 标准差 $\sigma = 30$ 的高斯噪声图像; (c) PMS 格式: $\tau = 0.2$ (262 步); (d) AOS 格式, $\tau = 3$ (17 步); (e) PM 模型: $K = 5$, $\tau = 0.25$ (232 步); (f) TV 模型: $\tau = 0.2$ (203 步); (g) D-$\alpha(x)$-PM 模型: $\sigma_1 = 0.5$, $\sigma = 30$, $\tau = 0.25$, $K = 1$ (42 步)

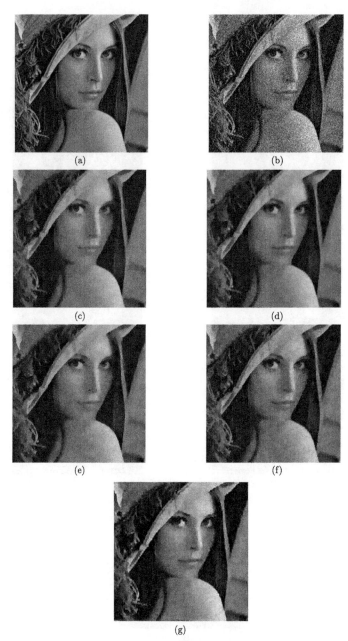

图 3.3.2　Lena 图像 (300×300)

(a) 原始图像; (b) 标准差 $\sigma = 30$ 的高斯噪声图像; (c) PMS 格式: $\tau = 0.2$ (122 步); (d) AOS 格式: $\tau = 2$ (7 步); (e) PM 模型: $K = 12$, $\tau = 0.25$ (60 步); (f) TV 模型: $\tau = 0.2$ (149 步); (g) D-$\alpha(x)$-PM 模型: $\sigma_1 = 0.5$, $\sigma = 30$, $\tau = 2$, $K = 4$ (13 步)

观察我们的模型使用 PMS 格式在图 3.3.1 (c) 和 AOS 格式在图 3.3.1 (d) 所显示的视觉结果, 要比带有一些斑点的 PM 模型 (图 3.3.1 (e))、有阶梯效果和在比较下有轻微损失的 TV 模型 (图 3.3.1 (f))、显示出边缘有轻微的变形的 D-$\alpha(x)$-PM 模型 (图 3.3.1 (g)) 都要有更好的视觉效果.

然而, 对于自然图像, 如图 3.3.2 给出的 Lena 图像. 在表 3.3.2 中显示出我们的模型用 AOS 格式与 TV 模型和 PM 模型相比要有更好的效果, 例如极低的迭代步数 (7 步), 非常短的 CPU 处理时间 (1.24 秒), 更好的 PSNR 值 (28.06) 和更小的 MAE 值 (7.27). 可以说对于自然图像, 我们的模型利用 AOS 格式要比利用 PMS 格式实现起来表现要更好, 并且, 尽管 D-$\alpha(x)$-PM 模型在 PSNR 和 MAE 有轻微的优势, 但是我们的模型不仅可以从很高 PSNR_E 值看出该模型给出了更好的边缘的保护, 而且还要比其他三种模型更接近结构重合. 进一步从视觉效果看, 我们的模型无论使用 PMS (图 3.3.2 (c)) 格式还是 AOS 格式 (图 3.3.2 (d)), 都比带有斑点和一点模糊的 PM 模型 (图 3.3.2 (e))、在去噪图像上有阶梯效应的 TV 模型 (图 3.3.2 (f))、成块性假影一些轻微的斑点效应的 D-$\alpha(x)$-PM 模型都要好.

3.4 线性增长泛函模型

本节, 我们通过判定函数式系数的某种特性, 比如, 考虑无穷远点的线性增长性 (亚线性增长或超线性增长), 给出一般形式的线性增长模型.

3.4.1 新框架

一般形式的能量泛函表示如下:

$$\min_{u \in BV(\Omega) \bigcap L^2(\Omega)} \left\{ F(u) = \int_\Omega \Psi\left(|\nabla u|\right) |\nabla u| \, \mathrm{d}x + \frac{\lambda}{2} \int_\Omega (u - f)^2 \mathrm{d}x \right\} \tag{3.4.1}$$

其中 $\Psi(s)$ 为检测边界梯度范数的函数, f 为噪声图像. 若设 $\Psi(s) = s$, 则 $F(u)$ 的核函数变为 L^2 范数的变分问题, 此变分不允许间断点存在, 否则导致原始边界丢失各向同性的扩散[69]; 若 $\Psi(s) = 1$, 此问题变为一般的 TV 模型, 服从标准正交于图像梯度的扩散机制[46].

(3.4.1) 式中的函数 $F(u)$ 的欧拉–拉格朗日方程为

$$0 = -\mathrm{div}\left\{ \left(\Psi'\left(|\nabla u|\right) + \frac{\Psi\left(|\nabla u|\right)}{|\nabla u|} \right) \nabla u \right\} + \lambda(u - f) \tag{3.4.2}$$

下面从 (3.4.2) 式建立 $\Psi(s)$ 的某些特性, 这些特性将影响 $\Psi(s)$ 的选择. 出于去噪的目的, 为使均匀区域平滑图像, 在 $s = |\nabla u| \to 0$ 的区域, 我们希望 $\Psi(s)$ 满足 $\lim_{s \to 0} \left(\Psi'\left(|\nabla u|\right) + \left(\Psi\left(\nabla u\right)/|\nabla u|\right)\right) = C > 0$. 另外, 为了保留图像边界, 在 $s = |\nabla u| \to \infty$ 的区域, $\Psi(s)$ 应满足 $\lim_{s \to \infty} \left(\Psi'\left(|\nabla u|\right) + \left(\Psi\left(\nabla u\right)/|\nabla u|\right)\right) = 0$.

为了使 $\Psi(s)$ 更加准确, 我们沿等高线从切向和正向分解散度项, 则 (3.4.2) 式变为

$$0 = \left[\Psi'(|\nabla u|) + \frac{\Psi(|\nabla u|)}{|\nabla u|}\right] u_{TT} + \left[2\Psi'(|\nabla u|) + \Psi''(|\nabla u|)\,|\nabla u|\right] u_{NN} - \lambda(u - f)$$

(3.4.3)

然后在均匀区域得到各向同性扩散项, 从 (3.4.3) 式可加上如下条件:

$$\lim_{s \to 0}\left[\Psi'(s) + \frac{\Psi(s)}{s}\right] = \lim_{s \to 0}\left[2\Psi'(s) + \Psi''(s) \cdot s\right] = C > 0$$

(3.4.4)

其中 C 为常数. 由 (3.4.3) 式及条件 (3.4.4) 得出一个各项同性的扩散模型.

在边界邻域, 模型应该消除垂直边界的扩散效应, 保留沿着边界的扩散. 这表明 $s \to \infty$ 时, $[\Psi'(s) + (\Psi(s)/s)] \to C_1$, 同时 $[2\Psi'(s) + (\Psi''(s) \cdot s)] \to 0$, C_1 为任意正常数, $\Psi(s)$ 可能很难同时满足这些条件. 因此, 受到文献 [65] 和 [74] 的启发, 为了达到一定的平衡, 要求两项以不同速度接近 0, 扩散沿着正向趋于 0 比沿着切线方向趋于 0 快, 得出以下条件:

$$\lim_{s \to +\infty}\frac{2\Psi''(s) + \Psi'(s) \cdot s}{\Psi'(s) + (\Psi(s)/s)} = 0$$

(3.4.5)

因此, 可以看出, (3.4.1) 式中 $\Psi(s)$ 成为有效的函数式系数, 条件 (3.4.4) 和 (3.4.5) 均被满足. 为了方便, 记

$$\phi'(|\nabla u|) := \Psi'(|\nabla u|)\,|\nabla u| + \Psi(|\nabla u|)$$

(3.4.6)

故 $\phi(\nabla u) := \Psi(|\nabla u|)\,|\nabla u|$.

进一步, 我们比较关心 $\Psi(s)$ 在无穷点处的递增性和它对函数 $F(u)$ 的作用. 若

$$\lim_{s \to +\infty}\frac{\Psi(s)}{s} = \begin{cases} C, & F(u)超线性 \\ 0, & F(u)既非线性也非超线性 \\ +\infty, & F(u)超线性 \end{cases}$$

(3.4.7)

记 $C > 0$ 为一个递增的常数.

3.4.2　一些代表模型

在上一节所介绍的框架下, 本节我们具体对三个模型进行更细致的分析.

1. 模型 1

$$\min_{u \in \mathrm{BV}(\Omega)\bigcap L^2(\Omega)}\left\{F(u) = \int_\Omega \phi(\nabla u)\mathrm{d}x + \frac{\lambda}{2}\int_\Omega (u - f)^2\mathrm{d}x\right\}$$

(3.4.8)

其中

$$\phi(\nabla u) := \frac{|\nabla u|^2}{1 + |\nabla u|} \qquad (3.4.9)$$

下节将研究极小化问题 (3.4.8) 解的存在性和唯一性.

2. 模型 2

$$\min_{u \in BV(\Omega) \cap L^2(\Omega)} \left\{ F(u) = \int_\Omega \frac{|\nabla u|^2}{1 + |\nabla u|} dx + \frac{\lambda}{2} \int_\Omega (u - f)^2 dx \right\} \qquad (3.4.10)$$

给出相应的欧拉–拉格朗日方程

$$0 = -\text{div}\left(\frac{2 + |\nabla u|}{(1 + |\nabla u|)^2} \nabla u \right) + \lambda(u - f), \quad x \in \Omega \qquad (3.4.11)$$

在 Neumann 边界条件下

$$\frac{\partial u}{\partial \boldsymbol{n}} = 0, \quad x \in \partial\Omega \qquad (3.4.12)$$

利用梯度下降流求解, 得到如下极小值问题相关的发展方程:

$$\frac{\partial u}{\partial t} = \text{div}\left(\frac{2 + |\nabla u|}{(1 + |\nabla u|)^2} \nabla u \right) - \lambda(u - f), \quad (x, t) \in Q_T \qquad (3.4.13)$$

$$u(x, 0) = f(x), \quad x \in \Omega \qquad (3.4.14)$$

$$\frac{\partial u}{\partial \boldsymbol{n}} = 0, \quad (x, t) \in \partial Q_T \qquad (3.4.15)$$

其中 $f(x)$ 表示噪声图像, $Q_T := [0, T] \times \Omega$, $\partial Q_T := \partial\Omega \times [0, T]$.

为了确定势函数 $\phi(s) := \Psi(s) \cdot s$ 能否如此定义, 我们遵从图像均匀区域更加平滑, 边界更加明显的图像处理原则, 根据图像局部结构沿着等高线切向、正向分解 (3.4.11) 式散度项, 得出类似 (3.4.3) 式的不可逆项

$$0 = -\left(\frac{2 + |\nabla u|}{(1 + |\nabla u|)^2} \right) u_{TT} - \left(\frac{2}{(1 + |\nabla u|)^3} \right) u_{NN} + \lambda(u - f) \qquad (3.4.16)$$

从 (3.4.16) 式可以注意到当 $|\nabla u| \to 0$ 时, 均匀区域中的势函数 $\phi(s)$ 在 u_{NN} 和 u_{TT} 方向线性扩散, 更加平滑. 然而, 当 $|\nabla u| \to \infty$ 时, 对于边界邻域, 沿着 u_{NN} 方向的扩散消失, 更多地沿着 u_{TT} 方向扩散, 因此边界可以较好地保留.

3. 模型 3

对 $1 \leqslant p \leqslant 2$, $f_p \in W^{1,p}(\Omega)$ 构造逼近

$$\frac{\partial u_p}{\partial u_t} = \mathrm{div}(\phi_p'(\nabla u_p)) - \lambda(u_p - f_p), \quad (x,t) \in Q_T \tag{3.4.17}$$

$$\frac{\partial u_p}{\partial \boldsymbol{n}} = 0, \quad (x,t) \in \partial Q_T \tag{3.4.18}$$

$$u_p(x,0) = f_p, \quad x \in \Omega \tag{3.4.19}$$

其中

$$\phi_p(\nabla u_p) = \frac{|\nabla u_p|^{p+1}}{1 + |\nabla u_p|} \tag{3.4.20}$$

则

$$\phi'(\nabla u_p) = \frac{((p+1) + p\,|\nabla u_p|)\,|\nabla u_p|^{p-1}\,\nabla u_p}{(1 + \nabla u_p)^2} \tag{3.4.21}$$

3.4.3　模型分析

本节, 我们对前述三个模型进行解的适定性分析.

1. 模型 1 分析

本小节考虑模型 1 中解的适定性分析, 结论可以表达为下述定理.

定理 3.4.1　在以上给出的 $\phi(\nabla u)$ 的前提下, 存在 $u \in \mathrm{BV}(\Omega) \bigcap L^1(\Omega)$ 为极小化问题 (3.4.8) 的唯一解.

证明　$\phi(\nabla u)$ 由 (3.4.8) 式定义, $\phi(s)$ 线性递增且 $\lim\limits_{s \to \infty} \phi(s) = +\infty$, 则 $\phi(\nabla u)$ 是强制的, 故存在序列 $\{u_n\} \in \mathrm{BV}(\Omega)$, 满足 $F(u_n) \leqslant C$. 因此有 $\int_\Omega \phi(\nabla u_n) < C$, 且 $F(u)$ 的第二项 $\int_\Omega (u_n - f)^2 \mathrm{d}x \leqslant C$. 令 $w_n = \dfrac{1}{|\Omega|} \int_\Omega u_n \mathrm{d}x$, $v_n = u_n - w_n$. 注意到 $\int_\Omega v_n \mathrm{d}x = 0$, 由 (3.4.7) 式得出 $\left| \int_\Omega u_n \mathrm{d}x \right| \leqslant C$, $\|u_n\|_{L^2(\Omega)} \leqslant C^{[78]}$.

可以得到 $\{u_n\}$ 在 $L^2(\Omega)$ 和 $L^1(\Omega)$ 中有界, 由 $F(u_n) \leqslant C$ 得 u_n 在 $\mathrm{BV}(\Omega)$ 中有界. 因此, 存在 $\{u_n\}$ 的子序列 $\{u_{n_j}\} \in \mathrm{BV}(\Omega)$, 满足

$$\begin{aligned} \text{在}L^2(\Omega)\text{中,} \quad u_{n_j} \xrightarrow{\ \text{弱收敛}\ } u \\ \text{在}L^1(\Omega)\text{中,} \quad u_{n_j} \xrightarrow{\ \text{强收敛}\ } u \end{aligned} \tag{3.4.22}$$

将定理 3.4.1 用于凸函数的性质和 $F(u)$ 第二项 L^2 范数的弱下半连续性, 得到 $F(u)$ 是下半连续的. 事实上, 根据凸函数的定义, 递减函数 $\phi^\infty(w)$ 定义为函数的有限元, 即 $\phi^\infty(w) = 1$.

因此, 我们得到

$$\int_\Omega \phi(\nabla u)\,\mathrm{d}x + \int_\Omega (u-f)^2\mathrm{d}x \leqslant \liminf_{j\to\infty}\int_\Omega \phi(\nabla u_{n_j})\,\mathrm{d}x + \liminf_{j\to\infty}\int_\Omega (u_{n_j}-f)^2\mathrm{d}x \tag{3.4.23}$$

或者

$$\int_\Omega \phi(\nabla u)\,\mathrm{d}x + \int_\Omega (u-f)^2\mathrm{d}x \leqslant \liminf_{j\to\infty}\left\{\int_\Omega \phi(\nabla u_{n_j})\,\mathrm{d}x + \int_\Omega (u_{n_j}-f)^2\mathrm{d}x\right\} \tag{3.4.24}$$

所以有

$$F(u) \leqslant \liminf_{j\to\infty} F(u_{n_j}) = \min_{u\in\mathrm{BV}(\Omega)\bigcap L^2(\Omega)} F(u) \tag{3.4.25}$$

因此 $u \in \mathrm{BV}(\Omega)\bigcap L^2(\Omega)$ 为极小化问题 (3.4.8) 的解. u 的唯一性可由 $\phi(\nabla u)$ 的严格凸和 $F(u)$ 第二项的凸性得到, 这意味着 $F(u)$ 是严格凸函数, 因此 u 为 (3.4.8) 式的唯一最小值.

2. 模型 2 分析

本小节建立逼近发展方程, 证明此逼近发展方程解的存在性, 通过合理的取极限过程, 给出发展问题 (3.4.13)~(3.4.15) 解的存在性和唯一性.

在文献 [81-84] 的基础上, 我们首先定义发展问题 (3.4.13)~(3.4.15) 的弱解.

定义 3.4.1 若 $u \in L^\infty([0,T];\mathrm{BV}(\Omega)\bigcap L^2(\Omega))$, $\dfrac{\partial u}{\partial t} \in L^2(Q_T)$, $u(x,0) = f$ 为 Ω 中的迹, 若在 $D'(Q_T)$ 中, 存在 $z \in L^1(Q_T;\mathbb{R}^N)$, $\|z\|_{L^\infty(Q_T;\mathbb{R}^N)} \leqslant 1$, $\dfrac{\partial u}{\partial t} = \mathrm{div}(z) - \lambda(u-f)$, 使

$$\int_\Omega (u(t)-v(t))\frac{\partial u}{\partial t}\mathrm{d}x \leqslant \int_\Omega z(t)\cdot\nabla v\,\mathrm{d}x - \|Du(t)\| - \lambda\int_\Omega (u-f)(u(t)-v)\,\mathrm{d}x \tag{3.4.26}$$

对任意 $v \in L^\infty(0,T;W^{1,1}(\Omega))$ 以及几乎处处的 $t \in [0,T]$ 成立, 则称可测函数 $u:Q_T \to \mathbb{R}$ 为 (3.4.13)~(3.4.15) 式的熵解.

1) 新问题 (3.4.13)~(3.4.15) 解的存在性和唯一性

定理 3.4.2 令 $f \in \mathrm{BV}(\Omega)\bigcap L^2(\Omega)$, 存在唯一弱解 $u \in L^\infty([0,T];\mathrm{BV}(\Omega)\bigcap L^2(\Omega))$, $\dfrac{\partial u}{\partial t} \in L^2(Q_T)$, $\mathrm{tr}\, u(x,0) = f$.

证明 根据定理 3.3.1, 存在 u_p 为逼近问题 (3.4.17)~(3.4.19) 的弱解以及常数 C 满足

$$\|u_p\|_{L^\infty(0,T;W^{1,p}(\Omega))} + \|u_p\|_{L^\infty(0,T;L^2(\Omega))} + \left\|\frac{\partial u_p}{\partial t}\right\|_{L^2(Q_T)} \leqslant C \tag{3.4.27}$$

从 (3.4.27) 式中推出, u_p 存在子序列, 函数 $u \in L^\infty([0,T]; \mathrm{BV}(\Omega) \bigcap L^2(\Omega))$, $\dfrac{\partial u}{\partial t} \in L^2(Q_T)$, 当 $p \to 1^+$ 时, $u_p \to u$ 在 $L^1(\Omega)$ 中成立, 则有

$$\|Du\| \leqslant \liminf_{p \to 1^+} \|Du_p\|_{L^p(\Omega)} \text{ 对几乎处处的 } t \in [0,T] \text{ 成立} \tag{3.4.28}$$

由 (3.4.27) 式可推出

$$\frac{\partial u_p}{\partial t} \xrightarrow{\text{弱收敛}} \frac{\partial u}{\partial t} \mp L^2(Q_T) \tag{3.4.29}$$

因为 $\mathrm{BV}(\Omega)$ 紧嵌入 $L^p(\Omega)(1 \leqslant p \leqslant N/(N-1))$ 空间 (见文献 [71, 83, 85, 86]), 考虑 (3.4.27) 式, 我们得出

$$\text{在 } L^2(Q_T) \text{ 中}, u_p \xrightarrow{\text{强收敛}} u \tag{3.4.30}$$

运用文献 [86] 中的方法, 接下来证明 $\phi_p'(\nabla u_p)$ 为 $L^1(Q_T; \mathbb{R}^N)$ 中的弱紧集. 使用 Jensen 不等式和 Hölder 不等式, 有

$$
\begin{aligned}
\left| \iint_{Q_T} \phi_p'(\nabla u_p) \mathrm{d}x \mathrm{d}t \right| &\leqslant \iint_{Q_T} |\phi_p'(\nabla u_p)| \, \mathrm{d}x \mathrm{d}t \\
&\leqslant p \iint_{Q_T} |\nabla u_p|^{p-1} \mathrm{d}x \mathrm{d}t \\
&\leqslant p \left(\iint_{Q_T} |\nabla u_p|^{p-1} \mathrm{d}x \mathrm{d}t \right)^{(p-1)p} (1)^{1/p} \\
&\leqslant p(C)^{(p-1)p} L^N(Q_T)^{1/p}
\end{aligned}
\tag{3.4.31}
$$

因此, $\phi_p'(\nabla u_p)$ 在 $L^1(Q_T; \mathbb{R}^N)$ 中是一致有界且等度连续的, 并且是 $L^1(Q_T; \mathbb{R}^N)$ 中的弱紧集. 可以推出

$$\phi_p'(\nabla u_p) \xrightarrow{\text{弱收敛}} z \mp L^1(Q_T; \mathbb{R}^N) \text{中成立} \tag{3.4.32}$$

因此, 我们得到

$$\iint_{Q_T} \frac{\partial u}{\partial t} \phi \, \mathrm{d}x \mathrm{d}t + \iint_{Q_T} z \cdot \nabla \phi \, \mathrm{d}x \mathrm{d}t + \iint_{Q_T} (u-f)\phi \, \mathrm{d}x \mathrm{d}t = 0 \tag{3.4.33}$$

对每一 $\phi \in C_0^\infty(Q_T)$, 在 $D'(Q_T)$ 中, $\dfrac{\partial u}{\partial t} = \mathrm{div}(z) - \lambda(u-f)$.

现在证 $\|z\|_{L^\infty(Q_T; \mathbb{R}^N)} \leqslant 1$.

对任意 $r > 0$, 设 $B_{p,r} = \{(x,t) \in Q_T : |\nabla u_p| > r\}$, 我们有

$$|B_{p,r}| \leqslant \frac{C}{r^p}, \text{对任意} p > 1, r > 0 \text{成立} \tag{3.4.34}$$

根据式 (3.4.34), 存在函数 $g_r \in L^1(Q_T; \mathbb{R}^N)$ 和 $B_{p,r}$ 的示性函数 $\chi_{B_{p,r}}$, 有

$$\text{当 } p \to 1^+ \text{ 时}, \phi_p'(\nabla u_p)\chi_{B_{p,r}} \xrightarrow{\text{弱收敛}} g_r \text{于 } L^1(Q_T; \mathbb{R}^N) \text{ 中成立} \tag{3.4.35}$$

并且, 对任意 $\phi \in L^\infty(Q_T; \mathbb{R}^N)$, 可以证明

$$\left| \iint_{Q_T} \phi_p'(\nabla u_p) \cdot \phi\chi_{B_{p,x}}\mathrm{d}x\mathrm{d}t \right| \leqslant \frac{C}{r} \tag{3.4.36}$$

令 $p \to 1^+$, 得到

$$\text{对任意} r > 0, \text{有} \iint_{Q_T} |g_r| \mathrm{d}x\mathrm{d}t \leqslant \frac{C}{r} \tag{3.4.37}$$

考虑 (3.4.34), (3.4.36) 和 (3.4.37) 式, 得到

$$\left| \iint_{Q_T} \phi_p'(\nabla u_p) \cdot \phi\chi_{Q_T/B_{p,x}}\mathrm{d}x\mathrm{d}t \right| \leqslant r^{p-1}, \text{对任意 } p > 1 \text{ 成立} \tag{3.4.38}$$

令 $p \to 1^+$, 则当 $\|f_r\|_{L^\infty(Q_T;\mathbb{R}^N)} \leqslant 1$ 时, $\phi_p'(\nabla u_p)\chi_{Q_T/B_{p,r}}$ 弱收敛于 $f_r \in L^1(Q_T; \mathbb{R}^N)$. 因为对任意 $r > 0$, 可以写成 $z = f_r + g_r$, 且 g_r 满足 (3.4.37) 式, 由此可见 $\|z\|_{L^\infty(Q_T;\mathbb{R}^N)} \leqslant 1$.

接下来, 我们检验不等式 (3.4.26) 式的解. 设 $\phi = (u_p - v_n)\eta(t)$, 由 (3.4.47) 式得

$$\iint_{Q_T} (u_p - v_n)\eta(t)\frac{\partial u_p}{\partial t}\mathrm{d}x\mathrm{d}t = -\iint_{Q_T} \phi_p'(\nabla u_p) \cdot \nabla((u_p - v_n)\eta(t))\,\mathrm{d}x\mathrm{d}t$$
$$-\lambda\iint_{Q_T} (u_p - f_p)(u_p - v_n)\eta(t)\,\mathrm{d}x\mathrm{d}t \tag{3.4.39}$$

当 $p \to 1^+$ 时, 取极限得到不等式

$$\iint_{Q_T} (u(t) - v_n(t))\eta(t)\frac{\partial u_p}{\partial t}\mathrm{d}x\mathrm{d}t \leqslant \iint_{Q_T} z(t) \cdot \nabla v_n\eta(t)\,\mathrm{d}x\mathrm{d}t - \int_0^T \|\nabla u\|\,\eta(t)\,\mathrm{d}t$$
$$-\lambda\iint_{Q_T} (u - f)(u - v_n)\eta(t)\,\mathrm{d}x\mathrm{d}t \tag{3.4.40}$$

当 $n \to \infty$ 时取极限, 对任意 $v \in L^\infty(0, T; W^{1,1}(\Omega))$, 根据 $\eta(t)$ 的任意性, 得到

$$\int_\Omega (u(t) - v(t))\frac{\partial u}{\partial t}\mathrm{d}x \leqslant \int_\Omega z(t) \cdot \nabla v\mathrm{d}x - D\|u\| - \lambda\int_\Omega (u - f)(u - v)\mathrm{d}x \tag{3.4.41}$$

对任意 $v \in L^\infty(0, T; W^{1,1}(\Omega))$ 以及几乎处处的 $t \in [0, T]$ 成立, 这证明了问题 (3.4.13)~(3.4.15) 熵解的存在性.

引理 3.4.1　令 $\phi : \mathbb{R}^n \to \mathbb{R}$, 函数 ϕ 是凸函数, 当且仅当 $\phi(x) \geqslant \phi'(y)(x-y) + \phi(y)$, 对任意的 $x, y \in \mathbb{R}^n$ 成立. 并且如果 $\phi \in C^2(\mathbb{R}^2)$, 那么函数 ϕ 是凸函数当且仅当 $\nabla^2\phi \geqslant 0$.

2) 熵解的唯一性

设 u_1 和 u_2 为问题 (3.4.13)~(3.4.15) 的两个熵解, 它们相应的初始值为 $u_1(x, 0) = f_{10}, u_2(x,0) = f_{20}$. 于是, 对任意 $v \in L^\infty(0,T;W^{1,1}(\Omega))$ 以及几乎处处的 $t \in [0,T]$, 存在 $z_1, z_2 \in L^\infty(Q_T;\mathbb{R}^N)$, 使得

$$\int_\Omega (u_1 - v)\frac{\partial u_1}{\partial t}\mathrm{d}x \leqslant \int_\Omega z_1 \cdot \nabla v \mathrm{d}x - \|\nabla u_1\| - \lambda \int_\Omega (u_1 - f)(u_1 - v)\mathrm{d}x \quad (3.4.42)$$

$$\int_\Omega (u_2 - v)\frac{\partial u_2}{\partial t}\mathrm{d}x \leqslant \int_\Omega z_2 \cdot \nabla v \mathrm{d}x - \|\nabla u_2\| - \lambda \int_\Omega (u_2 - f)(u_2 - v)\mathrm{d}x \quad (3.4.43)$$

此外, 令 u_{1n} 和 u_{2n} 为对应 u_1 和 u_2 的近似值, 有

$$\begin{cases} \lim\limits_{n\to\infty}(\|\nabla u_{1n}\|_{L^1(\Omega)} - \|Du_1\|) = 0 \\ \lim\limits_{n\to\infty}(\|\nabla u_{2n}\|_{L^1(\Omega)} - \|Du_2\|) = 0 \\ \lim\limits_{n\to\infty}\|u_{1n} - u_1\| = 0 \\ \lim\limits_{n\to\infty}\|u_{2n} - u_2\| = 0 \end{cases} \quad (3.4.44)$$

对几乎处处的 $t \in [0,T]$ 成立. 设 (3.4.42) 式中 $v = u_{2n}$, (3.4.43) 式中 $v = u_{1n}$, 两个方程相加, 运用引理 3.4.1, 重新计算结果得

$$\int_\Omega (u_1 - u_2)\left(\frac{\partial u_1}{\partial t} - \frac{\partial u_2}{\partial t}\right)\mathrm{d}x + \int_\Omega (u_1 - u_{1n})\frac{\partial u_2}{\partial t}\mathrm{d}x + \int_\Omega (u_2 - u_{2n})\frac{\partial u_1}{\partial t}\mathrm{d}x$$

$$\leqslant \int_\Omega z_1 \cdot \nabla u_{2n}\mathrm{d}x - \|\nabla u_2\| + \int_\Omega z_2 \cdot \nabla u_{1n}\mathrm{d}x - \|\nabla u_1\|$$

$$- \frac{\lambda}{2}\int_\Omega ((u_{1n} - f)^2 - (u_1 - f)^2)\mathrm{d}x - \frac{\lambda}{2}\int_\Omega ((u_{2n} - f)^2 - (u_2 - f)^2)\mathrm{d}x \quad (3.4.45)$$

对不等式 (3.4.45) 从 0 到 t 积分, 当 $n \to \infty$ 时取极限得

$$\int_\Omega (u_1 - u_2)^2\mathrm{d}x \leqslant (f_{10} - f_{20})^2 \quad (3.4.46)$$

从而证明了熵解的唯一性.

3. 模型 3 分析

本小节对模型 3 中的问题进行分析讨论. 前面我们讨论了发展问题 (3.4.13)~(3.4.15) 解的存在性, 接下来考虑相关问题: 对 $1 \leqslant p \leqslant 2$, $f_p \in W^{1,p}(\Omega)$ 构造逼近问题

$$\frac{\partial u_p}{\partial u_t} = \mathrm{div}(\phi'_p(\nabla u_p)) - \lambda(u_p - f_p), \quad (x,t) \in Q_T \quad (3.4.17)$$

$$\frac{\partial u_p}{\partial \boldsymbol{n}} = 0, \quad (x,t) \in \partial Q_T \tag{3.4.18}$$

$$u_p(x,0) = f_p, \quad x \in \Omega \tag{3.4.19}$$

其中

$$\phi_p(\nabla u_p) = \frac{|\nabla u_p|^{p+1}}{1 + |\nabla u_p|} \tag{3.4.20}$$

则

$$\phi'(\nabla u_p) = \frac{((p+1) + p|\nabla u_p|)\, |\nabla u_p|^{p-1}\, \nabla u_p}{(1 + \nabla u_p)^2} \tag{3.4.21}$$

对上述逼近问题, 有如下定理的弱解分析结论.

定理 3.4.3 逼近发展方程 (3.4.17)~(3.4.19) 在式 (3.4.20) 和 (3.4.21) 下有弱解 $u_p \in L^\infty(0,T; W^{1,p}(\Omega))$, $\dfrac{\partial u_p}{\partial t} \in L^2(Q_T)$, 使

$$\iint_{Q_T} \left[\phi \frac{\partial u_p}{\partial t} + \phi'_p(\nabla u_p) \cdot \nabla \phi \right] \mathrm{d}x\mathrm{d}t = -\lambda \iint_{Q_T} (u_p - f_p)\phi\, \mathrm{d}x \tag{3.4.47}$$

$$\lim_{t \to 0^+} \|u_p(x,t) - f_p\|_{L^2(\Omega)} = 0 \tag{3.4.48}$$

其中 $1 < p \leqslant 2$, 对任意 $t \in [0,T]$ 成立, 从而对每一 $\phi \in L^2(0,T; W^{1,p}(\Omega))$, $\dfrac{\partial \phi}{\partial \boldsymbol{n}} = 0$, 以及几乎处处的 $t \in [0,T]$, 有

$$\|u_p\|_{L^\infty(0,T;W^{1,p}(\Omega))} + \|u_p\|_{L^\infty(0,T;L^2(\Omega))} + \left\| \frac{\partial u_p}{\partial t} \right\|_{L^2(Q_T)} \leqslant C.$$

证明 在 (3.4.15) 式中运用 Rothe 方法[88] 构造 (3.4.17)~(3.4.19) 的逼近解序列 u_n^p. 将区间 $[0,T]$ 分成 n 等份, 取 $h = T/n$, 对任意 $k: 1 \leqslant k \leqslant n$, 任意间隔 $n > 0$, 对函数 $u(x,t)$ 有

$$u_p^{n,k}(x) = u_p(x,kh), \quad k = 0, 1, \cdots, n \tag{3.4.49}$$

然后考虑 (3.4.17) 式的以下逼近方程:

$$\frac{u_p^{n,k} - u_p^{n,k-1}}{h} = \mathrm{div}(\phi'_p(\nabla u_p^{n,k})) - \lambda(u_p^{n,k} - f_p) \tag{3.4.50}$$

记 $v_p := u_p^{n,k}$, 则式 (3.4.50) 转化为

$$\mathrm{div}(\phi'(\nabla v_p)) - \left(\frac{1}{h} + \lambda \right) v_p + \left(\lambda f_p + \frac{u^{n,k-1}}{h} \right) = 0 \tag{3.4.51}$$

该方法的思想是: 如果已知 $u_P^{n,k-1}$ 的值且 $u_p^{n,0} = f_p$, 则式 (3.4.51) 证明弱解 $v_p := u_p^{n,k}$.

从 (3.4.51) 式可以反向推出该式定义在 $H^1(\Omega)$ 中对应的泛函 J

$$J(v_p) = \int_\Omega \left(\frac{|\nabla v_p|^{p+1}}{1+|\nabla v_p|} \right) \mathrm{d}x + \frac{1}{2} \int_\Omega \left(\frac{1}{h} + \lambda \right) v_p^2 \mathrm{d}x - \int_\Omega \left(\lambda f_p + \frac{u^{n,k-1}}{h} \right) v_p \mathrm{d}x \tag{3.4.52}$$

可以看出以上 $J(\cdot)$ 在 $W^{1,p}(\Omega)$ 是凸的且弱下半连续的. 因此, 存在 $J(v_p)$ 的极小序列 $\{u_p^n\}$ 使 $J(u_p^n) = \inf\limits_{v_p \in W^{1,p}} J(v_p)$. 为了简单且不失一般性, 令 $\lambda = 1$. 然后, 对 (3.4.50) 式的任意检验函数 $\phi(x) \in C_0^\infty$ 分部积分得

$$\frac{1}{h} \int_\Omega (u_p^{n,k} - u_p^{n,k-1})\phi(x)\mathrm{d}x + \int_\Omega \phi_p'(\nabla u_p^{n,k}) \cdot \nabla\phi(x)\mathrm{d}x + \int_\Omega (u_p^{n,k} - f_p)\phi(x)\mathrm{d}x = 0 \tag{3.4.53}$$

为了得到整个区域 Q_T 上的逼近解, 记

$$u_p^n(x,t) = \sum_{k=1}^n \chi^{n,k}(t) u_p^{n,k}$$

$$u_p^n(x,0) = f_p(x)$$

$$v_p^n(x,t) = \sum_{k=1}^n \chi^{n,k}(t) \times (u_p^{n,k-1}(x) + \lambda^{n,k}(t)(u_p^{n,k}(x) - u_p^{n,k-1}(x))) \tag{3.4.54}$$

$\chi^{n,k}(t)$ 为 $t \in [(k-1)h, kh]$ 上的示性函数,

$$\chi^{n,k}(t) = \begin{cases} \dfrac{t}{h} - (k-1), & t \in [(k-1)h, \ kh) \\ 0, & \text{其他} \end{cases} \tag{3.4.55}$$

(3.4.53) 式可以写为

$$\iint_{Q_T} \left[\phi(x,t)\frac{\partial v_p^n}{\partial t} + \phi_p'(\nabla u_p^n) \cdot \nabla\phi(x,t) \right] \mathrm{d}x\mathrm{d}t + \iint_{Q_T} (u_p^n - f_p)\phi(x,t)\,\mathrm{d}x\mathrm{d}t = 0 \tag{3.4.56}$$

其中 $\phi \in C_0^\infty(Q_T)$.

接下来, 为了得到 $u_p^n(x,t)$ 和 $v_p^n(x,t)$ 的估计值, 在 (3.4.53) 式中, 令 $\phi(x) = u_p^{n,k} - u_p^{n,k-1}$, 得到

$$\frac{1}{h} \int_\Omega (u_p^{n,k} - u_p^{n,k-1})^2\mathrm{d}x + \int_\Omega \phi_p'(\nabla u_p^{n,k}) \cdot (\nabla u_p^{n,k} - \nabla u_p^{n,k-1})\mathrm{d}x$$

$$+ \int_\Omega (u_p^{n,k} - f_p)(u_p^{n,k} - u_p^{n,k-1})\mathrm{d}x = 0 \tag{3.4.57}$$

利用凸性得到

$$\frac{1}{h}\int_\Omega (u_p^{n,k} - u_p^{n,k-1})^2 \mathrm{d}x + \frac{1}{2}\int_\Omega (u_p^{n,k} - f_p)^2 \mathrm{d}x + \int_\Omega \phi_p(\nabla u_p^{n,k})\mathrm{d}x$$

$$\leqslant \int_\Omega \phi_p(\nabla u_p^{n,k-1})\mathrm{d}x + \frac{1}{2}\int_\Omega (u_p^{n,k-1} - f_p)^2 \mathrm{d}x \qquad (3.4.58)$$

对 $1 \leqslant k \leqslant r \leqslant n$, 从 k 到 r 求和得到

$$\int_\Omega \phi_p(\nabla u_p^{n,k})\mathrm{d}x \leqslant \int_\Omega \phi_p(\nabla f_p)\mathrm{d}x \qquad (3.4.59)$$

这表示

$$\sup_{0<t<T}\int_\Omega \phi_p(\nabla u_p^n)\mathrm{d}x \leqslant \int_\Omega \phi_p(\nabla f_p)\mathrm{d}x = C_1 \quad (C_1 \text{为常数}) \qquad (3.4.60)$$

此外, 考虑到

$$\begin{aligned}
C_1 &\geqslant \int_\Omega \phi_p(\nabla u_p^n)\mathrm{d}x \\
&= \int_\Omega \frac{|\nabla u_p^n|^{p+1}}{1+|\nabla u_p^n|}\mathrm{d}x \\
&= \int_{|\nabla u_p^n|\leqslant k} \frac{|\nabla u_p^n|^{p+1}}{1+|\nabla u_p^n|}\mathrm{d}x + \int_{|\nabla u_p^n|>k} \frac{|\nabla u_p^n|^{p+1}}{1+|\nabla u_p^n|}\mathrm{d}x \\
&\geqslant \int_{|\nabla u_p^n|\leqslant 1} |\nabla u|^{p+1}\mathrm{d}x + \int_{|\nabla u_p^n|>1} \frac{1}{2}|\nabla u|^p \mathrm{d}x
\end{aligned} \qquad (3.4.61)$$

对某些恰当定义的常数 k 而言, 从上面不等式观察得

$$\int_{|\nabla u_p^n|\leqslant 1} |\nabla u_p^n|^{p+1}\mathrm{d}x \leqslant C_1 \qquad (3.4.62)$$

$$\frac{1}{2}\int_{|\nabla u_p^n|>1} |\nabla u_p^n|^p \mathrm{d}x \leqslant C_1 \qquad (3.4.63)$$

运用 Hölder 不等式得到如下不等式:

$$\int_{|\nabla u_p^n|\leqslant 1} |\nabla u_p^n|^p \mathrm{d}x \leqslant \left(\int_{|\nabla u_p^n|\leqslant 1} |\nabla u_p^n|^{p+1}\mathrm{d}x\right)^{p/(p+1)} \left(\int_{|\nabla u_p^n|\leqslant 1} 1\,\mathrm{d}x\right)^{1/(p+1)} \leqslant C_1$$

$$\qquad (3.4.64)$$

由 (3.4.63) 和 (3.4.64) 式得到

$$\int_\Omega |\nabla u_p^n|^p \mathrm{d}x \leqslant C_1 \qquad (3.4.65)$$

因此, 我们可以由 (3.4.60)∼(3.4.64) 推出

$$\sup_{0 \leqslant t \leqslant T} \int_{\Omega} |\nabla u_p^n|^p \mathrm{d}x \leqslant C_1 \tag{3.4.66}$$

现在, 从 k 到 n 求和得到

$$\frac{1}{h} \sum_{k=1}^{n} \int_{\Omega} (u_p^{n,k} - u_p^{n,k-1})^2 \mathrm{d}x + \frac{1}{2} \int_{\Omega} (u_p^n - f_p)^2 \mathrm{d}x \leqslant \int_{\Omega} \phi_p(\nabla f_p) \mathrm{d}x \tag{3.4.67}$$

(3.4.67) 式蕴含着

$$\frac{1}{h} \sum_{k=1}^{n} \int_{\Omega} (u_p^{n,k} - u_p^{n,k-1})^2 \mathrm{d}x \leqslant \int_{\Omega} \phi_p(\nabla f_p) \mathrm{d}x = C_1 \tag{3.4.68}$$

然而, 根据 $v_p^n(x,t)$ 的定义, 得到

$$\frac{\partial v_p^n}{\partial t} = \frac{1}{h} \sum_{k=1}^{n} \chi^{n,k}(t)(u^{n,k} - u^{n,k-1}) \tag{3.4.69}$$

(3.4.68) 式蕴含着

$$\left\| \frac{\partial v_p^n}{\partial t} \right\|_{L^2(Q_T)}^2 = \frac{1}{h^2} \sum_{k=1}^{n} h \left\| u_p^{n,p} - u_n^{n,k-1} \right\|^2 \leqslant C_1 \tag{3.4.70}$$

从 (3.4.60) 式可得

$$\sup_{0 \leqslant t \leqslant T} \int_{\Omega} \phi_p(\nabla v_p^n) \mathrm{d}x \leqslant C_1 \tag{3.4.71}$$

现在, 从 (3.4.67) 式观察出

$$\frac{1}{2} \int_{\Omega} (u_p^n - f_p)^2 \mathrm{d}x \leqslant C_1 \tag{3.4.72}$$

对 (3.4.72) 式使用 Minkowski 不等式得出

$$\left\| u_p^n \right\|_{L^2(\Omega)} - \left\| f_p \right\|_{L^2(\Omega)} \leqslant \left\| u_p^n - f_p \right\|_{L^2(\Omega)} \leqslant C_1 \tag{3.4.73}$$

进而有

$$\left\| u_p^n \right\|_{L^2(\Omega)} \leqslant C_1 + \left\| f_p \right\|_{L^2(\Omega)} = C_2 \tag{3.4.74}$$

根据上面估计式可得

$$\sup_{0 < t < T} \left\| v_p^n \right\|_{L^2(\Omega)} \leqslant C_2 \tag{3.4.75}$$

记 $\phi_p'(\nabla u_p^n) := Bu_p^n$, 从 (3.4.66), (3.4.70), (3.4.71), (3.4.74) 和 (3.4.75) 中可以看出, 序列 $\{u_p^n\}$, $\{v_p^n\}$, $\{\partial v_p^n/\partial t\}$ 和 $\{Bu_p^n\}$ 有界. 因此, 存在 $\{u_p^n\}$, $\{v_p^n\}$, $\{\partial v_p^n/\partial t\}$ 和 $\{Bu_p^n\}$ 的子序列, 使得当 $n \to \infty$ 时有

$$
\begin{cases}
\text{在 } L^\infty(0,T;L^2(\Omega)) \text{ 中}, u_p^n \xrightarrow{\text{弱收敛}} u_p \\[2mm]
\text{在 } L^\infty(0,T;L^2(\Omega)) \text{ 中}, u_p^n \xrightarrow{\text{弱收敛}} v_p \\[2mm]
\text{在 } L^\infty(0,T;W^{1,p}(\Omega)) \text{ 中}, u_p^p \xrightarrow{\text{弱收敛}} u_p \\[2mm]
\text{在 } L^2(Q_T) \text{ 中}, \dfrac{\partial v_p^n}{\partial t} \xrightarrow{\text{弱收敛}} \dfrac{\partial v_p}{\partial t} \\[2mm]
\text{在 } L^\infty(0,T;L^q(\Omega))^N \text{ 中}, Bu_p^n \xrightarrow{\text{弱收敛}} Z \\[1mm]
q = \dfrac{p}{p-1}
\end{cases}
\tag{3.4.76}
$$

对某些 u_p, v_p, Z 成立.

接下来要证明 $v_p = u_p$. 从 (3.4.54)~(3.4.55) 式看出

$$
v_p^n - u_p^n = \sum_{k=1}^n \chi^{n,k}(1-\lambda^{n,k})(u_p^{n,k-1} - u_n^{n,k})
\tag{3.4.77}
$$

由 (3.4.68) 式得

$$
\left\| v_p^n - u_p^n \right\|_{L^2(Q_T)}^2 \leqslant \sum_{k=1}^n h \left\| u_p^{n,k-1} - u_p^{n,k} \right\|_{L^2(\Omega)}^2 \leqslant C_1 h^2
\tag{3.4.78}
$$

这蕴含着当 $h \to 0$ 时, $\left\| v_p^n - u_p^n \right\|_{L^2(Q_T)}^2 \leqslant 0$. 因为从上面子序列可以看出, 在 $L^2(Q_T)$ 中, u_p^n 收敛于 u_p, v_p^n 收敛于 v_p, 从 (3.4.78) 式可得 $v_p = u_p$.

进一步, 令 $n \to \infty$, 由 (3.4.66), (3.4.70), (3.4.74) 和 (3.4.75) 式可以推出

$$
\left\| \frac{\partial v_p}{\partial t} \right\|_{L^2(\Omega)} + \| u_p \|_{L^\infty(0,T;L^2(\Omega))} + \| u_p \|_{L^\infty(0,T;W^{1,p}(\Omega))} \leqslant C_3
\tag{3.4.79}
$$

其中 $C_3 = 2C_1 + C_2$.

因此, 上面收敛结果可以退出, 当 $n \to \infty$ 时, 对任意 $\phi \in C_0^\infty(Q_T)$, 由 (3.4.56) 式得

$$
\iint_{Q_T} \frac{\partial u_p}{\partial t} \phi \,\mathrm{d}x\mathrm{d}t + \iint_{Q_T} Z \cdot \nabla \phi \,\mathrm{d}x\mathrm{d}t + \iint_{Q_T} (u_p - f_p)\phi(x,t)\mathrm{d}x\mathrm{d}t = 0
\tag{3.4.80}
$$

现在继续证明 $Z = Bu_p$. 在此, 我们继续文献 [86, 89, 90] 的工作.

由 $\phi'_p(\nabla u_p^{n,k}) := B u_p^{n,k}$, 对任意 $w \in L^p(0,T;W^{1,p})$, 由单调性, 对 $1 \leqslant k \leqslant n$, 可得以下不等式:

$$\int_\Omega (B u_p^{n,k} - B w(t))(\nabla u_p^{n,k} - \nabla w(t)) \mathrm{d}x \geqslant 0 \tag{3.4.81}$$

在 (3.4.53) 式中令 $\phi = u_p^{n,k}$, 得到

$$\frac{1}{h} \int_\Omega (u_p^{n,k} - u_p^{n,k-1}) u_p^{n,k} \mathrm{d}x + \int_\Omega B u_p^{n,k} \cdot \nabla u_p^{n,k} \mathrm{d}x + \int_\Omega (u_p^{n,k} - f_p) u_p^{n,k} \mathrm{d}x = 0 \tag{3.4.82}$$

在 (3.4.82) 式的第一项运用 Young 不等式, 与 (3.4.82) 式相加, 在 $((k-1)h, kh)$ 建立积分, 得到

$$\frac{1}{2} \int_\Omega \left[\left| u_p^{n,k} \right|^2 - \left| u_p^{n,k-1} \right|^2 \right] \mathrm{d}x + \int_{(k-1)h}^{kh} \int_\Omega B u_p^{n,k} \cdot \nabla w \, \mathrm{d}x \mathrm{d}t$$
$$+ \int_{(k-1)h}^{kh} \int_\Omega B w (\nabla u_p^{n,k} - \nabla w) \mathrm{d}x \mathrm{d}t + h \int_\Omega (u_p^{n,k} - f_p) u_p^{n,k} \mathrm{d}x \leqslant 0 \tag{3.4.83}$$

在 (3.4.83) 式中对 k 从 1 到 n 求和得

$$\frac{1}{2} \int_\Omega \left[\left| u_p^n(T) \right|^2 - |f_p|^2 \right] \mathrm{d}x + \iint_{Q_T} B u_p^n \cdot \nabla w \, \mathrm{d}x \mathrm{d}t$$
$$+ \iint_{Q_T} B w (\nabla u_p^n - \nabla w) \mathrm{d}x \mathrm{d}t + \iint_{Q_T} (u_p^{n,k} - f_p) u_p^{n,k} \mathrm{d}x \mathrm{d}t \leqslant 0 \tag{3.4.84}$$

对 (3.4.76) 式的收敛集, 令 $n \to \infty$, (3.4.84) 式变为

$$\frac{1}{2} \int_\Omega \left[|u_p(T)|^2 - |f_p|^2 \right] \mathrm{d}x + \iint_{Q_T} Z \cdot \nabla w \, \mathrm{d}x \mathrm{d}t$$
$$+ \iint_{Q_T} B w (\nabla u_p - \nabla w) \mathrm{d}x \mathrm{d}t + \iint_{Q_T} (u_p - f_p) u_p \mathrm{d}x \mathrm{d}t \leqslant 0 \tag{3.4.85}$$

(3.4.85) 式可以写为

$$\frac{1}{2} \int_\Omega u_p \frac{\partial u_p}{\partial t} \mathrm{d}x \mathrm{d}t + \iint_{Q_T} Z \cdot \nabla w \, \mathrm{d}x \mathrm{d}t + \iint_{Q_T} B w (\nabla u_p - \nabla w) \mathrm{d}x \mathrm{d}t$$
$$+ \iint_{Q_T} (u_p - f_p) u_p \mathrm{d}x \mathrm{d}t \leqslant 0 \tag{3.4.86}$$

在 (3.4.80) 式中, 设 $\phi = u_p$, 得到

$$\iint_{Q_T} u_p \frac{\partial u_p}{\partial t} \mathrm{d}x \mathrm{d}t + \iint_{Q_T} Z \cdot \nabla u_p \mathrm{d}x \mathrm{d}t + \iint_{Q_T} (u_p - f_p) u_p \mathrm{d}x \mathrm{d}t = 0 \tag{3.4.87}$$

然后将 (3.4.87) 式代入 (3.4.86) 式得

$$\iint_{Q_T} (Z - Bw)(\nabla u_p - \nabla w)\mathrm{d}x\mathrm{d}t \geqslant 0 \qquad (3.4.88)$$

因为 w 是任意的, 这里 $k > 0$, $\nabla s \in L^\infty(0,T;W^{1,p}(\Omega))$, 设 $w = u_p - ks$, 得到

$$\iint_{Q_T} (Z - B(u_p - ks))\nabla s \,\mathrm{d}x\mathrm{d}t \geqslant 0 \qquad (3.4.89)$$

令 $k \to 0$, 得到

$$\iint_{Q_T} (Z - Bu_p)\nabla s \,\mathrm{d}x\mathrm{d}t \geqslant 0 \qquad (3.4.90)$$

对任意 $s \in L^\infty(0,T;W^{1,p}(\Omega))$ 成立. 事实上, 可以看出, 若在上面不等式中设 $s = -s$, 等式也成立. 因此, 我们推出 $Bu_p = Z$, 则 $\phi_p'(\nabla u_p) = B(u_p) = Z$ 对几乎处处的 $(x,t) \in Q_T$ 成立. 所以, 由 (3.4.80) 和 (3.4.90) 得出恒等式 (3.4.47), 故在 (3.4.20) 和 (3.4.21) 的定义下, u_p 为 (3.4.17)~(3.4.19) 的弱解.

为了证明第二部分, 即 (3.4.48) 式, 对 $0 \geqslant t_1 \geqslant t_2 \geqslant T$, 在 (3.4.80) 式中令 $\phi = u_p(x,t)$, 再令 $\phi = u_p(x,t_1)$, 考虑

$$\int_\Omega (u_p^2(x,t_2) - u_p^2(x,t_1))\mathrm{d}x = -2\int_{t_1}^{t_2}\int_\Omega \phi_p'(u_p^2(x,t))\nabla u_p(x,t)\mathrm{d}x\mathrm{d}t$$
$$- 2\int_{t_1}^{t_2}\int_\Omega (u_p(x,t) - f_p)u_p(x,t)\mathrm{d}x\mathrm{d}t \qquad (3.4.91)$$

$$\int_\Omega (u_p(x,t_1)u_p(x,t_2) - u_p^2(x,t_1))\mathrm{d}x = -\int_{t_1}^{t_2}\int_\Omega \phi_p'(u_p(x,t))\nabla u_p(x,t_1)\mathrm{d}x\mathrm{d}t$$
$$- \int_{t_1}^{t_2}\int_\Omega (u_p(x,t) - f_p)u_p(x,t_1)\mathrm{d}x\mathrm{d}t$$

观察上式得到

$$\int_\Omega |u_p(x,t_2) - u_p(x,t_1)|^2 \,\mathrm{d}x$$
$$= \int_\Omega (u_p^2(x,t_2) - u_p^2(x,t_1))\mathrm{d}x + 2\int_\Omega (u_p^2(x,t_1) - u_p(x,t_1)u_p(x,t_2))\mathrm{d}x$$
$$= -2\int_{t_1}^{t_2}\int_\Omega \phi_p'(\nabla u_p(x,t))\nabla u_p(x,t)\mathrm{d}x\mathrm{d}t - 2\int_{t_1}^{t_2}\int_\Omega (u_p(x,t) - f_p)u_p(x,t)\mathrm{d}x\mathrm{d}t$$
$$+ 2\int_{t_1}^{t_2}\int_\Omega \phi_p'(\nabla u_p(x,t))\nabla u_p(x,t_1)\mathrm{d}x\mathrm{d}t + 2\int_{t_1}^{t_2}\int_\Omega (u_p(x,t) - f_p)u_p(x,t)\mathrm{d}x\mathrm{d}t$$
$$(3.4.92)$$

从上述等式中得到

$$\lim_{t\to 0^+} \|u_p(x,t) - f_p\|_{L^\infty(\Omega)} = 0, \quad u_p(x,0) = f_p \qquad (3.4.93)$$

3.4.4　数值实验

在这一小节, 我们给出所建立模型去除带有高斯白噪声图像的结果, 然后将得到的结果与 PM 模型[45]、TV 模型[57]、D-$\alpha(x)$-PM 模型、Guo[58] 等经典模型得到的结果作对比.

1. AOS 格式

在文献 [47] 中, 我们通过使用 Weickert 等的 AOS 格式已经实现了问题 (3.4.13)～(3.4.15) 的解. 因此, 将方程进行离散化

$$
\begin{cases}
\lambda^0 = 0 \\[2mm]
u^{n+1} = \dfrac{1}{m} \sum_{l=1}^{m} \left[I - m\tau A_l(u^n) \right]^{-1} \left[u^n + \lambda\tau(f - u^n) \right] \\[2mm]
\operatorname{div}^n = \dfrac{u^{n+1} - u^n}{\tau} \\[2mm]
\lambda^n = \dfrac{1}{\sigma^2 MN}(u - f)\operatorname{div}^n \\[1mm]
u_{i,j}^0 = f_{i,j} = f(ih, jh) \\[1mm]
u_{i,0}^n = u_{i,1}^n, \quad u_{0,j}^n = u_{1,j}^n \\[1mm]
u_{I,j}^n = u_{I-1,j}^n, \quad u_{i,J}^n = u_{i,J-1}^n
\end{cases}
\tag{3.4.94}
$$

其中 $A_l(u^n) = [a_{i,j}(u^n)]$,

$$
a_{i,j}(u^n) := \begin{cases}
\dfrac{C_i^n + C_j^n}{2h^2}, & j \in \mathcal{N}(i) \\[3mm]
-\sum_{N \in \mathcal{N}(i)} \dfrac{C_i^n + C_N^n}{2h^2}, & j = i \\[3mm]
0, & \text{其他}
\end{cases}
\tag{3.4.95}
$$

$$
C_i^n := \frac{2 + K\left|\nabla u_{i,j}^n\right|}{\left(1 + \left|\nabla u_{i,j}^n\right|\right)^2}
$$

其中

$$
\left|\nabla u_{i,j}^n\right| = \frac{1}{2} \sum_{p,q \in \mathcal{N}(i)} \frac{\left|u_p^n - u_q^n\right|}{2h}
\tag{3.4.96}
$$

$\mathcal{N}(i)$ 为像素 i 的两个邻域的集合 (边界像素只有一个邻域). 为了方便, 记 K 为实现此模型而引入的调整参数.

2. 结果讨论

该实验已经在配有 Windows 8 64 位运行系统的电脑上实现. 图像恢复结果

已通过 PSNR, MAE, SSIM, $PSNR_E$ 和视觉效果的测试. 迭代停止准则基于最大 PSNR 值.

在迭代过程最后, PSNR, MAE, SSIM 和 $PSNR_E$ 的值会被记录下来, 文献 [50] 中对 PSNR 和 MAE 的值作出讨论, 相应地给出如下公式:

$$\text{PSNR}(u, u_0) = 10 \lg \frac{MN |\max u_0 - \min u_0|^2}{\|u - u_0\|_{L^2}^2}$$

$$\text{MAE}(u, u_0) = \frac{\|u - u_0\|}{MN} \tag{3.4.97}$$

记 u_0 为无噪声图像, u 为噪声图像, $M \times N$ 为图像维度, $|\max u_0 - \min u_0|$ 表示原始图像灰度值的幅度. 文献 [85] 中的 SSIM 为测量两个图像之间相似度的度量, 它被广泛地用于 HVS 系统. 已知任意两个图像 u 和 u_0, 给出 SSIM 的公式

$$\text{SSIM}(u, u_0) = L(u, u_0) \cdot C(u, u_0) \cdot R(u, u_0) \tag{3.4.98}$$

$L(u, u_0) = (2\mu_u \mu_{u_0} + k_1)/(\mu_u^2 + \mu_{u_0}^2 + k)$ 比较了两幅图像亮度衰减平均值 μ_u 和 μ_{u_0}, 其中, $L(u, u_0)$ 最大值为 1. 若 $\mu_u = \mu_{u_0}$, 则 $C(u, u_0) = (2\sigma_u \sigma_{u_0} + k_2)/(\sigma_u^2 + \sigma_{u_0}^2 + k_2)$ 为测量 u 和 u_0 两幅图像的接近度. 当图像相等时, 对比决定分量的标准差 σ, 当且仅当 $\sigma_u = \sigma_{u_0}$ 时, 对比测量比较值 $C(u, u_0)$ 最大为 1.

$R(u, u_0) = (\sigma_{uu_0} + k_3)/(\sigma_u \sigma_{u_0} + k_3)$, 这里 σ_{uu_0} 为决定 u 和 u_0 两幅图像关系的结构相似度. 若两幅图像结构一致, 则它取最大值 1, 若两幅图像结构上完全不一致, 则此值为 0. 为避免分母为零的可能性, k_1, k_2 和 k_3 为较小正数.

从 (3.4.13) 式取 $\text{EM}(u)$, 加上调整参数得

$$\text{EM}(u) = \frac{2 + K |\nabla u|}{(1 + |\nabla u|)^2} \tag{3.4.99}$$

因此, 相应的边缘相似性度量由下式给出:

$$\text{PSNR}_E = \text{PSNR}(\text{EM}(u), \text{EM}(u_0)) \tag{3.4.100}$$

见文献 [57].

所有参数均已完成, 其中不仅包含判断信号恢复的参数, 而且还包含判断原始图像和重建图像之间的结构相似度的参数. 通过比较误差指数和文献 [91] 的结构相似度指数, 最快地选择两幅图像的真值并非难事. 因此, 任何指数或者任两个指数都会在同一时间测量出恢复图像的质量.

通过比较我们的模型、PM 模型[45]、TV 模型[57]、D-$\alpha(x)$-PM 模型[58] 的实验结果, 调节时间步长 τ、调整参数 K、其他依赖于各自模型的参数, 我们由实验和迭代进程获得了保真参数 λ 是动态的.

表 3.4.1 和表 3.4.2 为合成图像 (图 3.4.1)、Lena 图像 (图 3.4.2) 的数值实验结果. 我们比较了 PSNR, MAE, SSIM, PSNR$_E$ 和视觉效果这些方面.

表 3.4.1　合成图像 (300 × 300) 的数值实验结果

模型	σ	参数 K	τ	步数	CPU 耗时/秒	PSNR	MAE	SSIM	PSNR$_E$
PM	30	4	0.25	356	1.56	36.57	3.78	0.9817	25.06
TV	30		0.25	205	1.66	34.56	4.73	0.9725	14.75
D-$\alpha(x)$-PM	30	1	0.25	40	2.33	37.2	3.18	0.9825	24.7
我们的模型	30	0.01	5	65	3.98	38.52	3.16	0.9905	24.90

表 3.4.2　Lena 图像 (300 × 300) 的数值实验结果

模型	σ	参数 K	τ	步数	CPU 耗时/秒	PSNR	MAE	SSIM	PSNR$_E$
PM	30	5	0.25	113	0.45	25.94	12.88	0.6939	20.69
TV	30		0.25	129	1.15	27.75	10.45	0.7698	20.70
D-$\alpha(x)$-PM	30	4	2	10	0.50	28.15	7.21	0.7780	24.57
我们的模型	30	0.01	5	15	1.07	27.84	10.20	0.7805	26.34

观察到, 对于非纹理合成图像 (图 3.4.1), 在不考虑较多的 CPU 处理时间情况下, 我们的模型处理效果较好, 此时 PSNR = 38.52, MAE = 3.16 (表 3.4.1). 此外, 根据对比图 3.4.1 (e) 得, 图 3.4.1 (c) 中该模型实验结果没有表现出相应模糊斑点 (使用 PM 模型); 在图 3.4.1 (d) 和图 3.4.1 (f) 中没有明显地显示出阶梯效应 (使用 TV 模型); 但使用 D-$\alpha(x)$-PM 模型得到的图 3.4.1 (f) 表现出了严重的锯齿形边缘. 对比由本节方法得到的图 3.4.1 (e) 和图 3.4.1 (a) 中展示的原始图像, 观察到边界较大的不同, 边界得到了很好的保留.

进一步, 就数值实验而言, 我们的模型比 D-$\alpha(x)$-PM 模型优越, D-$\alpha(x)$-PM 模型中增加的参数本应被记录, 它没有达到方法的最佳效果, 不得不手动操作来获得最佳的结果.

对图 3.4.2 中 Lena 的纹理图像, 衡量本节方法的标准仍是表 3.4.2, 对比其他模型, 此模型能较好恢复图像. 通过视觉观察, 由 PM 模型得到的图 3.4.2 (c) 有许多斑点效应和模糊, 同时图 3.4.2 (d) 表现出很强的阶梯效应, 图 3.4.2 (f) 有较重的像斜坡的特征. 然而, 由我们的模型得到的图 3.4.2 (e) 不仅没有模糊的斑点, 也没有明显的阶梯效应.

关于边界测量标准的 PSNR$_E$, 对于图 3.4.1 的非纹理图像, 我们观察到 PM 模型略好于我们的模型, 但我们的模型远超过 TV 模型; 对于图 3.4.1 的纹理图像, 通过表 3.4.1 和表 3.4.2, 在图像去噪方面, 实验表明我们的模型远超过 PM 模型、TV 模型和 D-$\alpha(x)$-PM 模型.

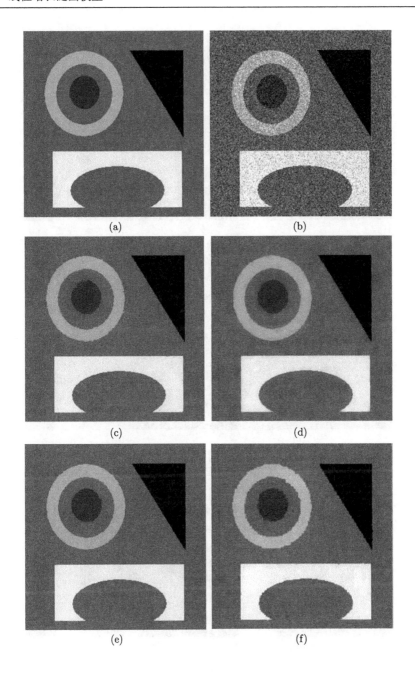

图 3.4.1　合成图像 (300×300)

(a) 原始图像; (b) 标准差 $\sigma = 30$ 的高斯噪声图像; (c) PM 模型: $K = 4$, $\tau = 0.25$ (356 步); (d) TV 模型: $\tau = 0.25$ (205 步); (e) 我们的模型: $K = 0.01$, $\tau = 5$ (65 步); (f) $D\text{-}\alpha(x)$-PM 模型: $K = 1$, $\tau = 0.25$ (40 步)

图 3.4.2　Lena 图像 (300×300)

(a) 原始图像; (b) 标准差 $\sigma = 30$ 的高斯噪声图像; (c) PM 模型: $K = 5$, $\tau = 0.25$ (113 步);

(d) TV 模型: $\tau = 0.25$ (129 步); (e) 我们的模型: $K = 0.1$, $\tau = 5$ (15 步);

(f) D-$\alpha(x)$-PM 模型: $K = 4$, $\tau = 2$ (10 步)

　　此外, 实验证明, 在我们的模型实验中引入的调整参数 K 对纹理图像是敏感的. 对于非纹理图像, K 的影响程度较小, 然而当纹理增加时, K 的值会减小. 我们观察到, AOS 格式给出灰度值基于极值原理、Lyapunov 函数、比例参数 $\tau^{[84]}$ 最大值收敛的不变性、稳定性. 这并不适用于 PM 模型、TV 模型, 因为 $\tau > 0.25$ 时, PM 模型和 TV 模型会变得不稳定. 当 AOS 格式实现时, $D\text{-}\alpha(x)\text{-PM}$ 模型解决了这一难题.

　　因此, 我们的模型效果比 PM 模型、TV 模型要好, 在质量检测标准和视觉效果方面远超 $D\text{-}\alpha(x)\text{-PM}$ 模型. $D\text{-}\alpha(x)\text{-PM}$ 模型与我们的模型效果差不多. 然而, 在 $D\text{-}\alpha(x)\text{-PM}$ 模型中, 参数的增加使此模型实际上不会产生最优解. 此外, 我们的模型处理纹理图像比其他方法较好. 最后, 给出郭等人处理非纹理图像的 $D\text{-}\alpha(x)\text{-PM}$ 流函数[57]. 这是一个病态问题, 求解过程中, 各个时间点产生正倒向扩散. 因此, 从分析上讲, 其达到稳态并以最小能量产生数据的能力在数学上存在很大的疑问. 尽管如此, $D\text{-}\alpha(x)\text{-PM}$ 模型的离散或数值实验仍然会得到近似解.

第4章 乘性噪声去除的偏微分方程方法

本章介绍乘性噪声去除的几种偏微分方程方法. 首先回顾几种经典的基于偏微分方程的模型. 然后再详细介绍两种新的基于偏微分方程的模型, 即自适应 TV 模型和双退化扩散方程模型. 最后通过实验来说明模型的优势及特点.

4.1 经典的偏微分方程方法

实际应用中, 乘性噪声广泛存在于 SAR 图像、医学超声图像和核磁共振图像等领域. 因此, 对乘性噪声的研究具有重要的实践意义. 一般来说, 可以假定乘性噪声满足退化模型

$$f = u\eta$$

其中 f 为观测图像, u 为理想图像, η 为乘性噪声. 我们的目标是, 在仅已知被乘性噪声 η 所污染的噪声图像 f 的信息的情况下, 通过合理建模来恢复出真实图像 u 的灰度信息. 已有的乘性去噪方法大概分为两类: 基于滤波的方法和变分的方法. 基于滤波的方法包括: 几何滤波 (如 Crimmins 滤波)、自适应滤波器 (如 Lee 滤波、Kuan 滤波)、带有局部窗口函数的自适应滤波 (如 Frost 滤波)、针对纹理的滤波器 (如 Bruniquel 滤波器). 而本节主要介绍用于去除乘性噪声的变分方法, 主要是基于 TV 范数的几个模型.

4.1.1 AA 模型

众所周知, SAR 图像一般会受相干斑噪声影响. 斑点噪声产生的主要原因在于, 雷达通过向地面发射连续电磁波, 再由传感器接收地面回波, 在此过程中, 如果地面十分粗糙 (相对雷达波长而言), 得到的图像就会被一种很大振幅的噪声 (即相干斑噪声) 所影响.

传统 SAR 图像的模型符合 $I = \omega\eta$, 其中 I 为观测图像的强度, ω 为后向散射截面, η 为相干斑噪声, 且 η 满足均值为 1 的伽马分布

$$g(\eta) = \frac{L^L}{\Gamma(L)}\eta^{L-1}\exp(-L\eta)1_{\{\eta \geqslant 0\}}$$

即伽马乘性噪声.

Aubert 和 Aujol 于 2008 年提出了一个去除伽马乘性噪声的变分模型, 本书中我们称作 AA 模型. 特别地, AA 模型适用于 SAR 图像的噪声去除问题[89].

考虑图像的离散情形, 设 S 为图像的所有像素点集合, 假定每一个像素点 $s \in S$ 上的噪声样本为独立同分布的, 且分布函数为 g_v. 考虑退化模型 $f = u\eta$, f 为观测图像, u 为恢复图像, η 为乘性噪声. 已知 η 服从 Γ 分布, 可以推导出 $f|u$ 的分布函数以及 u 服从吉布斯先验估计. 把 f 和 u 对应的独立随机变量记为 F 和 U, 为得到最优函数 u, 需极大化条件概率 $P(U|F)$, 该问题等价于极小化似然函数 $-\log(P(U|F))$, 由贝叶斯法则

$$P(U|F) = \frac{P(F|U)P(U)}{P(F)}$$

以及前面的假设可知 $P(F|U) = \prod_{s \in S} P(F(s)|U(s))$. 通过计算, $-\log(P(F|U))$ 的极小化问题等价于 $\sum_{s \in S} \left(L\left(\log U(s) + \frac{F(s)}{U(s)}\right) + \gamma\phi(U(s)) \right)$ 的极小化问题, 其中 ϕ 为非负给定函数, 整理得到 $\int(\log u + f/u)\mathrm{d}x + \frac{\gamma}{L}\int \phi(u)\mathrm{d}x$.

选取 $\int \phi(u)\mathrm{d}x = J(u) = \int_{\Omega} |Du|$, 最终得到了极小化泛函式

$$\inf_{u \in S(\Omega)} J(u) + \lambda \int_{\Omega} \left(\log u + \frac{f}{u}\right)\mathrm{d}x \tag{4.1.1}$$

其中 $S(\Omega) = \{u \in \mathrm{BV}(\Omega), u > 0\}$, $f > 0$ 且 $f \in L^{\infty}(\Omega)$, λ 为正则参数. 由于空间包含关系 $\mathrm{BV}(\Omega) \subset L^2(\Omega)$, 可以将泛函 $J(u)$ 扩展到 $L^2(\Omega)$ 上, 形式如下:

$$J(u) = \begin{cases} \displaystyle\int_{\Omega} |Du|, & u \in \mathrm{BV}(\Omega) \\[2ex] +\infty, & u \in L^2(\Omega)\backslash\mathrm{BV}(\Omega) \end{cases}$$

于是可定义 J 的次微分 $\partial J(u)$, 我们称 $v \in \partial J(u)$ 当且仅当对于所有的 $\omega \in L^2(\Omega)$, 均满足 $J(u+\omega) \geqslant J(u) + \langle v, \omega \rangle_{L^2(\Omega)}$.

若 $\inf_{\Omega} f > 0$, 则极小化问题 (4.1.1) 至少存在一个解 $u \in \mathrm{BV}(\Omega)$, 并且满足 $0 < \inf_{\Omega} f < u < \sup_{\Omega} f$. 证明主要依据泛函 $J(u)$ 和 $\int(\log u + f/u)\mathrm{d}x$ 的凸性以及函数序列收敛的方法. 由于仅当解的范围为 $0 < \hat{u} < 2f$, 即 $h(u) = \log u + f/u$ 为凸时, 才有 (4.1.1) 式的解的唯一性成立. 因此, (4.1.1) 式的解的唯一性很难保证. 除此之外, 比较原理亦成立, 即当 $f_1, f_2 \in L^{\infty}(\Omega)$, 且 $\inf f_1 > 0$, $\inf f_2 > 0$ 时, 若 $f_1 < f_2$, 则有 $u_1 < u_2$.

AA 模型对应的演化方程为: $\dfrac{\partial u}{\partial t} = \mathrm{div}\left(\dfrac{\nabla u}{|\nabla u|}\right) + \lambda \dfrac{f - u}{u^2}$, 我们证明了演化

方程解的存在性和唯一性. 初始条件 $u(x,0) = \dfrac{1}{|\Omega|} \displaystyle\int_\Omega f \mathrm{d}x$, 对方程进行显式差分,

得到

$$\frac{u_{n+1} - u_n}{\delta t} = \left(\mathrm{div} \left(\frac{\nabla u_n}{\sqrt{|\nabla u_n|^2 + \beta^2}} \right) - \lambda h'(u_n) \right)$$

β 为小的固定参数.

　　下面, 从模型原理与数值模拟两方面, 将 AA 模型与对数模型和 RLO 模型进行比较.

　　所谓对数模型是指, 将退化模型两端取对数, 转化为加性噪声模型, 再应用 ROF 模型进行噪声去除. 由于已经假定 $E(\eta) = 1$, 故有 $E(f) = E(u)$. 如果按照传统加性噪声去除模型, 一般假定 $z = \log(\eta)$, $E(z) = 0$. 但依据 Jensen 不等式, 有 $\exp(E(z)) \leqslant E(\exp(z))$, 即 $E(\eta) \geqslant 1$. 因此, 有些情况下等式并不成立, $E(\eta) > 1$. 也就是说, 使用对数模型相当于更改了我们最初对噪声均值的假设. 在文献 [90] 中, 数值算例显示, 由对数模型获得的恢复图像比原始图像的均值小得多, 即 $E(u) \approx E(f)/2$, 所以直接应用对数模型去除乘性噪声, 效果并不理想.

　　而 RLO 模型主要用于处理高斯型乘性噪声, 对伽马乘性噪声并无相关假设, 所以去噪效果不好, 很难去除孤立点, 并且会丢失边界.

　　AA 模型不仅能改善去噪效果, 而且可以扩展至去模糊问题. 稍微修改 AA 模型, 引入线性模糊算子 K, 则退化模型变为 $f = (Ku) \times \eta$, 相应最小化泛函问题变为

$$\inf_u \left(J(u) + \lambda \int_\Omega \left(\frac{f}{Ku} + \log(Ku) \right) \mathrm{d}x \right)$$

数值方面使用梯度下降算法, 通过求解演化方程 $\dfrac{\partial u}{\partial t} = \mathrm{div} \left(\dfrac{\nabla u}{|\nabla u|} + \lambda K^{\mathrm{T}} \left(\dfrac{f - Ku}{(Ku)^2} \right) \right)$ 来进行计算, 数值结果显示模型在去模糊方面是很有效的.

4.1.2　Jin 和 Yang 模型

　　上面提到的 RLO 模型, 其理论知识并不完善, AA 模型也只是在局部得到了解的唯一性, 同时恢复图像也严重依赖于对解的初始猜测和数值格式. 为了解决这些问题, Huang 等人对 AA 模型中保真项进行指数变换 $u \to \mathrm{e}^{-u}$, 提出了如下去噪模型:

$$\min \left\{ \int_\Omega (u + f\mathrm{e}^{-u}) \mathrm{d}x + \alpha_1 \int_\Omega |u - w|^2 \mathrm{d}x + \alpha_2 J(w) \right\}$$

其中 $\alpha_1 > 0$, $\alpha_2 > 0$ 为平衡参数, w 为任意变量. 更进一步, 他们提出了修正 TV 正则化对该模型进行改进. 然而, 并未给出变分问题的数学理论分析.

Jin 和 Yang 受到上述模型启发, 提出了如下的去噪模型:

$$\min\left\{ J(u) + \lambda \int_{\Omega} (u + f e^{-u}) \mathrm{d}x \right\} \tag{4.1.2}$$

该模型将 AA 模型中的保真项 $\log u + f/u$ 替换为 $u + f e^{-u}$, 这种替换有两个依据: ① Huang 等人已经指出指数变换能够有效地保持边界; ② 对于所有的 u 和 $f > 0$, $u + f e^{-u}$ 为全局凸的. 因此, 可以证明极小化问题 (4.1.2) 在 $\mathrm{BV}(\Omega)$ 中的解的存在唯一性.

另外, 结合初边值条件, 上述极小化问题的演化方程组如下:

$$\partial_t u = \mathrm{div}\left(\frac{\nabla u}{|\nabla u|}\right) + \lambda(f e^{-u} - 1), \quad (x,t) \in \Omega_T \tag{4.1.3}$$

$$\frac{\partial u}{\partial \boldsymbol{n}} = 0, \quad (x,t) \in \partial\Omega \times [0,T] \tag{4.1.4}$$

$$u(0) = u_0, \quad x \in \Omega \tag{4.1.5}$$

接下来, 引入问题 (4.1.3)~(4.1.5) 的弱解的定义, 然后证明上述问题弱解的存在性和唯一性.

称 $u \in L^2([0,T]; \mathrm{BV}(\Omega))$ 为 (4.1.3)~(4.1.5) 的弱解, 如果 $\partial_t u \in L^2(\Omega_T)$, $u(0) = u$, 且 u 使得

$$\int_0^s \int_\Omega \partial_t(v-u)\mathrm{d}x\mathrm{d}t + \int_0^s \int_\Omega |Dv| \geqslant \int_0^s \int_\Omega |Du| + \lambda \int_0^s \int_\Omega (f e^{-u}-1)(v-u)\mathrm{d}x\mathrm{d}t$$

对于任意 $v \in L^2([0,T]; \mathrm{BV}(\Omega))$, 在 $s \in [0,T]$ 上几乎处处成立.

考虑 (4.1.3)~(4.1.5) 的近似问题 $P_R^{\varepsilon,\delta}$

$$\partial_t u = \varepsilon \Delta u + \mathrm{div}\left(\frac{\nabla u}{\sqrt{|\nabla u|^2 + \varepsilon^2}}\right) + \lambda(f e^{-[u]_R} - 1), \quad (x,t) \in \Omega_T$$

$$\frac{\partial u}{\partial \boldsymbol{n}} = 0, \qquad\qquad\qquad (x,t) \in \partial\Omega \times [0,T]$$

$$u(0) = u_0^\delta, \qquad\qquad\qquad x \in \Omega$$

其中 $[\eta]_R := \max\{-R, \min\{R, \eta\}\}$, R 为常数, $u_0^\delta \in C^\infty(\Omega)$, $u_0 \in L^\infty(\Omega) \bigcap \mathrm{BV}(\Omega)$, $u_0 \to u_0$ 于 $L^1(\Omega)$.

通过证明近似问题 $P_R^{\varepsilon,\delta}$ 解的存在唯一性, 以及对近似解进行估计, 并在近似问题中取极限, 从而得到原问题 (4.1.3)~(4.1.5) 弱解的存在唯一性.

对演化方程采用与 ROF 模型[37] 相同的数值离散格式. 设定空间步长 $h = 1$, 时间步长为 τ, 具体格式如下:

$$D_x^{\pm}(u_{i,j}) = \pm[u_{i\pm1,j} - u_{i,j}]$$
$$D_x^{\pm}(u_{i,j}) = \pm[u_{i,j\pm1} - u_{i,j}]$$
$$|D_x(u_{i,j})| = \sqrt{D_x^+(u_{i,j})^2 + (m[D_y^+(u_{i,j}), D_y^-(u_{i,j})])^2 + \delta}$$
$$|D_y(u_{i,j})| = \sqrt{D_y^+(u_{i,j})^2 + (m[D_x^+(u_{i,j}), D_x^-(u_{i,j})])^2 + \delta}$$

其中 $m[a,b] = \dfrac{\text{sign}\, a + \text{sign}\, b}{2} \cdot \min\{|a|, |b|\}$, $\delta > 0$ 为充分小的正则参数, 进而方程 (4.1.3) 的离散格式为

$$\frac{u^{n+1} - u^n}{\tau} = \left[D_x^- \left(\frac{D_x^- u^n}{|D_x u^n|} \right) + D_y^- \left(\frac{D_y^+ u^n}{|D_y u^n|} \right) \right] + \lambda(f e^{-u^n} - 1)$$

边界条件离散为 $u_{0,j}^n = u_{1,j}^n, u_{N,j}^n = u_{N-1,j}^n, u_{i,0}^n = u_{i,1}^n, u_{i,N}^n = u_{i,N-1}^n, i, j = 1, \cdots, N - 1$. 可以选取参数 $\tau = 0.2, \delta = 0.0001$, 初值 $u^0 = f$, 对于正则化参数 λ, 噪声水平越高时取值越小.

数值实验时选取两类测试图片, 人工添加均值为 1 的伽马噪声的雷达图像和含有乘性高斯噪声的自然图像. 对比 AA 模型, 实验结果显示 Jin 和 Yang 模型的去噪结果具有更高的信噪比 (signal to noise ratio, SNR), 并且在保护图像纹理方面显示出一定的优越性.

4.1.3　SO 模型

针对 ROF 模型中的不可微泛函 $\int |\nabla u|$, Burger 和 Osher 等人首先应用 Bregman 迭代算法进行快速求解, 该算法适用于处理去噪和去模糊模型. 对于更一般的图像处理问题, 作者也推导出了该算法的收敛结果和收敛准则. 在实现上述方法的同时, 作者提出, 存在一个关于图像的极限流, 使得上述迭代模型可被看作时间方向上步长为 λ 的隐格式, 于是得到了反尺度空间 (inverse scale space, ISS) 流去除图像噪声的方法.

众所周知, 反尺度空间的方法在图像去噪上显示出了一定优势. 但是, 之前的反尺度空间模型都是用于加性去噪问题的. 由于缺少全局凸性, 反尺度空间的方法不能简单地应用到乘性去噪问题上, 于是就有了 SO 模型[92].

4.1.4　加性 RISS 模型

首先, 回顾一下乘性去噪问题. $f : \Omega \to R$ 为噪声图像, 且满足

$$f = u\eta \tag{4.1.6}$$

其中 u 为真实图像, η 为乘性噪声. 去噪的目的是希望能够保留图像 u 中充分多的信息, 假定乘性噪声的均值和方差满足如下先验信息:

$$\frac{1}{N}\int \eta \mathrm{d}x = 1$$

$$\frac{1}{N}\int (\eta-1)^2 \mathrm{d}x = \sigma^2$$

其中 $N = \int 1\mathrm{d}x$.

最简单的想法是对等式 (4.1.6) 两边取对数

$$\log f = \log u + \log \eta$$

再将其应用到之前所说的适用于处理加性噪声的反尺度空间中去. 令 $\omega = \log u$, 得到具体模型如下:

$$\omega = \underset{\omega\in\mathrm{BV}(\Omega)}{\arg\min}\left\{J(\omega)+\frac{\lambda}{2}||\omega-\log f||_{L^2}^2\right\}$$

其中 $J(\omega)=|\omega|_{\mathrm{BV}}$, 保真项 $H(\omega,f)=\frac{1}{2}||\omega-\log f||_{L^2}^2$ 为严格凸的, 相应的松弛反尺度空间 (relaxed inverse scale space, RISS) 流为

$$\omega_t = \nabla\cdot\left(\frac{\nabla\omega}{|\nabla\omega|}\right)+\lambda(\log f - \omega + v)$$

$$v_t = \alpha(\log f - \omega)$$

其中 $v(0)=0$, $\omega(0)=c_0$, $c_0 = \int\log f\mathrm{d}x \Big/ \int 1\mathrm{d}x$.

4.1.5 乘性 RISS 模型

已知的乘性去噪模型大部分都可以写为如下形式:

$$u = \underset{u\in\mathrm{BV}(\Omega)}{\arg\min}\left\{J(u)+\lambda\int\left(a\frac{f}{u}+\frac{b}{2}\left(\frac{f}{u}\right)^2+c\log u\right)\mathrm{d}x\right\}$$

其中 $J(u)=\int|\nabla u|$, a, b, c 为非负常数.

注 4.1.1 当 $c=0$ 时, 模型转化为 RLO 模型.

注 4.1.2 当 $b=0, a=c$ 时, 模型转化为 AA 模型.

注 4.1.3 保真项在 $u=f$ 时取得极小值, 故 $c=a+b$.

同样, 用 $J(\omega)=J(\exp(\omega))$ 代替 $J(u)$, 我们有

$$\omega = \underset{u\in\mathrm{BV}(\Omega)}{\arg\min}\{J(\omega)+\lambda H(\omega,f)\}$$

其中 $H(\omega, f) = \int (af\exp(-\omega) + (b/2)f^2\exp(-2\omega) + (a+b)\omega)\mathrm{d}x$ 为全局严格凸的. 因此, 可以求出上述最小化问题的解 ω, 进而通过关系式 $u = \exp(\omega)$ 获得恢复图像.

利用梯度下降方法我们可得

$$\omega_t = \mathrm{div}\left(\frac{\nabla\omega}{|\nabla\omega|}\right) + \lambda(af\exp(-\omega) + bf^2\exp(-2\omega) - (a+b))$$

利用 Bregman 迭代, 可以得到非线性 ISS 流

$$\frac{\partial p}{\partial t} = af\exp(-\omega) + bf^2\exp(-2\omega) - (a+b)$$

$$p \in \partial J(\omega)$$

其中 $\omega(0) = c_0, p(0) = 0$. 由于 ISS 流在二维及更高维空间上并不好求解, 更进一步, 获得模型的 RISS 流

$$\frac{\partial\omega}{\partial t} = -p(\omega) + \lambda(af\exp(-\omega) + bf^2\exp(-2\omega) - (a+b) + \upsilon)$$

$$\frac{\partial\upsilon}{\partial t} = \alpha(af\exp(-\omega) + bf^2\exp(-2\omega) - (a+b))$$

$$p(\omega) \in -\mathrm{div}\left(\frac{\nabla\omega}{|\nabla\omega|}\right)$$

4.1.6 模型分析

在此, 假定解的存在性成立, 在一些先验不等式的基础上, 分析乘性 RISS 模型的有关性质, 具体如下.

1. 对于 ISS 流的分析

若 $\frac{\mathrm{d}}{\mathrm{d}t}D(\log g, \omega) < 0$ 成立, 只要 $||\log f - \omega(t)||_{L^2} > \frac{c_5}{c_3}||\log f - \log g||_{L^2}$ 成立, 其中 c_3 和 c_5 分别为 $B(\omega, f) = af\exp(-\omega) + 2bf^2\exp(-2\omega)$ 的上界和下界, 这说明 $\log g$ 和 $\omega(t)$ 之间的 Bregman 距离会下降直到 $\omega(t)$ 在 L^2 中接近 $\log f$ (这里的接近意味着距离小于 $\frac{\max B(\omega)}{\min B(\omega)}||\log f - \log g||_{L^2}$), 其中 g 为不含噪声的原始图像, 同时获得估计 $||\omega - \log f||_{L^2} \leqslant c_1||\omega(0) - \log f||_{L^2}, c_1 > 0$. 这意味着在 Bregman 距离的意义下, 迭代会单调逼近于解.

2. 对于 RISS 流的线性分析

之前得到的 RISS 流可以写成如下形式:

$$\frac{\partial \omega}{\partial t} = -p(\omega) + \lambda(\upsilon - \partial_\omega H(\omega, f))$$

$$\frac{\partial \upsilon}{\partial t} = -\alpha \partial_\omega H(\omega, f)$$

用 $-\Delta\omega$ 代替 $p(\omega)$, 上式变为

$$\partial_{tt}^2 \omega + (-\Delta + \lambda \partial_{\omega\omega}^2 H(\omega, f)) \partial_t \omega + \alpha \lambda \partial_\omega H(\omega, f)$$

为了便于分析, 分别固定 ω, f 为常数 ω_0, f_0, 利用傅里叶变换得到特征方程, 当参数 α, λ 满足一定条件时, 可以得到两个根均为实根.

4.1.7 数值分析

针对上述提出的两种 RISS 模型, 进行数值实验, 并且观察 RISS 模型中参数 α, λ 的选取对流的收敛速率的影响.

对比收敛准则 $\frac{1}{\sqrt{N}} \left\| \frac{f}{\exp(\omega(t))} - 1 \right\|_{L^2}$, $\| \exp(\omega(t)) - g \|_{L^2}$ 和 $D(\log(g), \omega(t))$ 在两个模型上的应用. 通过实验可以看出, 在加性 RISS 模型中, 当恢复图像达到真值, 恢复图像和无噪声图像的 Bregman 距离也达到最小. 但在乘性噪声模型上, 这种情况则不成立, 与前面的模型分析相符合. 对于乘性 RISS 模型中参数 a, b 分别选取① $a=1$, $b=0$; ② $a=0$, $b=1$; ③ $a=1$, $b=1$ 进行实验, 实验结果表明 a, b 的选取并不影响收敛效果.

对几个模型去噪效果进行比较, 包括加性 RISS 模型、乘性 RISS 模型和 RLO 梯度下降流方法. 定义信噪比如下:

$$\text{SNR} = 20 \lg \sqrt{\frac{\|g\|_{L^2}}{\|u - g\|_{L^2}}}$$

实验结果显示, 两种 RISS 模型都显示出很好的去噪效果.

形象地说, 反尺度空间方法创造出一条 "路", 这条路连接了初始条件和噪声图像, 迭代过程就像在这条路上向前走, 在哪停止则取决于适合于数据的先验信息. 对比之前的全变分方法, 无论是在纹理恢复、保护对比度还是提高信噪比方面, 都有了很大的提高. 但是这也需要其时间迭代的步长必须很小, 进而迭代次数也要相应增加.

同时去噪效果的提升主要归功于反尺度空间所提供的 Bregman 迭代 (即把噪声回代到 Bregman 迭代中去), 这使得当模型中 u 和 f 的误差不那么大时, 保真项

的作用变小, 而且在提出和分析模型过程中, 并没有给出具体的噪声分布, 这使得模型既适用于高斯噪声也适用于伽马噪声的处理.

4.2 自适应 TV 模型

4.2.1 模型动机

乘性噪声一般来源于主动成像系统, 例如激光成像、超声波成像和合成孔径雷达成像等, 该噪声满足伽马分布. 本节首先构造灰度探测算子用于估计光滑图像的灰度值, 然后基于灰度探测算子提出一个自适应全变差正则项, 同时引入全局凸拟合项, 在变分去噪模型的框架下提出了一个新的乘性去噪变分模型. 理论上, 首先论证变分问题解的存在唯一性和比较原理. 由于演化方程具有奇性和退化, 故定义一种新的弱解, 我们称之为伪解, 进而讨论变分模型对应的演化方程解的存在唯一性和解的长时间行为, 并证明解渐近趋近于变分模型的极小值点. 数值上, 给出两种数值模型: α-TV 模型和 p-Laplace 近似模型, 并讨论 p-Laplace 近似模型的性质. 最后通过一系列模拟实验, 将新模型和其他经典模型相比, 论证新模型恢复的图像, 无论是视觉上, 还是在峰值信噪比 (peak signal to noise ratio, PSNR) 上都优于其他模型的去噪结果.

4.2.2 模型建立

本节介绍一种新的乘性去噪变分模型——自适应 TV 模型. 首先, 引入一个新的全局凸拟合项, 其对应的演化方程在图像去噪的过程中保证等式

$$\frac{1}{|\Omega|} \int_\Omega \eta \mathrm{d}x = 1 \tag{4.2.1}$$

$$\frac{1}{|\Omega|} \int_\Omega (\eta - 1)^2 \mathrm{d}x = \sigma^2 \tag{4.2.2}$$

成立. 其次, 根据乘性噪声的特点, 利用噪声图像构造灰度探测器 $\alpha(x)$, 并提出新的自适应全变差正则项.

1. 全局凸拟合项

基于文献 [93] 中的方法, 定义如下正则项:

$$H(u, f) = u + f \log \frac{1}{u} \tag{4.2.3}$$

注意到 $H'(u, f) = 1 - \dfrac{f}{u}$. 考虑如下来自某个变分的欧拉–拉格朗日方程:

$$0 = F(\nabla u, \nabla^2 u) - \lambda \left(1 - \frac{f}{u} \right), \quad x \in \Omega \tag{4.2.4}$$

$$\frac{\partial u}{\partial \boldsymbol{n}} = 0, \quad x \in \partial\Omega \tag{4.2.5}$$

其中 $\nabla u, \nabla^2 u$ 分别代表梯度和 Hessian 矩阵, $F(\nabla u, \nabla^2 u)$ 具有散度结构. 对 (4.2.4) 两边关于空间变量积分, 并且利用分部积分公式和边值条件 (4.2.5) 可以得到

$$\int_\Omega \left(1 - \frac{f}{u}\right) \mathrm{d}x = 0 \tag{4.2.6}$$

这说明 (4.2.1) 成立. 另外, 利用文献 [88] 中的方法, 参数 λ 可以按照如下公式进行计算:

$$\lambda = \frac{1}{\sigma^2 |\Omega|} \int_\Omega F(\nabla u, \nabla^2 u) \left(1 - \frac{f}{u}\right) \mathrm{d}x \tag{4.2.7}$$

注 4.2.1 (1) 易知 $\mathbb{R}_+$ 上的函数 $u \to u + f \log \dfrac{1}{u}$ 在 $u = f$ 时达到最小值 $f + f \log \dfrac{1}{f}$.

(2) 令 $h(u) = u + f \log \dfrac{1}{u}$, 则 $h'(u) = 1 - \dfrac{f}{u} = \dfrac{u-f}{u}, h''(u) = \dfrac{f}{u^2} > 0$, 故新的拟合项 $H(u, f)$ 是全局严格凸的.

2. 自适应全变差模型

假设 u 为分段常值函数, $u = \sum\limits_{i=1}^N g_i \mathbf{1}_{\Omega_i}$, 其中 $\Omega_i \bigcap \Omega_j = \varnothing (i \neq j), \bigcup\limits_{i=1}^N \Omega_i = \Omega$ 且 g_i 代表灰度值. 另外, 假设在每个像素点 x 处噪声样本是独立同分布的, 而且满足密度函数 $\eta(x)$. 当 $x \in \Omega_i$ 时, 噪声图像分布可以视为 $f(x) = g_i \eta(x)$. 因此在像素点 x 处噪声图像方差为 $\mathrm{Var}[f] = g_i^2 \cdot \mathrm{Var}[\eta] = g_i^2 \sigma^2$, 其中 $\mathrm{Var}[\eta]$ 为噪声样本方差, 注意到所有像素点噪声的方差都为 σ^2, 而噪声图像 f 的方差主要依赖于灰度值. 灰度值越大, 噪声影响越大, 反之, 噪声影响越小. 特别地, 当 $u = 0$ 时, $f = u$, 这时 f 不含有噪声, 也就是说, 在同一乘性噪声水平下, 噪声图像直接受图像灰度的影响, 而且灰度值大的地方噪声影响显著, 而灰度值小的地方噪声影响不显著. 这一现象显示在图 4.2.1 中, 其中相干斑噪声的均值为 1, 方差的倒数为 $L = 5$, 可以看出尽管所有点处噪声满足独立同分布, 见图 4.2.1(b), 但是原始信号由于信号值的不同而受到了不同程度的影响 (图 4.2.1(d)). 在文献 [90] 中, Strong 和 Chan 提出了如下自适应全变差模型:

$$\min \int_\Omega g(x) |\nabla u| \mathrm{d}x$$

其中 $g(x)$ 控制不同区域的扩散速度. 利用这种思想, 本节首先构造灰度探测函数 $\alpha(x)$, 该函数需要满足如下性质: $\alpha(x)$ 单调递增, $\alpha(0) = 0$, $\alpha(s) \geqslant 0$, 并且当 $s \to$

$\sup\limits_{x\in\Omega} u$ 时, $\alpha(s) \to 1$. 满足这些条件的灰度探测器 $\alpha(x)$ 可以有如下形式:

$$\alpha(x) = \left(1 - \frac{1}{1 + k|G_\sigma * f|^2}\right)\frac{1 + kM^2}{kM^2} \tag{4.2.8}$$

或

$$\alpha(x) = \frac{G_\sigma * f}{M} \tag{4.2.9}$$

其中 $M = \sup(G_\sigma * f)(x)$, $G_\sigma(x) = \dfrac{1}{4\pi\sigma}\exp\left(-\dfrac{|x|^2}{4\sigma^2}\right)$, $\sigma > 0, k > 0$. 在这种选择下, $\alpha(x)$ 是一个正值连续函数, $\alpha(x)$ 在图像灰度值小的地方, 函数值很小 $(\alpha(x) \to 0)$; 在图像灰度值大的地方, 函数值比较大 $(\alpha(x) \to 1)$. 这样, 灰度值很小的地方, 图像噪声水平低 (图 4.2.1 (d)), 利用新构造的灰度探测函数 (4.2.8) 或 (4.2.9), 由于 $\alpha(x) \to 0$, 图像细节会光滑得很慢, 从而得到保持; 灰度值很大的地方, 图像噪声水平高 (图 4.2.1 (d)), 同样利用新构造的灰度探测函数 (4.2.8) 或 (4.2.9), 由于 $\alpha(x) \to 1$, 图像会光滑得很快, 图像中的噪声会得到很大的抑制.

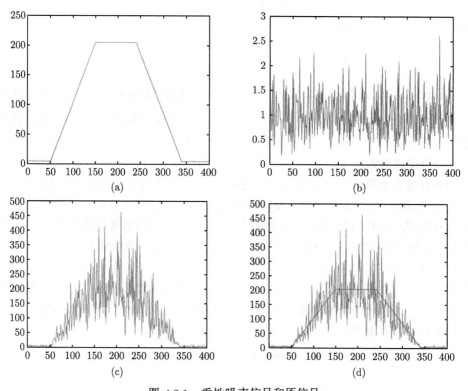

图 4.2.1　乘性噪声信号和原信号

(a) 无噪声信号; (b) 相干斑信号; (c) 噪声信号; (d) 噪声/原信号

通过前面的分析, 我们得到如下自适应全变差乘性去噪模型:

$$\min_{u \in \mathrm{BV}(\Omega)} \int_{\Omega} \alpha(x) |Du| + \lambda \int_{\Omega} \left(u + f \log \frac{1}{u} \right) \mathrm{d}x \tag{4.2.10}$$

4.2.3 模型分析

接下来分析模型的性质, 主要包括最小化问题解的存在性、唯一性和比较原理. 进而寻找其对应演化方程的弱解, 我们称之为伪解. 通过构造演化方程的近似方程, 并对其进行估计, 得到伪解的存在性和唯一性, 然后讨论解的渐近性, 即 $t \to \infty$ 时的情形.

1. 最小化问题

这一小节将论证最小化问题 (4.2.10) 解的存在唯一性, 并且进一步建立解的比较原理.

1) 预备知识

若 $f \in L^{\infty}(\Omega)$, 并且 $0 < \inf\limits_{x \in \Omega} f \leqslant f \leqslant \sup\limits_{x \in \Omega} f$, 则

$$0 < \alpha \left(\inf_{x \in \Omega} f \right) \leqslant \alpha(x) \leqslant 1, \qquad x \in \Omega \tag{4.2.11}$$

这里假设 Ω 是 $\mathbb{R}^n$ 中具有利普希茨边界的有界区域. 按照文献 [60] 所述, 我们引入如下 α-全变差.

定义 4.2.1 称函数 $u \in L^1(\Omega)$ 在区域 Ω 上具有有界的 α-全变差, 如果

$$\sup_{\phi \in \Phi_\alpha} \int_{\Omega} f \mathrm{div}(\phi) \mathrm{d}x < \infty$$

其中

$$\Phi_\alpha = \left\{ \phi \in C_0^1(\Omega, R^n), |\phi| \leqslant \alpha \right\}$$

注 4.2.2[60] (1) 如果函数 $u \in L^1(\Omega)$ 在 Ω 上具有有界的 α-全变差, 则在区域 Ω 上存在一个 Radon 向量测度 Du, 使得

$$\int_{\Omega} \alpha |Du| =: \sup_{\phi \in \Phi_\alpha} \int_{\Omega} f \mathrm{div} \phi \mathrm{d}x$$

(2) 由 (4.2.11) 可知, 如果函数 $u \in L^1(\Omega)$ 在 Ω 上具有有界的 α-全变差, 则 $u \in \mathrm{BV}(\Omega)$.

关于 α-全变差的性质等内容, 读者可在文献 [60] 中查阅.

引理 4.2.1 假设 $\{u_k\}_{k=1}^{\infty} \subset \mathrm{BV}(\Omega)$, 并且在 $L^1(\Omega)$ 中有 $u_k \to u$, 则 $u \in \mathrm{BV}(\Omega)$ 并且 $\int_{\Omega} \alpha |Du| \leqslant \liminf\limits_{k \to \infty} \int_{\Omega} \alpha |Du_k|$.

引理 4.2.2   假设 $u \in \mathrm{BV}(\Omega)$, 则存在函数列 $\{u_j\}_{j=1}^{\infty} \in H^1(\Omega)$, 使得在 $L^1(\Omega)$ 上 $\{u_j\}$ 强收敛于 u, 并且

$$\int_{\Omega} \alpha |Du_j| \to \int_{\Omega} \alpha |Du|$$

基于参考文献 [94] 中 4.3 节引理 1 的证明, 有如下引理.

引理 4.2.3   令 $u \in \mathrm{BV}(\Omega)$, $\phi_{a,b}$ 是截断函数, 其定义如下:

$$\phi_{a,b}(x) = \begin{cases} a, & x \leqslant a \\ x, & a \leqslant x \leqslant b \\ b, & x \geqslant b \end{cases}$$

则 $D\phi_{a,b}(u) \in \mathrm{BV}(\Omega)$, 并且有

$$\int_{\Omega} \alpha |D\phi_{a,b}(u)| \leqslant \int_{\Omega} \alpha |\nabla u|$$

2) 解的存在唯一性

下面将证明在 $\mathrm{BV}(\Omega)$ 空间中最小化问题 (4.2.10) 解的存在唯一性.

定理 4.2.1   令 $f \in L^{\infty}(\Omega)$, $\inf\limits_{x \in \Omega} f > 0$, 则最小化问题 (4.2.10) 存在唯一解 $u \in \mathrm{BV}(\Omega)$, 使得

$$0 < \inf_{x \in \Omega} f \leqslant u \leqslant \sup_{x \in \Omega} f \tag{4.2.12}$$

证明   记 (4.2.10) 中的能量泛函如下:

$$E(u) = \int_{\Omega} \alpha(x) |Du| + \lambda \int_{\Omega} \left(u + f \log \frac{1}{u} \right) \mathrm{d}x \tag{4.2.13}$$

由注 4.2.1 (1) 可知

$$E(u) \geqslant \lambda \int_{\Omega} \left(f + f \log \frac{1}{f} \right) \mathrm{d}x$$

这说明当 $u \in \mathrm{BV}(\Omega)$, $u > 0$ 时, $E(u) > 0$ 有下界, 因此问题 (4.2.10) 存在极小化序列 $\{u_n\} \in \mathrm{BV}(\Omega)$.

步骤 1: 记 $a = \inf\limits_{x \in \Omega} f$, $b = \sup\limits_{x \in \Omega} f$. 可以证明 $0 < a \leqslant u_n \leqslant b$. 事实上, 当 $s \in (0, f)$ 时, $h(s)$ 是递增的; 当 $s \in (f, \infty)$ 时, $h(s)$ 是递减的. 因此, 若 $M \geqslant f$, 有

$$\log(\min\{s, M\}) + \frac{f}{\min\{s, M\}} \leqslant \log s + \frac{f}{s}$$

由此, 当 $M = b = \sup\limits_{x \in \Omega} f$ 时, 有

$$\int_{\Omega} \left(\log(\inf(u, M)) + \frac{f}{\inf(u, M)} \right) \mathrm{d}x \leqslant \int_{\Omega} \left(\log u + \frac{f}{u} \right) \mathrm{d}x \tag{4.2.14}$$

进一步地, 利用引理 4.2.3, 有

$$\int_\Omega \alpha \left| D\left(\inf\left(u, b\right)\right)\right| \leqslant \int_\Omega \alpha \left| Du\right| \tag{4.2.15}$$

结合式 (4.2.14) 和式 (4.2.15) 可以得到

$$E\left(\inf\left(u, b\right)\right) \leqslant E\left(u\right)$$

另外, 用同样的方法可以证明 $E\left(\sup\left(u, a\right)\right) \leqslant E\left(u\right)$. 因此, 我们不需要加其他限制条件, 可以假设 $a \leqslant u_n \leqslant b$.

步骤 2: 下面证明存在函数 $u \in \mathrm{BV}\left(\Omega\right)$ 使得

$$E\left(u\right) = \min_{v \in \mathrm{BV}\left(\Omega\right)} E\left(v\right)$$

成立. 实际上, 步骤 1 的证明蕴含了 u_n 在 $L^1\left(\Omega\right)$ 中有界. 因为 $a \leqslant u_n \leqslant b$, 并且 $h\left(s\right) \in C\left[a, b\right]$, $h\left(u_n\right)$ 是有界的. 进一步, $\{u_n\}$ 是极小化序列, 存在常数 C 使得

$$\int_\Omega \alpha \left| Du_n\right| + \int_\Omega h\left(u_n\right)\mathrm{d}x \leqslant C \tag{4.2.16}$$

成立. 从而有

$$\int_\Omega \alpha \left| Du_n\right| \leqslant C$$

由此便知 $\{u_n\}_{n=1}^\infty$ 在 $\mathrm{BV}(\Omega)$ 中有界, 因此存在函数 $u \in \mathrm{BV}\left(\Omega\right)$ 和 $\{u_n\}_{n=1}^\infty$ 的子列, 不妨记为其自身, 使得当 $n \to \infty$ 时, u_n 在 $\mathrm{BV}(\Omega)$ 上弱收敛于 u, 在 $L'(\Omega)$ 上强收敛于 u, $a \leqslant u \leqslant b$. 利用引理 4.2.1 和 Fatou 引理可知 u 是问题 (4.2.10) 的一个解. 最后, 由注 4.2.1 (2) 可知, 当 $f > 0$ 时, h 是严格凸的, 从而可以得出问题 (4.2.10) 最小值点的唯一性.

3) 比较原理

下面建立问题 (4.2.10) 的比较原理.

命题 4.2.1 令 $f_1, f_2 \in L^\infty\left(\Omega\right)$ 满足 $\inf\limits_{x \in \Omega} f_1, \inf\limits_{x \in \Omega} f_2 > 0$, $f_1 < f_2$. 假设 u_1 和 u_2 分别是 $f = f_1$, 和 $f = f_2$ 时问题 (4.2.10) 的解, 则在 Ω 上几乎处处成立 $u_1 \leqslant u_2$.

证明 记 $u \vee v = \sup\left(u, v\right)$, $u \wedge v = \inf\left(u, v\right)$. 由定理 4.2.1 知, 存在 u_1 和 u_2 为问题 (4.2.10) 对应 f_1 和 f_2 的解. 由于 u_i 是最小值点, 从而

$$\int_\Omega \alpha \left| D\left(u_1 \wedge u_2\right)\right| + \lambda \int_\Omega \left(u_1 \wedge u_2 + f_1 \log\frac{1}{u_1 \wedge u_2}\right)\mathrm{d}x$$

$$\geqslant \int_\Omega \alpha\left(x\right)\left| Du_1\right| + \lambda \int_\Omega \left(u_1 + f_1 \log\frac{1}{u_1}\right)\mathrm{d}x \tag{4.2.17}$$

且

$$
\int_\Omega \alpha \left| D\left(u_1 \vee u_2\right) \right| + \lambda \int_\Omega \left(u_1 \vee u_2 + f_1 \log \frac{1}{u_1 \vee u_2} \right) \mathrm{d}x
$$

$$
\geqslant \int_\Omega \alpha\left(x\right) \left| Du_2 \right| + \lambda \int_\Omega \left(u_2 + f_2 \log \frac{1}{u_2} \right) \mathrm{d}x \tag{4.2.18}
$$

另外, 根据文献 [95, 96] 中的结论, 用类似的方法可以证明如下结论:

$$
\int_\Omega \alpha \left| D\left(u_1 \wedge u_2\right) \right| + \int_\Omega \alpha \left| D\left(u_1 \vee u_2\right) \right| \leqslant \int_\Omega \alpha \left| aDu_1 \right| + \int_\Omega \alpha \left| aDu_2 \right|
$$

结合上面三个不等式可以得到

$$
\int_\Omega \left(u_1 \wedge u_2 - u_1\right)\mathrm{d}x + \int_\Omega f_1 \left(\log \frac{1}{u_1 \wedge u_2} - \log \frac{1}{u_1} \right) \mathrm{d}x
$$

$$
+ \int_\Omega \left(u_1 \vee u_2 - u_2\right)\mathrm{d}x + \int_\Omega f_2 \left(\log \frac{1}{u_1 \vee u_2} - \log \frac{1}{u_2} \right) \mathrm{d}x \geqslant 0 \tag{4.2.19}
$$

由于 $\Omega = \{u_1 > u_2\} \bigcup \{u_1 \leqslant u_2\}$, 从而有

$$
\int_{\{u_1 > u_2\}} \left(\log u_1 - \log u_2\right)\left(f_1 - f_2\right)\mathrm{d}x \geqslant 0 \tag{4.2.20}
$$

由于 $f_1 < f_2$, 这说明集合 $\{u_1 > u_2\}$ 是 Lebesgue 零测度集, 即 $u_1 \leqslant u_2$ 在 Ω 上几乎处处成立.

　　以上定理及命题说明了最小化问题 (4.2.10) 解的存在唯一性和比较原理. 定理 4.2.1 和比较原理说明最小值点的取值范围不超过 f 的值域, 而本节中函数 f 代表噪声图像, 函数 u 代表修复后的图像, 这也说明了模型的合理性. 下面我们从扩散方程的角度对该模型进行深入讨论.

　　2. 变分相关演化方程

　　能量泛函 (4.2.10) 对应的欧拉–拉格朗日方程为

$$
\mathrm{div}\left(\alpha(x) \frac{\nabla u}{|\nabla u|} \right) = \lambda \left(1 - \frac{f}{u} \right), \quad x \in \Omega
$$

$$
\frac{\partial u}{\partial \boldsymbol{n}} = 0, \quad x \in \partial\Omega
$$

其演化形式如下:

$$
\frac{\partial u}{\partial t} = \mathrm{div}\left(\alpha(x) \frac{\nabla u}{|\nabla u|} \right) - \lambda \left(1 - \frac{f}{u} \right), \quad (x,t) \in \Omega \times (0, T) \tag{4.2.21}
$$

$$
\frac{\partial u}{\partial \boldsymbol{n}} = 0, \quad (x,t) \in \partial\Omega \times (0, T) \tag{4.2.22}
$$

$$u(0, x) = f(x), \quad x \in \Omega \tag{4.2.23}$$

显然, 上述演化方程是具有奇性的非线性扩散方程. 本节首先利用文献 [60] 和 [46] 中的想法定义演化方程 (4.2.21)~(4.2.23) 的弱解, 我们称之为伪解. 然后, 通过构造演化方程的近似方程, 并对其进行估计, 得到了伪解的存在性和唯一性, 然后讨论解的渐近性, 即 $t \to \infty$ 时的情形.

1) 伪解定义

记 $\Omega_T = \Omega \times [0, T)$, $0 < T \leqslant \infty$. 假设 $v \in L^2(0, T; H^1(\Omega)) \bigcap L^\infty(Q_T)$, $v > 0$, $\dfrac{\partial v}{\partial \boldsymbol{n}} = 0$, 令 u 是方程 (4.2.21)~(4.2.23) 的古典解且 $u > 0$. 在 (4.2.21) 的两端同乘 $(v - u)$, 并在 Ω 上积分得

$$\int_\Omega \partial_t u(v - u)\mathrm{d}x + \int_\Omega \alpha(x)\frac{\nabla u}{|\nabla u|}\nabla(v - u)\mathrm{d}x + \lambda \int_\Omega \frac{u - f}{u}(v - u)\mathrm{d}x = 0$$

由于

$$\int_\Omega \alpha(x)\frac{\nabla u}{|\nabla u|}\nabla(v - u)\mathrm{d}x = \int_\Omega \alpha(x)\frac{\nabla u}{|\nabla u|}\nabla(v)\mathrm{d}x - \int_\Omega \alpha(x)|\nabla u|\mathrm{d}x$$

$$\leqslant \int_\Omega \alpha(x)|\nabla v|\mathrm{d}x - \int_\Omega \alpha(x)|\nabla u|\mathrm{d}x$$

并利用拉格朗日中值定理

$$\int_\Omega \left(v + f\log\frac{1}{v}\right)\mathrm{d}x - \int_\Omega \left(u + f\log\frac{1}{u}\right)\mathrm{d}x = \int_\Omega (v - u)\mathrm{d}x - \int_\Omega \frac{f}{\xi}(v - u)\mathrm{d}x$$

$$\geqslant \int_\Omega (v - u)\mathrm{d}x - \int_\Omega \frac{f}{u}(v - u)\mathrm{d}x$$

由于 $v \geqslant \xi \geqslant u > 0$ 或 $u \geqslant \xi \geqslant v > 0$, 因此有

$$\int_\Omega \partial_t u(v - u)\mathrm{d}x\mathrm{d}s + E(v) \geqslant E(u)$$

在 $[0, t]$ 上对时间变量积分, 则有

$$\int_0^t \int_\Omega \partial_s u(v - u)\mathrm{d}x\mathrm{d}s + \int_0^t E(v)\mathrm{d}s \geqslant \int_0^t E(u)\mathrm{d}s \tag{4.2.24}$$

另外, 在 (4.2.24) 中, 令 $v = u + \varepsilon\phi$, 其中 $\phi \in C^\infty(\bar{\Omega})$, $\dfrac{\partial\phi}{\partial \boldsymbol{n}} = 0$, $\phi > 0$, 则左端在 $\varepsilon = 0$ 时有最小值. 进一步地, 如果 $u \in L^2(0, T; \mathrm{BV}\bigcap L^2(\Omega)\bigcap L^\infty(Q_T))$, $u > 0$ 满足 (4.2.24) 且 $\dfrac{\partial u}{\partial \boldsymbol{n}} = 0$, u 是问题 (4.2.21)~(4.2.23) 的弱解. 因此类似于文献 [60, 46,

97, 98] 中的想法给出如下定义.

定义 4.2.2　称函数 $u \in L^2(0,T; \mathrm{BV} \bigcap L^2(\Omega) \bigcap L^\infty(Q_T))$ 为方程 (4.2.21)～

(4.2.23) 的伪解, 如果 $\dfrac{\partial u}{\partial t} \in L^2(Q_T)$, $\dfrac{\partial u}{\partial \boldsymbol{n}} = 0$, $u > 0$, 且对任意的 $t \in [0,T]$,

$v \in L^2(0,T; \mathrm{BV} \bigcap L^2(\Omega) \bigcap L^\infty(Q_T))$, $\dfrac{\partial v}{\partial \boldsymbol{n}} = 0$, $v > 0$, u 满足不等式 (4.2.24), 此外有

$$\lim_{t \to 0^+} \int_\Omega |u(x,t) - f(x)|^2 \mathrm{d}x = 0 \qquad (4.2.25)$$

成立.

2) 正则化逼近问题

下面我们考虑如下逼近问题:

$$\frac{\partial u_{p,\delta}}{\partial t} - \mathrm{div}(\alpha|\nabla u_{p,\delta}|^{p-2}\nabla u_{p,\delta}) + \lambda \frac{u_{p,\delta} - f_\delta}{u_{p,\delta}} = 0, \quad (x,t) \in \Omega \times \mathbb{R}^+ \qquad (4.2.26)$$

$$\frac{\partial u_{p,\delta}}{\partial \boldsymbol{n}} = 0, \quad (x,t) \in \partial\Omega \times \mathbb{R}^+ \qquad (4.2.27)$$

$$u_{p,\delta}(x,0) = f_\delta(x), \quad x \in \Omega \qquad (4.2.28)$$

其中 $1 < p \leqslant 2$, $f_\delta(x) \in H^1(\Omega) \bigcap L^\infty(\Omega)$ 使得 $\delta \to 0$ 时

$$f_\delta \to f 在 L^2(\Omega) 上强收敛, \quad \int_\Omega \alpha|Df_\delta| \to \int_\Omega \alpha|Df| \qquad (4.2.29)$$

$$0 \leqslant \inf_{x \in \Omega} f \leqslant f_\delta \leqslant \sup_{x \in \Omega} f \qquad (4.2.30)$$

由引理 4.2.2 知满足上述性质的 f_δ 存在.

记问题 (4.2.26)～(4.2.28) 的相应能量泛函为

$$E_p(u) = \frac{1}{p} \int_\Omega \alpha(x)|\nabla u|^p \mathrm{d}x + \lambda \int_\Omega \left(u + f \log \frac{1}{u}\right) \mathrm{d}x \qquad (4.2.31)$$

联合定理 4.2.1 的证明和文献 [60] 中定理 4.2.4 的证明, 有如下引理.

引理 4.2.4　令 $f_\delta \in L^\infty(\Omega)$ 满足 $\inf\limits_{x \in \Omega} f_\delta > 0$, 则问题

$$\min_{u \in W_+^{1,p} \bigcap L^\infty(\Omega)} E_p(u)$$

存在唯一的解且满足

$$0 \leqslant \inf_{x \in \Omega} f \leqslant u \leqslant \sup_{x \in \Omega} f \qquad (4.2.32)$$

其中 $W_+^{1,p}(\Omega) = \{u > 0, u \in W^{1,p}(\Omega)\}$.

由此, 有如下关于问题 (4.2.26)～(4.2.28) 解的存在性和唯一性结果.

定理 4.2.2 令 $f_\delta \in L^\infty(\Omega)$, $\inf\limits_{x \in \Omega} f > 0$ 且 $\sup\limits_{x \in \Omega} f \leqslant 1$, 则问题 (4.2.26)~(4.2.28) 存在唯一的伪解 $u_{p,\delta} \in L^\infty(\mathbb{R}^+; W^{1,p}(\Omega) \bigcap L^2(\Omega))$, $\partial_t u_{p,\delta} \in L^2(Q_\infty)$. 也就是说, 对任意的 $t \in [0,T]$ 和任意的 $v \in L^2(0,T; H^1(\Omega))$, $\dfrac{\partial v}{\partial \boldsymbol{n}} = 0$, $v > 0$, 有

$$\int_0^t \int_\Omega \partial_s u_{p,\delta}(v - u) \mathrm{d}x \mathrm{d}s + \int_0^t E_p(v) \mathrm{d}s \geqslant \int_0^t E_p(u_{p,\delta}) \mathrm{d}s$$

成立. 进一步有

$$0 \leqslant \inf_{x \in \Omega} f \leqslant u \leqslant \sup_{x \in \Omega} f \tag{4.2.33}$$

且对任意的 $T > 0$ 有

$$\int_0^T \int_\Omega |\partial_t u_{p,\delta}|^2 \mathrm{d}x \mathrm{d}t + \sup_{t \in [0,T]} \left\{ \frac{1}{p} \int_\Omega \alpha |\nabla u_{p,\delta}|^2 \mathrm{d}x + \lambda \int_\Omega \left(u_{p,\delta} + f_\delta \log \frac{1}{u_{p,\delta}} \right) \mathrm{d}x \right\}$$
$$\leqslant \frac{1}{p} \int_\Omega \alpha |f_\delta|^p \mathrm{d}x - \int_\Omega \left(f_\delta + f_\delta \log \frac{1}{f_\delta} \right) \mathrm{d}x \tag{4.2.34}$$

成立.

证明 固定 $k = \inf\limits_{x \in \Omega} f_\delta > 0$, 并定义如下函数:

$$[u]_k = \max\{u, k\} =: \begin{cases} u, & u \geqslant k \\ k, & u < k \end{cases}$$

考虑如下辅助问题:

$$\frac{\partial u_{p,\delta}}{\partial t} - \operatorname{div}(\alpha |\nabla u_{p,\delta}|^{p-2} \nabla u_{p,\delta}) + \lambda \frac{u_{p,\delta} - f_\delta}{u_{p,\delta}} = 0, \quad (x,t) \in \Omega \times \mathbb{R}^+ \tag{4.2.35}$$

$$\frac{\partial u_{p,\delta}}{\partial \boldsymbol{n}} = 0, \quad (x,t) \in \partial\Omega \times \mathbb{R}^+ \tag{4.2.36}$$

$$u_{p,\delta}(x,0) = f_\delta(x), \quad x \in \Omega \tag{4.2.37}$$

由于 p-Laplace 算子是最大单调算子, 利用 Galerkin 方法和 Lebesgue 控制收敛定理以及文献 [99] 中关于椭圆方程的标准结果, 可以证明问题 (4.2.35)~(4.2.37) 存在唯一弱解 $u_{p,\delta}$, 使得下式成立:

$$u_{p,\delta} \in L^\infty(\mathbb{R}^+; W^{1,p}(\Omega) \bigcap L^2(\Omega)), \partial_t u_{p,\delta} \in L^2(Q_\infty)$$

接下来, 证明截断函数 $[\cdot]_k$ 在问题 (4.2.35)~(4.2.37) 中可以去掉, 在方程 (4.2.35) 的两端乘以 $(u_{p,\delta} - k)_-$ 并在 Ω 上积分得

$$\frac{1}{2} \frac{\mathrm{d}}{\mathrm{d}t} \int_\Omega (u_{p,\delta} - k)_-^2 \mathrm{d}x + \int_\Omega \alpha |\nabla(u_{p,\delta} - k)_-|^p \mathrm{d}x + \int_\Omega \frac{(u_{p,\delta} - f_\delta)(u_{p,\delta} - k)}{[u]_k} \mathrm{d}x = 0$$

则

$$\frac{1}{2}\frac{\mathrm{d}}{\mathrm{d}t}\int_{\Omega}(u_{p,\delta}-k)^2_-\,\mathrm{d}x \leqslant 0$$

因此 $\dfrac{1}{2}\dfrac{\mathrm{d}}{\mathrm{d}t}\displaystyle\int_{\Omega}(u_{p,\delta}-k)^2_-\,\mathrm{d}x$ 关于 t 递减. 由于

$$\frac{1}{2}\frac{\mathrm{d}}{\mathrm{d}t}\int_{\Omega}(u_{p,\delta}-k)^2_-\,\mathrm{d}x \geqslant 0$$

$$\frac{1}{2}\frac{\mathrm{d}}{\mathrm{d}t}\int_{\Omega}(u_{p,\delta}-k)^2_-\,\mathrm{d}x\bigg|_{t=0} = 0$$

则对任意的 $t \in [0,T]$,

$$\frac{1}{2}\frac{\mathrm{d}}{\mathrm{d}t}\int_{\Omega}(u_{p,\delta}-k)^2_-\,\mathrm{d}x = 0$$

成立, 所以 $u(t) \geqslant k = \inf\limits_{x \in \Omega} f_\delta > 0$, 对几乎处处的 $x \in \Omega$ 和任意的 $t > 0$ 成立, 则 $u_{p,\delta}$ 也是问题 (4.2.26)~(4.2.28) 的解, 固定 $K = \sup\limits_{x \in \Omega} f_\delta$, 在 (4.2.26) 两端同乘 $(u - K)_+$, 类似地有 $u(t) \leqslant K = \sup\limits_{x \in \Omega} f_\delta$, 对于任意的 t 成立, 也就是说 (4.2.33) 成立.

进一步, 在 (4.2.26) 两端同乘 $\partial_t u_{p,\delta}$ 并在 Ω_t 上积分得

$$\int_0^t \int_{\Omega} |\partial_t u_{p,\delta}|^2 \mathrm{d}x\mathrm{d}t + \frac{1}{p}\int_0^t \partial_s\left(\int_{\Omega}\alpha|\nabla u_{p,\delta}|^2\mathrm{d}x\right)\mathrm{d}s$$
$$+ \lambda\int_0^t \partial_s\left(\int_{\Omega}u_{p,\delta}+f_\delta\log\frac{1}{u_{p,\delta}}\mathrm{d}x\right)\mathrm{d}s = 0$$

对任意的 $t \in [0,T]$ 成立, 即式 (4.2.34) 成立.

最后论证上述弱解为问题 (4.2.26)~(4.2.28) 的伪解. 假设 $v \in L^2(0,T;H^1(\Omega))$, $\dfrac{\partial v}{\partial \boldsymbol{n}} = 0$, $v > 0$, 在方程 (4.2.26) 的两端同乘 $v - u_{p,\delta}$, 并在 Ω_T 上积分可得

$$\int_0^T \int_{\Omega} \partial_t u_{p,\delta}(v - u_{p,\delta})\mathrm{d}x\mathrm{d}t + \int_0^T \int_{\Omega} \alpha|\nabla u_{p,\delta}|^{p-2}\nabla u_{p,\delta}(\nabla v - \nabla u_{p,\delta})\mathrm{d}x\mathrm{d}t$$
$$+ \lambda\int_0^T \int_{\Omega} \frac{(u_{p,\delta} - f_\delta)(v - u_{p,\delta})}{u_{p,\delta}}\mathrm{d}x\mathrm{d}t = 0 \tag{4.2.38}$$

利用 Young 不等式且令 $\varepsilon = |\nabla u_{p,\delta}|^{2-p}$, 考虑上述等式 (4.2.38) 左边第二项, 有

$$|\nabla u_{p,\delta}|^{p-2}\nabla u_{p,\delta}\nabla v - |\nabla u_{p,\delta}|^p \leqslant \frac{|\nabla v|^p}{p} + \frac{|\nabla u_{p,\delta}|^p}{p}$$

利用拉格朗日中值定理, 对于 $v \geqslant \xi \geqslant u_{p,\delta} > 0$ 或 $u_{p,\delta} \geqslant \xi \geqslant v > 0$, 有

$$
\int_\Omega \left(v + f_\delta \log \frac{1}{v} \right) \mathrm{d}x - \int_\Omega \left(u_{p,\delta} + f_\delta \log \frac{1}{u_{p,\delta}} \right) \mathrm{d}x
$$

$$
= \int_\Omega (v - u_{p,\delta}) \mathrm{d}x - \int_\Omega \frac{f_\delta}{\xi} (v - u_{p,\delta}) \mathrm{d}x
$$

$$
\geqslant \int_\Omega (v - u_{p,\delta}) \mathrm{d}x - \int_\Omega \frac{f_\delta}{u_{p,\delta}} (v - u_{p,\delta}) \mathrm{d}x
$$

则对于 (4.2.38), 有如下结论:

$$
\int_0^T \int_\Omega \partial_t u_{p,\delta}(v - u_{p,\delta}) \mathrm{d}x \mathrm{d}t + \frac{1}{p} \int_0^T \int_\Omega \alpha |\nabla v|^p \mathrm{d}x \mathrm{d}t + \lambda \int_0^T \int_\Omega \left(v + f_\delta \log \frac{1}{v} \right) \mathrm{d}x \mathrm{d}t
$$

$$
\geqslant \frac{1}{p} \int_0^T \int_\Omega \alpha |\nabla u_{p,\delta}|^p \mathrm{d}x \mathrm{d}t + \lambda \int_0^T \int_\Omega \left(u_{p,\delta} + f_\delta \log \frac{1}{u_{p,\delta}} \right) \mathrm{d}x \mathrm{d}t
$$

故

$$
\int_0^t \int_\Omega \partial_s u_{p,\delta}(v - u) \mathrm{d}x \mathrm{d}s + \int_0^t E_p(v) \mathrm{d}s \geqslant \int_0^t E_p(u_{p,\delta}) \mathrm{d}s
$$

对于任意的 $t \in [0, T]$ 成立. 由此可知 $u_{p,\delta}$ 是问题 (4.2.26)~(4.2.28) 的一个伪解. 由问题 (4.2.26)~(4.2.28) 弱解的唯一性可以推导出伪解的唯一性.

3) 伪解的存在性和唯一性

下面证明问题 (4.2.21)~(4.2.23) 解的存在性和唯一性.

定理 4.2.3 假设 $f \in \mathrm{BV}(\Omega) \bigcap L^\infty(\Omega)$, $\inf\limits_{x \in \Omega} f > 0$ 且 $\sup\limits_{x \in \Omega} f \leqslant 1$, 则问题 (4.2.21)~(4.2.23) 存在唯一的伪解 $u \in L^\infty(\mathbb{R}^+; \mathrm{BV}(\Omega) \bigcap L^\infty(\Omega))$, 满足

$$
0 \leqslant \inf_{x \in \Omega} f \leqslant u \leqslant \sup_{x \in \Omega} f
$$

$$
\int_0^\infty \int_\Omega |\partial_t u|^2 \mathrm{d}x \mathrm{d}t + \sup_{t \in [0, \infty)} \left\{ \int_\Omega \alpha |Du|^2 \mathrm{d}x + \lambda \int_\Omega \left(u + f \log \frac{1}{u} \right) \mathrm{d}x \right\}
$$

$$
\leqslant \int_\Omega \alpha |Df|^p + \lambda \int_\Omega \left(f + f \log \frac{1}{f} \right) \mathrm{d}x \tag{4.2.39}
$$

证明 步骤 1: 首先固定 $\delta > 0$ 并令 $p \to 1$.

设 $u_{p,\delta}$ 为 (4.2.26)~(4.2.28) 的伪解, 由 (4.2.33)~(4.2.34) 可知, 对于固定的 $\delta > 0$, $u_{p,\delta}$ 在 $L^\infty(\mathbb{R}^+; \mathrm{BV}(\Omega) \bigcap L^\infty(\Omega))$ 中一致有界, 并且 $\partial_t u_{p,\delta}$ 在 $L^2(Q_\infty)$ 中一致有界, 即

$$
\|u_{p,\delta}\|_{L^\infty(Q_\infty)} + \|u_{p,\delta}\|_{L^\infty(\mathbb{R}^+, \mathrm{BV}(\Omega))} \leqslant C \tag{4.2.40}
$$

$$||\partial_t u_{p,\delta}||_{L^2(Q_\infty)} \leqslant C \tag{4.2.41}$$

由此可知, 存在函数列 $\{u_{p_j,\delta}\}$ 和函数 $u_\delta \in L^\infty(\mathbb{R}^+; \mathrm{BV} \bigcap L^\infty(\Omega))$, 使得当 $p_j \to 1$ 时, 有如下结论成立:

$$\partial_t u_{p_j,\delta} \to \partial_t u_\delta \ \text{在} \ L^2(Q_\infty) \ \text{上弱收敛} \tag{4.2.42}$$

$$u_{p_j,\delta} \to u_\delta \ \text{在} \ L^\infty(Q_\infty) \ \text{上弱收敛且} \ 0 \leqslant \inf_{x\in\Omega} f_\delta \leqslant u_\delta \leqslant \sup_{x\in\Omega} f_\delta \tag{4.2.43}$$

$$\text{任意} \ t \in [0,\infty), u_{p_j,\delta} \to u_\delta \ \text{在} \ L^1(\Omega) \ \text{上强收敛} \tag{4.2.44}$$

$$u_{p_j,\delta} \to u_\delta \ \text{在} \ L^2(\Omega) \ \text{上强收敛且关于} \ t \ \text{一致收敛} \tag{4.2.45}$$

$$\lim_{t\to 0^+} \int_\Omega |u_{p_j,\delta}(x,t) - f_\delta(x)|^2 \mathrm{d}x = 0 \tag{4.2.46}$$

事实上, 由 (4.2.40)~(4.2.41), 存在函数列 $\{u_{p_j,\delta}\}$ 和函数 $u_\delta \in L^\infty(Q_\infty)$ 且 $\partial_t u_\delta \in L^2(Q_\infty)$ 使得 (4.2.42) 和 (4.2.43) 成立.

注意到对于任意的 $\phi \in L^2(\Omega)$, 当 $j \to \infty$ 时,

$$\int_\Omega (u_{p_j,\delta}(x,t) - f_\delta(x))\phi(x)\mathrm{d}x = \iint_{Q_t} \partial_s u_{p_j,\delta}(x,s) 1_{[0,t]}(s)\phi(x)\mathrm{d}x\mathrm{d}s$$

$$\to \iint_{Q_t} \partial_s u_\delta(x,s) 1_{[0,t]}(s)\phi(x)\mathrm{d}x\mathrm{d}s = \int_\Omega (u_\delta(x,t) - f_\delta(x))\phi(x)\mathrm{d}x$$

这表明对任意的 t,

$$u_{p_j,\delta} \to u_\delta \ \text{在} \ L^2(\Omega) \ \text{上弱收敛} \tag{4.2.47}$$

对于任意的 $t \in [0,\infty)$, 由 (4.2.33) 和 (4.2.34) 可知 $u_{p_j,\delta}(\cdot,t)$ 在 $W^{1,1}(\Omega)$ 中为有界序列. 进一步, 结合 (4.2.47), 对于任意的 t, 当 $p_j \to 1$ 时,

$$u_{p_j,\delta} \to u_\delta \ \text{在} \ L^1(\Omega) \ \text{上强收敛} \tag{4.2.48}$$

故有 (4.2.44) 成立.

由于

$$||u_{p_j,\delta}(\cdot,t) \to u_{p_j,\delta}(\cdot,t')||_{L^2(\Omega)} \leqslant |t-t'| \iint_{Q_T} (\partial_t u_{p_j,\delta})^2 \mathrm{d}x\mathrm{d}t \tag{4.2.49}$$

因此 (4.2.46) 也成立.

为了得到 (4.2.45), 由 (4.2.49) 可知 $t \to u_{p_j,\delta}(\cdot,t) \in L^2(\Omega)$ 是等度连续的, 并且由 (4.2.43) 和 (4.2.48) 可知, 对于任意的 $t \in [0,\infty)$, $u_{p_j,\delta} \to u_\delta$ 在 $L^2(\Omega)$ 上强收敛, 从而 (4.2.45) 成立.

由 (4.2.34) 和 (4.2.42) 可得到 $u_\delta \in L^\infty(\mathbb{R}^+; \mathrm{BV}(\Omega) \bigcap L^\infty(\Omega))$ 且 $\partial_t u_\delta \in L^2(Q_\infty)$.

接下来证明, 对于任意的 $v \in L^2(0,T;H^1(\Omega))$, $\dfrac{\partial v}{\partial \boldsymbol{n}} = 0$, $v > 0$, 同时对于任意的 $t \in [0,\infty)$, 有如下不等式成立:

$$\int_0^t \int_\Omega \partial_s u_\delta (v-u_\delta)^2 \mathrm{d}x\mathrm{d}t + \int_0^t \int_\Omega \alpha |\nabla v| \mathrm{d}x\mathrm{d}s + \lambda \int_0^t \int_\Omega \left(v + f_\delta \log \frac{1}{v} \right) \mathrm{d}x\mathrm{d}t$$
$$\geqslant \int_0^t \int_\Omega \alpha |Du_\delta| \mathrm{d}s + \lambda \int_0^t \int_\Omega \left(u_\delta + f_\delta \log \frac{1}{u_\delta} \right) \mathrm{d}x\mathrm{d}t \tag{4.2.50}$$

首先, 由定理 4.2.2 得

$$\int_0^T \int_\Omega \partial_t u_{p_j,\delta} (v-u_{p_j,\delta})^2 \mathrm{d}x\mathrm{d}t + \frac{1}{p_j} \int_0^T \int_\Omega \alpha |\nabla v|^{p_j} \mathrm{d}x + \lambda \int_0^T \int_\Omega \left(v + f_\delta \log \frac{1}{v} \right) \mathrm{d}x\mathrm{d}t$$
$$\geqslant \frac{1}{p_j} \int_0^T \int_\Omega \alpha |\nabla u_{p_j,\delta}|^{p_j} \mathrm{d}x\mathrm{d}t + \lambda \int_0^T \int_\Omega \left(u_{p_j,\delta} + f_\delta \log \frac{1}{u_{p_j,\delta}} \right) \mathrm{d}x\mathrm{d}t \tag{4.2.51}$$

注意到利用引理 4.2.1, 有

$$\int_\Omega \alpha |Du_\delta| \mathrm{d}x \leqslant \liminf_{j\to\infty} \int_\Omega |\alpha Du_{p_j,\delta}|$$
$$\leqslant \liminf_{j\to\infty} \left(\int_\Omega \alpha |\nabla u_{p_j,\delta}|^{p_j} \mathrm{d}x \right)^{1/p_j} \left(\int_\Omega \alpha(x) \mathrm{d}x \right)^{1-1/p_j}$$
$$\leqslant \liminf_{j\to\infty} \frac{1}{p_j} \left(\int_\Omega \alpha |u_{p_j,\delta}|^{p_j} \mathrm{d}x \right)^{1/p_j} \tag{4.2.52}$$

在 (4.2.51) 中令 $j \to \infty$, $p_j \to 1$, 结合 (4.2.42, 4.2.44) 和 (4.2.52) 可得 (4.2.50) 对于任意的 $v \in L^2(0,T;H^1(\Omega))$, $\dfrac{\partial v}{\partial \boldsymbol{n}} = 0$, $v > 0$ 成立.

步骤 2: 接下来在 (4.2.50) 中令 $\delta \to 0$ 来完成 (4.2.21)~(4.2.23) 的解的存在性的证明.

在 (4.2.34) 中, 用 u_{p_j} 代替 u_p 并且令 $j \to \infty$, 利用 (4.2.42)~(4.2.45), (4.2.26), (4.2.52) 和 (4.2.30) 得

$$\int_0^\infty \int_\Omega |\partial_t u_\delta|^2 \mathrm{d}x\mathrm{d}t + \sup_{t\in[0,\infty)} \left\{ \int_\Omega \alpha |Du_\delta|^2 \mathrm{d}x + \lambda \int_\Omega \left(u_\delta + f_\delta \log \frac{1}{u_\delta} \right) \mathrm{d}x \right\}$$
$$\leqslant \int_\Omega \alpha |\nabla f_\delta|^p + \lambda \int_\Omega \left(f_\delta + f_\delta \log \frac{1}{f_\delta} \right) \mathrm{d}x \tag{4.2.53}$$

根据 (4.2.30) 可知

$$u_\delta \text{ 在空间 } L^\infty(\mathbb{R}^+; \mathrm{BV}(\Omega) \textstyle\bigcap L^\infty(\Omega)) \text{ 上一致有界} \tag{4.2.54}$$

$$\partial_t u_\delta \text{ 在空间 } L^2(Q_\infty) \text{ 上一致有界} \tag{4.2.55}$$

类似于问题 (4.2.42)~(4.2.46) 的证明过程, 可以得到函数列 $\{u_{\delta_j}\}$ 和函数 $u \in L^{\infty}(\mathbb{R}^+; \mathrm{BV} \bigcap L^{\infty}(\Omega))$, 使得当 $j \to \infty$, $\delta_j \to 0$ 时

$$\partial_t u_{\delta_j} \to \partial_t u \text{ 在 } L^2(Q_\infty) \text{ 上弱收敛} \tag{4.2.56}$$

$$u_{\delta_j} \to u \text{ 在 } L^{\infty}(Q_\infty) \text{ 上弱} * \text{收敛且 } 0 \leqslant \inf_{x \in \Omega} f \leqslant u \leqslant \sup_{x \in \Omega} f \tag{4.2.57}$$

$$\text{对任意 } t \in [0, \infty), u_{\delta_j} \to u \text{ 在 } L^1(\Omega) \text{ 上强收敛} \tag{4.2.58}$$

$$u_{\delta_j} \to u \text{ 在 } L^2(\Omega) \text{ 上强收敛且关于 } t \text{ 一致收敛} \tag{4.2.59}$$

$$\lim_{t \to 0^+} \int_\Omega |u_{\delta_j}(x, t) - f|^2 \mathrm{d}x = 0 \tag{4.2.60}$$

在 (4.2.50) 中用 u_{δ_j} 代替 u_δ, 令 $j \to \infty$, $\delta_j \to 0$, 并且由引理 4.2.1 以及 (4.2.56)~(4.2.59) 可知

$$\int_0^t \int_\Omega \partial_s u (v - u)^2 \mathrm{d}x \mathrm{d}t + \int_0^t \int_\Omega \alpha |\nabla v| \mathrm{d}x \mathrm{d}s + \lambda \int_0^t \int_\Omega \left(v + f \log \frac{1}{v} \right) \mathrm{d}x \mathrm{d}t$$
$$\geqslant \int_0^t \int_\Omega \alpha |Du| \mathrm{d}s + \lambda \int_0^t \int_\Omega \left(u + f \log \frac{1}{u} \right) \mathrm{d}x \mathrm{d}t$$

对于任意的 $v \in L^2(0, T; H^1(\Omega))$, $\dfrac{\partial v}{\partial \boldsymbol{n}} = 0$, $v > 0$ 成立. 综上所述, (4.2.21)~(4.2.23) 的解是存在的.

进而用 u_{δ_j} 代替 u_δ, 并在 (4.2.53) 中令 $j \to \infty$, 结合 (4.2.56)~(4.2.59), (4.2.29) 和 (4.2.30) 可知

$$\int_0^\infty \int_\Omega |\partial_t u|^2 \mathrm{d}x \mathrm{d}t + \sup_{t \in [0, \infty)} \left\{ \int_\Omega \alpha |Du|^2 \mathrm{d}x + \lambda \int_\Omega \left(u + f \log \frac{1}{u} \right) \mathrm{d}x \right\}$$
$$\leqslant \int_\Omega \alpha |Df|^p + \lambda \int_\Omega \left(f + f \log \frac{1}{f} \right) \mathrm{d}x$$

最后, 类似于文献 [98] 和 [100] 的方法, 我们给出问题 (4.2.21)~(4.2.23) 伪解的唯一性证明. 首先, 令 u_1 和 u_2 是问题 (4.2.21)~(4.2.23) 的两个伪解, 由于

$$u_1(x, 0) = u_2(x, 0) = f(x)$$

进而有

$$\int_0^t \int_\Omega \partial_s u_1 (u_2 - u_1)^2 \mathrm{d}x \mathrm{d}t + \int_0^t \int_\Omega \alpha |\nabla u_2| \mathrm{d}x \mathrm{d}s + \lambda \int_0^t \int_\Omega \left(u_2 + f \log \frac{1}{u_2} \right) \mathrm{d}x \mathrm{d}t$$
$$\geqslant \int_0^t \int_\Omega \alpha |Du_1| \mathrm{d}s + \lambda \int_0^t \int_\Omega \left(u_1 + f \log \frac{1}{u_1} \right) \mathrm{d}x \mathrm{d}t$$

$$\int_0^t \int_\Omega \partial_s u_2(u_1-u_2)^2 \mathrm{d}x\mathrm{d}t + \int_0^t \int_\Omega \alpha|\nabla u_1|\mathrm{d}x\mathrm{d}s + \lambda \int_0^t \int_\Omega \left(u_1 + f\log\frac{1}{u_1}\right)\mathrm{d}x\mathrm{d}t$$

$$\geqslant \int_0^t \int_\Omega \alpha|Du_2|\mathrm{d}s + \lambda \int_0^t \int_\Omega \left(u_2 + f\log\frac{1}{u_2}\right)\mathrm{d}x\mathrm{d}t$$

将上述两个不等式相加可得

$$\int_0^t \int_\Omega \partial_s(u_1-u_2)^2\mathrm{d}x\mathrm{d}t \leqslant 0$$

对任意的 $t>0$ 成立. 由此推出 $u_1 = u_2$ 在 Q_∞ 上几乎处处成立.

4) 长时间渐近行为

最后, 我们考虑当 $t\to\infty$ 时解 $u(\cdot,t)$ 的渐近极限, 有如下定理.

定理 4.2.4 当 $t\to\infty$ 时, 问题 (4.2.21)~(4.2.23) 的伪解 $u(x,t)$ 在 $L^2(\Omega)$ 中强收敛于泛函 $E(u)$ 的极小值点 $\tilde{u}$, 即问题 (4.2.10) 的解.

证明 在 (4.2.24) 中取函数 $v\in BV(\Omega)\bigcap L^\infty(\Omega)$, $v>0$, 则

$$\int_\Omega (u(x,t)-f(x))v(x)\mathrm{d}x - \frac{1}{2}\int_\Omega (u^2(x,t)-f^2(x))\mathrm{d}x$$

$$+ t\int_\Omega \alpha|\nabla v| + \lambda t\int_\Omega \left(v + f\log\frac{1}{v}\right)\mathrm{d}x$$

$$\geqslant \int_0^t \int_\Omega \alpha|Du|\mathrm{d}s + \lambda \int_0^t \int_\Omega \left(u + f\log\frac{1}{u}\right)\mathrm{d}x\mathrm{d}t \tag{4.2.61}$$

如文献 [37], 取

$$w(x,t) = \frac{1}{t}\int_0^t u(x,s)\mathrm{d}s$$

由于 $u\in L^\infty(\mathbb{R}^+; BV(\Omega)\bigcap L^\infty(\Omega)), u>0$, 对任意 $t>0$, 有 $w(x,t)\in BV(\Omega)\bigcap L^\infty(\Omega)$, $\{w(x,t)\}$ 在 $BV(\Omega)$ 和 $L^\infty(\Omega)$ 中一致有界, 从而存在 $\{w(\cdot,t)\}$ 的子列 $\{w(\cdot,t_i)\}$ 和函数 $\tilde{u}\in BV(\Omega)\bigcap L^\infty(\Omega)$, 使当 $t_i\to\infty$ 时,

$$w(\cdot,t_i)\to\tilde{u} \text{ 在 } L^1(\Omega) \text{ 上强收敛}$$

$$w(\cdot,t_i)\to\tilde{u} \text{ 在 } BV(\Omega) \text{ 上弱收敛}$$

由于 $\{w(\cdot,t)\}$ 在 $L^\infty(\Omega)$ 中一致有界, 因而 $w(\cdot,t_i)\to\tilde{u}$ 在 $L^2(\Omega)$ 上强收敛. 进而, 在 (4.2.61) 中分离 t 并取极限 $s_i\to\infty$, 对于任意的 $v\in BV(\Omega)\bigcap L^\infty(\Omega)$, $v>0$, 有

$$\int_\Omega \left(v + f\log\frac{1}{v}\right)\mathrm{d}x + \lambda\int_\Omega \left(v + f\log\frac{1}{v}\right)\mathrm{d}x \geqslant \int_\Omega \alpha|D\tilde{u}|\mathrm{d}x - \lambda\int_\Omega \left(\tilde{u} + f\log\frac{1}{\tilde{u}}\right)\mathrm{d}x$$

成立, 因此 $\tilde{u}$ 为问题 (4.2.10) 的极小值.

4.2.4　数值实验

本节给出新模型的数值实验结果, 同时将去噪结果与 AA 模型进行比较.

1. 两种数值离散模型

首先考虑两种数值离散模型, 即 α-TV 模型和 p-Laplace 近似模型.

1) α-TV 模型

我们通过计算方程 (4.2.21) 达到其稳定状态来得到问题 (4.2.10) 的数值解. 利用有限差分法, 得到方程 (4.2.21) 的数值离散模型[60]. 记 $h = 1$ 为空间步长, τ 为时间步长, 则有

$$D_x^{\pm} = \pm[u_{i\pm1,j} - u_{i,j}]$$

$$D_y^{\pm} = \pm[u_{i,j\pm1} - u_{i,j}]$$

$$|D_x u_{i,j}| = \sqrt{(D_x^+ u_{i,j})^2 + (m D_y^+ u_{i,j}, D_x^- u_{i,j})^2 + \varepsilon}$$

$$|D_y u_{i,j}| = \sqrt{(D_y^+ u_{i,j})^2 + (m D_x^+ u_{i,j}, D_x^- u_{i,j})^2 + \varepsilon}$$

其中 $m[a,b] = (\text{sign}\, a + \text{sign}\, b) \min\{|a|,|b|\}/2$, $\varepsilon > 0$ 是接近于 0 的正则化参数.

问题 (4.2.21)～(4.2.23) 的数值求解算法如下:

$$\alpha_{i,j} = \left(1 - \frac{1}{1 + k|G_\sigma * f|_{i,j}^2}\right)\frac{1 + kM^2}{kM^2} \tag{4.2.62}$$

$$Z_{i,j}^n = D_x^- \left(\frac{\alpha_{i,j} D_x^+ u_{i,j}^n}{|D_x^+ u_{i,j}^n|}\right) + D_y^- \left(\frac{\alpha_{i,j} D_y^+ u_{i,j}^n}{|D_y^+ u_{i,j}^n|}\right) \tag{4.2.63}$$

$$\lambda^n = \sum_{i,j}\left(Z_{i,j}^n \left(1 - \frac{f_{i,j}}{u_{i,j}^n + \varepsilon}\right) L\right) \Big/ (IJ) \tag{4.2.64}$$

$$u_{i,j}^{n+1} = u_{i,j}^n + \tau Z_{i,j}^n - \tau\lambda^n \left(1 - \frac{f_{i,j}}{u_{i,j}^n + \varepsilon}\right) \tag{4.2.65}$$

$$u_{i,j}^0 = f_{i,j} = f(ih, jh), \quad 0 \leqslant i \leqslant I,\ 0 \leqslant j \leqslant J \tag{4.2.66}$$

$$u_{i,0}^n = u_{i,1}^n, \quad u_{0,j}^n = u_{1,j}^n, \quad u_{I,j}^n = u_{I-1,j}^n, \quad u_{i,J}^n = u_{i,J-1}^n \tag{4.2.67}$$

这里 "conv2" 表示矩阵 $u_{i,j}$ 的二维离散卷积变换, 即 $G * u$.

2) p-Laplace 近似模型

由定理 4.2.3 的证明可知, 可以利用 $\dfrac{1}{p}\displaystyle\int_\Omega \alpha|\nabla u|^p \mathrm{d}x$ 来近似 $\displaystyle\int_\Omega \alpha|Du|$. 因此, 令

$p \to 1$, 利用问题 (4.2.26)~(4.2.28) 的近似解逼近问题 (4.2.10) 的近似解. 基于文献 [60] 中的方法, 对问题 (4.2.26)~(4.2.28), 可以得到如下离散模型:

$$\alpha_{i,j} = \left(1 - \frac{1}{1 + k|G_\sigma * f|^2_{i,j}}\right) \frac{1 + kM^2}{kM^2}$$

$$Z_{1i,j}^n = \alpha_{i,j} \left(\left(D_x^+ u_{i,j}^n\right)^2 + \left(D_y^+ u_{i,j}^n\right)^2\right)^{(p^n-2)/2} D_x^+ u_{i,j}^n$$

$$Z_{2i,j}^n = \alpha_{i,j} \left(\left(D_x^+ u_{i,j}^n\right)^2 + \left(D_y^+ u_{i,j}^n\right)^2\right)^{(p^n-2)/2} D_y^+ u_{i,j}^n$$

$$\lambda^n = \sum_{i,j} \left(D_x^- Z_{1i,j}^n + D_y^- Z_{2i,j}^n \left(1 - \frac{f_{i,j}}{u_{i,j}^n + \varepsilon}\right) L\right) \bigg/ (IJ)$$

$$u_{i,j}^{n+1} = u_{i,j}^n + \tau(D_x^- Z_{1i,j}^n + D_y^- Z_{2i,j}^n) - \tau\lambda^n \left(1 - \frac{f_{i,j}}{u_{i,j}^n + \varepsilon}\right)$$

$$p^{n+1} = p^n + n(p_L - p_U)/N$$

$$p^0 = p_U, \quad u_{i,j}^0 = f_{i,j} = f(ih, jh), \qquad 0 \leqslant i \leqslant I, \, 0 \leqslant j \leqslant J$$

$$u_{i,0}^n = u_{i,1}^n, \quad u_{0,j}^n = u_{1,j}^n, \quad u_{I,j}^n = u_{I-1,j}^n, \quad u_{i,J}^n = u_{i,J-1}^n$$

这里 $p_L = 1$, $1 < p_U \leqslant 2$ 为 p 的上极限, $n = 1, 2, \cdots, N$, N 为迭代时间.

固定 p^n 为 $0 < p < 1$, 方程 (4.2.26) 有如下半离散模型:

$$\frac{\mathrm{d}}{\mathrm{d}t} u_{i,j}(t) = \left(D_x^- Z_{1i,j} + D_y^- Z_{2i,j}\right) \tag{4.2.68}$$

类似文献 [60] 中 4.2.2 节的引理 3~引理 5, 我们可以得出如下引理.

引理 4.2.5 对于具有初值的半离散模型 (4.2.68), 有如下估计:

$$||u(t)||_{l^p} \leqslant ||u_0||_{l^p}$$

令 $p \to \infty$, 可以得到如下结论.

引理 4.2.6 对于具有初值 $u^0 \in l^2 \bigcap l^\infty$ 的半离散模型 (4.2.68), 存在常数 C, 使得

$$\sup_{i,j} |u_{i,j}(t)| \leqslant C, \quad \text{对任意 } t > 0 \text{ 成立}$$

引理 4.2.7 对于具有初值 $\nabla u^0 \in l^p$ 的半离散模型 (4.2.68), 有如下估计:

$$||\nabla u(t)||_{l^p} \leqslant ||\nabla u^0||_{l^p}$$

2. 数值结果

本节使用类似于文献 [50] 中的模型进行数值试验, 并与 SO 模型和 AA 模型进行比较. SO 模型的停止准则由文献 [92] 给出, 即先令

$$K = \max\{k \in N : \text{Var}[w_k - w_o] \geqslant \text{Var}[\eta] = \psi_1(L)\}$$

这里 w_o 是对数化后的图像, η 是相应的噪声, 其方差为 $\text{Var}[f] = g_i^2 \cdot \text{Var}[\eta] = g_i^2 \sigma^2$.

在实验中, 选取三类图像进行测试: 合成图像 (300×300)、航拍图像 (512×512), 以及摄影师图像 (256×256). 与其他模型不同的是, 在本节所提模型中, 所有的图像灰度值都不必正则化为 $[0, 255]$. 对于每一幅图像, 其噪声图像通过将原图像和斑点噪声相乘得到, 其中参数 $L \in \{1, 4, 10\}$.

对于每一幅无噪声图像 u_0 以及其去噪结果 u, 去噪效果利用 PSNR[101], 即

$$\text{PSNR} = 10 \lg \frac{MN|\max u_0 - \min u_0|^2}{\|u - u_0\|_{L^2}^2}$$

和平均绝对偏差误差 (mean absolute-deviation error, MAE)

$$\text{MAE} = \frac{\|u - u_0\|_{L^1}}{MN}$$

进行衡量, 其中 $|\max u_0 - \min u_0|$ 是原始图像的灰度值范围, MN 是图像的大小.

公平起见, SO 模型和 AA 模型的参数都人为地调整至其达到最佳效果, 如表 4.2.1～表 4.2.3 所示. 即, 在 α-TV 模型中有四个参数: 影响因子 k、卷积尺度参数 σ、时间步长 τ、参数 λ. 参数 λ 由公式 (4.2.64) 自动确定. 为了保持格式稳定, 取 $\tau = 0.05$. 在 p-Laplace 近似模型中, 除了和 α-TV 模型相同的四个参数外, 还有一个新的参数 p_U, $1 < p_U \leqslant 2$. 新模型并不需要 p_U 的精确值, 而只需取近似值 (例如 $p_U = 1.2$). 注意新模型中参数的选取关于图像是极其稳定的.

表 4.2.1　合成图像 (300×300) 的参数选取

模型	$L = 1$	$L = 4$	$L = 10$
α-TV	$\sigma = 2, k = 0.05$	$\sigma = 2, k = 0.05$	$\sigma = 2, k = 0.05$
p-Laplace	$p_U = 1.3$	$p_U = 1.3$	$p_U = 1.3$
SO	$\lambda = 0.1, \alpha = 0.25$	$\lambda = 0.7, \alpha = 0.25$	$\lambda = 0.2, \alpha = 0.25$
AA	$\lambda = 20$	$\lambda = 150$	$\lambda = 240$

表 4.2.2　航拍图像 (512×512) 的参数选取

模型	$L = 1$	$L = 4$	$L = 10$
α-TV	$\sigma = 2, k = 0.03$	$\sigma = 2, k = 0.015$	$\sigma = 2, k = 0.015$
p-Laplace	$p_U = 1.4$	$p_U = 1.4$	$p_U = 1.4$
SO	$\lambda = 0.1, \alpha = 0.25$	$\lambda = 0.3, \alpha = 0.25$	$\lambda = 1.2, \alpha = 0.25$
AA	$\lambda = 25$	$\lambda = 120$	$\lambda = 130$

表 4.2.3　摄影师图像 (256×256) 的参数选取

模型	$L=1$	$L=4$	$L=10$
α-TV	$\sigma=2, k=0.005$	$\sigma=2, k=0.005$	$\sigma=2, k=0.005$
p-Laplace	$p_U=1.3$	$p_U=1.2$	$p_U=1.2$
SO	$\lambda=0.04, \alpha=0.25$	$\lambda=0.2, \alpha=0.25$	$\lambda=1, \alpha=0.25$
AA	$\lambda=125$	$\lambda=240$	$\lambda=390$

合成图像的去噪结果如图 4.2.2 和图 4.2.3 所示, 航拍图像的去噪结果为图 4.2.4 和图 4.2.5, 而图 4.2.6 和图 4.2.7 给出了摄影师图像的去噪结果. 本节所提的方法在恢复图像的模糊几何结构方面表现非常好. 即使对于较低的 L, 例如 $L=1$ 和 $L=4$ 时的航拍图像恢复结果也是令人满意的. 可以看到, 本节的方法不管在视觉上和衡量指标上都优于其他方法. 对于 SO 模型, 当 L 减小时, 停止时间会迅速增加[37]. 而对于 AA 模型, 则需要选取合适的参数 λ.

在数值试验中可以看到: 对于非纹理图像, 本节的模型和 AA 模型的恢复效果都很好 (图 4.2.3); 对于纹理图像, 本节的模型和 SO 模型的恢复效果都很好 (图 4.2.5). 去噪结果列在表 4.2.4~表 4.2.9 中, 其中最高的 PSNR 和 MAE 值用黑体进行标记. 当 $L=1$ 时, 本节的模型对于 PSNR 值的提升效果非常显著 (图 4.2.2、图 4.2.4 和图 4.2.6), 同时视觉效果也可以接受. 因为在实际应用中 L 可能会非常小, 通常都取 1, 极少有大于 4 的情况. 因此, 对 L 取值较小的恢复效果的比较是非常重要的. 当 L 增加时, PSNR 等指标的提升不再那么明显, 但是即使对于 $L=10$, 本节模型恢复结果的 PSNR 仍旧比 AA 模型和 SO 模型高 (表 4.2.4~表 4.2.9).

表 4.2.4　合成图像 (300×300) 的 PSNR

模型	$L=1$	$L=4$	$L=10$
α-TV	19.67	23.86	26.37
p-Laplace	19.76	23.14	25.68
SO	4.14	15.81	21.00
AA	16.33	20.14	23.94

表 4.2.5　合成图像 (300×300) 的 MAE

模型	$L=1$	$L=4$	$L=10$
α-TV	2.45	1.27	0.92
p-Laplace	2.51	1.43	0.96
SO	23.94	6.15	2.84
AA	4.50	2.94	1.49

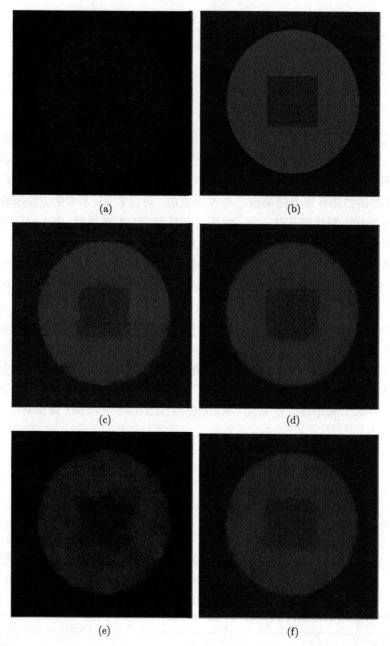

图 4.2.2　噪声水平为 $L = 1$ 的合成图像 (300×300) 的不同模型处理结果

(a) 噪声图像: $L = 1$; (b) 原图像; (c) α-TV 模型; (d) p-Laplace 模型; (e) SO 模型; (f) AA 模型

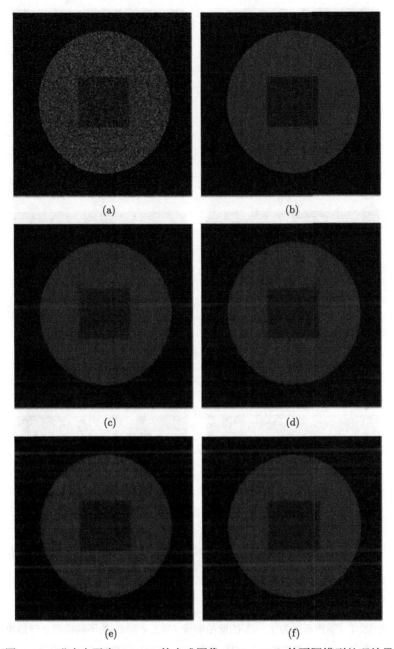

图 4.2.3 噪声水平为 $L = 10$ 的合成图像 (300×300) 的不同模型处理结果

(a) 噪声图像: $L = 10$; (b) 原图像; (c) α-TV 模型; (d) p-Laplace 模型; (e) SO 模型; (f) AA 模型

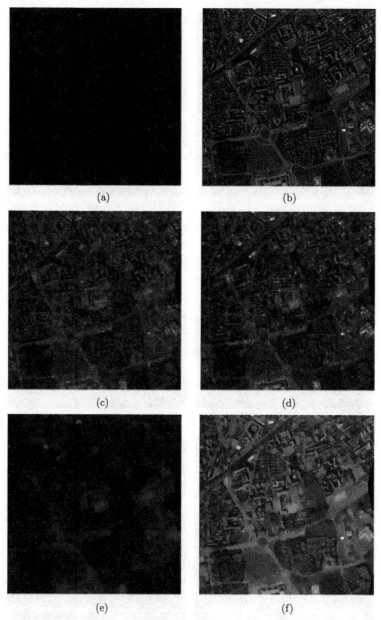

图 4.2.4　噪声水平为 $L=1$ 的航拍图像 (512×512) 的不同模型处理结果

(a) 噪声图像: $L=1$; (b) 原图像; (c) α-TV 模型; (d) p-Laplace 模型; (e) SO 模型; (f) AA 模型

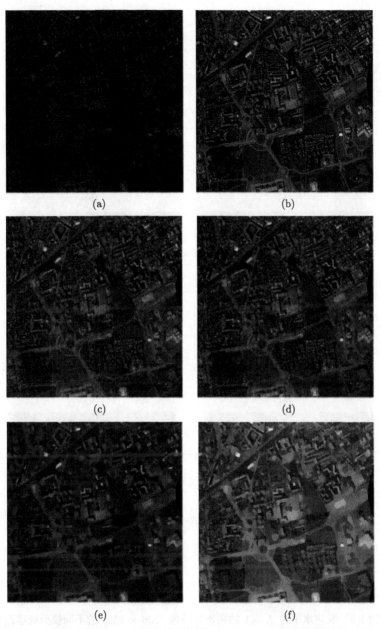

图 4.2.5 噪声水平为 $L = 10$ 的航拍图像 (512×512) 的不同模型处理结果

(a) 噪声图像: $L = 10$; (b) 原图像; (c) α-TV 模型; (d) p-Laplace 模型; (e) SO 模型; (f) AA 模型

图 4.2.6　噪声水平为 $L=1$ 的摄影师图像 (256×256) 的不同模型处理结果

(a) 噪声图像: $L=1$; (b) 原图像; (c) α-TV 模型; (d) p-Laplace 模型; (e) SO 模型; (f) AA 模型

图 4.2.7　噪声水平为 $L = 10$ 的摄影师图像 (256×256) 的不同模型处理结果

(a) 噪声图像: $L = 1$; (b) 原图像; (c) α-TV 模型; (d) p-Laplace 模型; (e) SO 模型; (f) AA 模型

表 4.2.6　航拍图像 (512×512) 的 PSNR

模型	$L = 1$	$L = 4$	$L = 10$
α-TV	23.25	25.82	27.92
p-Laplace	23.47	26.16	28.18
SO	17.82	24.00	27.27
AA	22.34	24.20	26.04

表 4.2.7　航拍图像 (512×512) 的 MAE

模型	$L = 1$	$L = 4$	$L = 10$
α-TV	12.00	8.95	7.12
p-Laplace	11.64	8.81	6.98
SO	25.44	11.05	7.42
AA	13.35	10.30	8.13

表 4.2.8　摄影师图像 (256×256) 的 PSNR

模型	$L = 1$	$L = 4$	$L = 10$
α-TV	20.81	24.22	26.29
p-Laplace	24.10	23.14	26.03
SO	14.15	21.61	24.96
AA	18.81	21.19	24.25

表 4.2.9　摄影师图像 (256×256) 的 MAE

模型	$L = 1$	$L = 4$	$L = 10$
α-TV	14.65	8.88	7.14
p-Laplace	13.94	9.18	7.43
SO	38.92	14.64	8.36
AA	22.14	14.25	9.97

4.2.5　模型的推广和总结

本节讨论直接从演化方程的角度设计乘性去噪模型. 由于新的灰度探测函数主要利用乘性噪声的特点来影响扩散速度, 因此可以设计如下的初边值问题:

$$\frac{\partial u}{\partial t} = \mathrm{div}\left(\alpha(u)\frac{\nabla u}{|\nabla u|}\right) - \lambda\left(1 - \frac{f}{u}\right), \quad (x,t) \in \Omega \times (0,T)$$

$$\frac{\partial u}{\partial \boldsymbol{n}} = 0, \quad (x,t) \in \partial\Omega \times (0,T)$$

$$u(0,x) = f(x), \quad x \in \Omega$$

或者如下形式:

$$\frac{\partial u}{\partial t} = \mathrm{div}\left(\alpha(u)\frac{\nabla u}{\sqrt{1+|\nabla u|^2}}\right), \quad (x,t) \in \Omega \times (0,T)$$

$$\frac{\partial u}{\partial \boldsymbol{n}} = 0, \quad (x,t) \in \partial\Omega \times (0,T)$$

$$u(0,x) = f(x), \quad x \in \Omega$$

其中

$$\alpha(u) = \left(1 - \frac{1}{1+k|G_\sigma * u|^2}\right)\frac{1+kM^2}{kM^2}$$

或者

$$\alpha(u) = \left(\frac{G_\sigma * u}{M}\right)^q, \quad q > 0$$

上述模型和之前的演化方程存在本质的区别: 上述方程不具有变分形式; 此外, 新方程可能是双退化方程, 即分别在 $\{(x,t)|u(x,t) = 0\}$, $\{(x,t)||\nabla u(x,t)| = 0\}$ 和 $\{(x,t)||\nabla u(x,t)| = +\infty\}$ 处发生退化, 所以该方程的理论分析要比现有模型更为困难.

本节在传统的变分模型中引入了新的拟合项, 该拟合项不仅是全局凸的, 而且还可以保证在演化方程中噪声的均值为 1; 另外, 本节分析了乘性噪声的特点并提出了灰度探测函数, 进而提出了新的自适应全变差正则项. 此外, 基于新的拟合项和正则项提出了自适应全变差乘性去噪模型, 并证明了该变分模型解的存在唯一性和比较原理. 同时, 由于变分模型对应的演化方程是一类非线性奇性扩散方程, 因此本节需要定义一种新的弱解, 并且对初值进行了正则化, 并利用 p-Laplace 流来近似全变差流, 证明了演化方程解的存在唯一性和解的渐近性. 本节提出了演化方程的两个数值模型: α-TV 模型和 p-Laplace 近似模型. 同时, 本节还设计了平衡参数 λ 的动态计算公式, 从而有效提升计算效率. 数值结果显示, 无论是视觉效果, 还是其他指标, 如 PSNR 和 MAE, 本节新模型去噪效果都是最优的.

4.3　双退化扩散方程模型

4.3.1　模型动机

图像去噪一直是图像处理领域中一项重要且具有挑战性的任务, 其中基于偏微分方程的图像去噪方法在过去的几十年中得到了飞速发展, 成为一类高效的主流方法. 在这些方法中, 基于非线性扩散方程的去噪模型占有重要的地位[102]. 对于加性去噪, 一系列理论研究[45] 已经证明了基于非线性扩散方程的模型不仅能够有效地去除噪声, 也能保护甚至增强图像中的重要信息[102]. 然而, 在乘性去噪领域, 基于偏微分方程的去噪模型却没有得到深入研究.

有别于传统基于变分问题的乘性去噪模型理论, 本节从扩散方程理论的角度出发, 提出了一类基于非线性扩散方程的乘性去噪模型. 针对乘性噪声的特点, 不仅考虑图像的梯度模信息, 同时也利用图像的灰度值信息来构造模型中的扩散系数和扩散源项.

在上述乘性去噪模型框架下, 我们介绍一类基于双退化各向异性扩散方程的乘性去噪模型. 在该模型中, 扩散系数同时受图像梯度模和图像灰度值控制, 使得模型不仅能够有效地去除乘性噪声, 同时也能够保护边界等重要信息. 此外, 由于乘性噪声图像信息被压缩, 本节也利用伽马校正思想来构造模型中的参数以解决这一问题. 在方程理论方面, 本节将研究上述方程弱解的存在性问题并给出一些其他性质的理论分析. 为了合理地给出弱解空间和弱解的定义, 本节将引入 Sobolev-Orlicz 空间及其基本性质, 进而通过正则化原方程, 对弱解进行预估计、收敛性证明等手段来证明模型弱解的存在性.

对于模型的数值实现问题, 本节首先应用传统有限差分格式对方程进行求解. 进一步, 针对其时间步长限制严重制约算法效率的问题, 引入快速显式扩散 (fast explicit diffusion, FED) 格式, 该格式在有限差分格式的基础上通过变化步长的计算循环来加速去噪算法. 同时在这一过程中, 利用数值近似手段解决了方程奇性导致计算效率下降的问题.

最后, 本节在不同的乘性噪声图像上进行试验, 并验证了模型的去噪效果. 同时, 与其他经典乘性去噪模型进行了对比分析. 实验结果表明, 新算法在去噪效果和算法效率上都有了显著的提升, 尤其是在噪声较大时, 提升效果更为明显.

4.3.2　基于非线性扩散方程的图像乘性去噪模型框架

本小节首先给出基于非线性扩散方程的图像去噪模型的一般框架, 进而针对图像乘性去噪问题, 介绍一种基于非线性扩散方程的新框架, 为下一小节提出一种双退化抛物方程模型做铺垫.

1. 基于非线性扩散方程的图像去噪模型

非线性扩散方程去噪模型最先由 Perona 和 Malik 在文献 [45] 中提出, 这类模型在加性去噪领域得到了蓬勃的发展, 方程理论和实验算法也都日趋成熟. 通常来说, 大多数非线性扩散方程去噪模型都会在模型中考虑图像中重要的结构信息, 并有如下的一般形式.

假设 $u(x,y)$ 是定义在有界图像区域 $\Omega \in \mathbb{R}^2$ 上的函数[45], 则

$$\begin{cases} \partial_t u = \mathrm{div}(c(|\nabla u|)\nabla u), & (x,t) \in \Omega \times (0,T) \\ \langle \nabla u, \boldsymbol{n} \rangle = 0, & (x,t) \in \partial\Omega \times (0,T) \\ u(x,0) = f(x), & x \in \Omega \end{cases} \tag{4.3.1}$$

其中, f 是初始噪声图像, $\boldsymbol{n}$ 是单位外法向方向, $\langle \cdot, \cdot \rangle$ 表示内积. 上述方程中的扩散系数 $c(s)$ 是一个关于结构探测算子 ∇u 的非负函数, 并且满足性质: $c(0) = 1$; $c(s) \geqslant 0$; 当 $s \to \infty$ 时, 有 $c(s) \to 0$. 现有的研究主要致力于如下几个方面: 研究非线性扩散方程的数学性质以及相关的变分模型[31-34]; 提出相关的非线性适定方程[35-37]; 拓展和修正非线性扩散模型[38-41]; 研究非线性扩散模型和其他图像处理模型之间的关系[42-44]. 总体来说, 这些二阶偏微分方程模型基本都能够在去噪的同时对边界进行保护.

然而, 非线性扩散方程尽管在加性去噪领域具有出色的表现, 但是在乘性去噪领域内却没有被深入研究. 值得注意的是, 目前已有一些基于扩散方程的乘性去噪方法, 例如在文献 [41, 113] 中所提出的各向异性滤波, 该模型修正了扩散系数以适应不同的噪声分布条件, 因此可被视为 PM 模型[45] 的一个变体. 在文献 [104] 中, Jidesh 等用一个复扩散函数来替代 AA 模型中的扩散系数, 并得到了相应的二阶非线性偏微分方程模型. 在文献 [105] 中, Liu 等利用极大先验估计提出了一个非散度型的 p-Laplace 方程乘性去噪模型, 同时也证明了该模型 Neumann 问题弱解的存在性. 另外, 还有其他一些从变分问题导出的 PDE 去噪模型[100,106]. 需要指出的是, 我们所提出的非线性扩散模型将在本质上有别于上述所有的 PDE 模型, 我们将直接从非线性扩散方程导出相应的乘性去噪模型并且用扩散方程理论解释整个去噪过程. 更进一步, 我们将尝试利用灰度探测算子建立模型, 并且系统地提出一个基于非线性扩散方程的乘性去噪模型框架.

2. 基于扩散方程的图像乘性去噪模型框架

1) 模型背景

众所周知, 乘性去噪的经典方法是基于 TV 正则化的变分模型. 这一类变分方法主要致力于修正变分模型中的保真项以期符合乘性噪声的规律, 进而得到更好的结果. 但事实上对于此类变分模型, 我们都能通过某些手段得到其相对应的演化方

程, 继而通过演化方程作用于图像进行数值实验, 并且最终得到实验结果. 一般对于一个变分模型, 我们都可以得到如下演化方程:

$$
\begin{cases}
\partial_t u = \operatorname{div}(a(|\nabla u|, u)\nabla u) - \lambda h(f, u), & (x, t) \in \Omega \times (0, T) \\
\langle \nabla u, \boldsymbol{n} \rangle = 0, & (x, t) \in \partial\Omega \times (0, T) \\
u(x, 0) = f(x), & x \in \Omega
\end{cases}
\tag{4.3.2}
$$

其中, $a(s, v)$ 和 $h(s, v)$ 由相应的变分问题给出.

下面我们换一种思路来构造扩散方程模型, 也就是直接从演化方程出发, 利用扩散方程理论来尝试新的思路去解决乘性去噪问题. 事实上, 从方程角度来看, 方程 (4.3.2) 其实是一个带源项的非线性各向异性扩散方程, $a(s, v)$ 是扩散系数, 而 $h(s, v)$ 是方程的源项. 因此, 上述乘性去噪问题就转化成了寻找合适的扩散系数 $a(s, v)$ 和源项 $h(s, v)$ 来指导整个去噪过程的问题.

2) 扩散系数的构造

本小节我们考虑在乘性去噪模型中如何构造合适的扩散系数 $a(s, v)$. 首先假设 $a(s, v) = b(s)c(v)$, 此时 $b(s)$ 是 u 的函数, 而 $c(v)$ 是关于 $|\nabla u|$ 的函数.

与加性噪声相比, 乘性噪声的一个显著特点是对于原始数据破坏性更大, 这也严重限制了乘性去噪算法的去噪能力. 然而事实上, 噪声图像的方差会受图像原始灰度值的影响. 如图 4.3.1 所示, 灰度值越大, 噪声影响就越强. 受文献 [101] 中灰度探测算子的启发, 我们认为扩散系数 $a(s, v)$ 中的函数 $b(s)$ 应考虑图像灰度值的影响, 进而控制不同区域的扩散速率. 具体取法应满足: $b(s)$ 单调递增; $b(0) = 0, b(s) \geqslant 0$; 当 $s \to \sup\limits_{x \in \Omega} u$ 时, $b(s) \to 1$.

在加性去噪问题中, 图像的梯度模 $|\nabla u|$(或者高斯光滑后图像的梯度模 $|\nabla u_\sigma|$) 是一种简单有效的边界结构探测算子[107]. 因此, 我们引入这一算子并使得函数 $c(v)$ 满足如下性质: $c(v)$ 单调递减; $0 \leqslant c(v) \leqslant 1$; 当 $v \to \infty$ 时, $c(v) \to 0$; 并且当 $v \to 0$ 时, $c(v) \to 1$.

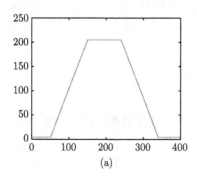

(a)

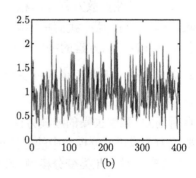

(b)

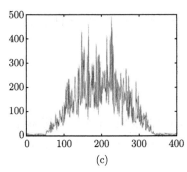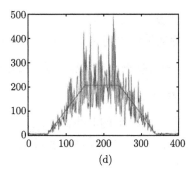

(c)   (d)

图 4.3.1　灰度值对于噪声程度的影响

(a) 无噪声信号; (b) 乘性噪声; (c) 噪声信号; (d) 原始信号和噪声信号

3) 对于源项的讨论

这一小节我们讨论扩散方程模型中的源项设计准则. 迄今为止, 许多文献都提出了经典的由变分问题保真项导出的扩散方程中相应的源项. 例如, 基于 TV 正则化模型中的保真项 $H(u,f) = \int_\Omega (u-f)^2 \mathrm{d}x$[88], AA 模型中的保真项 $H(u,f) = \int_\Omega \left(\log u + \dfrac{f}{u}\right)\mathrm{d}x$[96], 文献 [101] 中的保真项 $h(u,f) = u + f\log\dfrac{1}{u}$ 等, 都能够导出扩散方程中相应的源项, 但是这些源项对于扩散过程的影响依赖于参数 λ. 换句话说, 参数 λ 控制着方程解对于初始噪声图像的相近程度 (与噪声水平呈反比), 即参数 λ 可以认为是去噪效果和保真性之间的一种折中. 然而参数 λ 的选取容易受到噪声的影响, 进而导致在实验中很难选取一个合适的参数值来得到所希望的结果. 另外, 由非线性扩散方程理论可知, 加入源项会使得处理后的图像接近于初始图像, 但是也会使得噪声很难被彻底去除. 因此, 我们建议选取源项 $h(u,f)=0$. 此外, 对于源项和参数 λ 的选取未来还值得进一步的研究.

4) 非线性扩散方程框架

根据上述讨论, 我们提出如下基于非线性扩散方程的乘性去噪模型框架:

$$\begin{cases} \partial_t u = \mathrm{div}(a(|\nabla u|,u)\nabla u) - \lambda h(f,u), & (x,t) \in \Omega \times (0,T) \\ \langle \nabla u, \boldsymbol{n} \rangle = 0, & (x,t) \in \partial\Omega \times (0,T) \\ u(x,0) = f(x), & x \in \Omega \end{cases} \tag{4.3.3}$$

其中 f 是初始噪声图像, $\boldsymbol{n}$ 是单位外法向方向.

方程中的扩散系数 $a(s,v) = b(s)c(v)$ 按照前面所述规则选取. 函数 $b(u)$ 受图像灰度值影响并控制不同区域的扩散速率: $b(s)$ 单调递增, $b(0) = 0, b(s) \geqslant 0$, 当 $s \to \sup\limits_{x\in\Omega} u$ 时, $b(s) \to 1$. $c(|\nabla u|)$ 是边界结构探测算子 $|\nabla u|$ 的函数并有如下性质: $c(v)$ 单调递减, $0 \leqslant c(v) \leqslant 1$; 当 $v \to \infty$ 时, $c(v) \to 0$; 并且当 $v \to 0$ 时, $c(v) \to 1$.

至于源项, 由上述讨论, 参数 λ 的选取容易受到噪声的影响, 我们选取 $h(u,f) = 0$ 来避免实验结果对这个额外参数的依赖.

4.3.3　一类基于双退化抛物方程的乘性去噪模型

1. 模型描述

基于上一小节的非线性扩散方程乘性去噪的模型框架, 本小节我们研究一类基于双退化抛物方程的乘性去噪模型. 在公式 (4.3.3) 中令 $a(s,v)$ 和 $h(s,v)$ 分别有如下形式:

$$a(u, |\nabla u|) = \frac{2|u|^\alpha}{M^\alpha + |u|^\alpha} |\nabla u|^{p(x)-2} \tag{4.3.4}$$

$$h(f, u) = 0 \tag{4.3.5}$$

其中 $\alpha > 0$, $M = \sup\limits_{x \in \Omega} u$, $1 < p(x) \leqslant 2$. 进而得到如下双退化抛物方程模型:

$$\begin{cases} \partial_t u = \operatorname{div}\left(\dfrac{2|u|^\alpha}{M^\alpha + |u|^\alpha} |\nabla u|^{p(x)-2} \nabla u \right), & (x,t) \in \Omega \times (0,T) \\ \langle \nabla u, \boldsymbol{n} \rangle = 0, & (x,t) \in \partial\Omega \times (0,T) \\ u(x,0) = f(x), & x \in \Omega \end{cases} \tag{4.3.6}$$

其中 f 是初始噪声图像.

事实上, 对于扩散系数 $a(u, |\nabla u|) = b(u)c(|\nabla u|)$ 我们还有其他的选取方法. 例如, 可以令 $b(u)$ 为如下形式[108]:

$$b(u) = \left(1 - \frac{1}{1 + k|G_\sigma * u|^2} \right) \frac{1 + kM^2}{kM^2}$$

或者

$$b(u) = \frac{G_\sigma * u}{M}$$

其中 $M = \sup\limits_{x \in \Omega}(G_\sigma * u)(x)$, $G_\sigma(x) = \dfrac{1}{4\pi\sigma} \exp\left\{ -\dfrac{|x|^2}{4\sigma^2} \right\}$, 参数 $\sigma > 0$, $k > 0$. 同时我们也可选取 $c(|\nabla u|)$ 为如下形式:

$$c(|\nabla u|) = \frac{1}{|\nabla u|}$$

或者

$$c(|\nabla u|) = \frac{1}{(1 + |\nabla u|^2)^{(1-\beta)/2}}$$

当然, 值得注意的是选取不同的扩散系数会得到完全不同的非线性扩散方程, 而其理论性质也有待未来进一步研究.

2. 模型中的参数

这里我们对模型中的参数进行分析讨论. 模型中扩散系数中的指数参数 α 来源于伽马校正[109]. 如图 4.3.1 所示, 乘性噪声经常导致原始图像的灰度值范围远远大于 $[0, 255]$. 如果我们仅仅通过利用 $\dfrac{u}{M}$ 简单地将整个灰度值范围强制归一化为区间 $[0, 1]$, 那么在原始灰度值范围中的有用信息将被压缩甚至消失. 受到伽马校正思想的启发, 我们在公式 (4.3.4) 中引入函数 $b(u) = \dfrac{2|u|^{\alpha}}{M^{\alpha} + 1 + |u|^{\alpha}}$ 来解决上述问题. 进一步, 函数 $b(u) = \dfrac{2|u|^{\alpha}}{M^{\alpha} + |u|^{\alpha}}$ 可以通过 $t = \dfrac{|u|}{M} \in [0, 1]$ 变换为 $b(t) = \dfrac{2t^{\alpha}}{1 + t^{\alpha}}$. 如图 4.3.2 所示, 不同的参数 α 会将不同区域的灰度值扩张, 进而释放该区域中原本被压缩的信息. 在实际应用中, 参数 α 的选取会受到噪声图像的噪声水平和平均灰度值的影响.

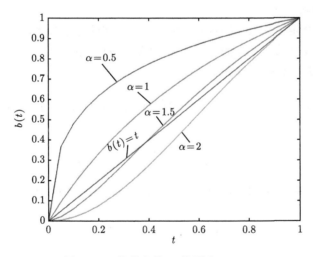

图 4.3.2　指数参数 α 的影响

由扩散方程理论, 函数 $c(|\nabla u|) = |\nabla u|^{p(x)-2}$ 中不同的参数 $p(x)$ 将导致方程 (4.3.6) 的理论研究具有不同的难度. 在 $p(x) \equiv 1$ 的极限情况下, 方程 (4.3.6) 将会在 $|\nabla u| \to \infty$ 时发生退化; 而在 $p(x) \equiv 2$ 的极限情况下, 方程将不会因为 $|\nabla u|$ 的不同而发生退化. 简单来说, 参数 $p(x)$ 控制着方程 (4.3.6) 发生退化的速率, 当 $p(x)$ 越接近于 1 时, 方程 (4.3.6) 退化的速率越快. 更进一步, 对于去噪过程中的某个特定区域, $p(x)$ 越接近于 1, 其正则化的速率越慢. 因此, 参数 $p(x)$ 的选取可以

依赖于区域信息, 例如下述方法:

$$p(x) = 1 + \frac{1}{1 + |\nabla G_\sigma * f|} \tag{4.3.7}$$

3. 模型在去噪过程中的扩散行为

接下来, 我们将简述方程 (4.3.6) 在去噪过程中的扩散行为. 如前所述, 我们将方程 (4.3.6) 的扩散系数按照 4.3.2 小节的原则选取. 容易看到, 式 (4.3.4) 中 $b(u) = \dfrac{2|u|^\alpha}{M^\alpha + |u|^\alpha}$ 会在灰度值较低的区域变得非常小, 使得扩散系数接近于 0 并保护其中的低灰度值图像特征; 在灰度值较高的区域, $b(u)$ 接近于 1, 使得扩散系数主要依赖于 $c(|\nabla u|) = |\nabla u|^{p(x)-2}$. 在这种情况下, $c(|\nabla u|)$ 作为边界探测算子可以有效地保护图像中边界. 也就是说在边界处, 函数 $c(|\nabla u|)$ 中的 $|\nabla u| \to \infty$ 时会使得扩散系数接近于 0, 而在图像内部区域有 $c(|\nabla u|) \to 1$, 从而有效地去除噪声.

4.3.4　模型分析

1. 模型弱解的存在性

1) 预备知识

首先我们介绍 Sobolev-Orlicz 空间以及该空间的几个基本性质. 设 $\Omega \subset \mathbb{R}^n$ 是具有利普希茨连续边界 $\partial \Omega$ 的有界区域. 函数 $p(x) \in [p^-, p^+] \subset (1, +\infty)$ 是 Ω 上对数模连续的函数, 即 $p(x)$ 满足如下条件:

$$|p(x_1) - p(x_2)| \leqslant \omega(|x_1 - x_2|) \text{ 对任意的 } \forall x_1, x_2 \in \Omega, |x_1 - x_2| < \frac{1}{2} \text{ 成立} \tag{4.3.8}$$

其中

$$\varlimsup_{\tau \to 0^+} \left(\omega(\tau) \ln \frac{1}{\tau} \right) = C < +\infty$$

令 $L^{p(\cdot)}(\Omega)$ 代表 Ω 上满足如下条件的可测函数组成的空间:

$$A_{p(\cdot)}(f) = \int_\Omega |f(x)|^{p(x)} \, \mathrm{d}x < \infty$$

函数空间 $L^{p(\cdot)}(\Omega)$ 的模 $\|f\|_{p(\cdot),\Omega}$ 定义如下:

$$\|f\|_{p(\cdot),\Omega} = \|f\|_{L^{p(\cdot)}(\Omega)} = \inf\{\lambda > 0 : A_{p(\cdot)}(f/\lambda) \leqslant 1\}$$

容易证明函数空间 $L^{p(\cdot)}(\Omega)$ 是一个 Banach 空间. 接下来定义 Banach 空间 $W^{1,p(\cdot)}(\Omega)$ 如下:

$$W^{1,p(\cdot)}(\Omega) = \{f \in L^{p(\cdot)}(\Omega) : |\nabla f|^{p(x)} \in L^1(\Omega)\}$$
$$\|u\|_{W^{1,p(\cdot)}(\Omega)} = \sum_i \|D_i u\|_{p(\cdot),\Omega} + \|u\|_{p(\cdot),\Omega} \tag{4.3.9}$$

空间 $W^{1,p(\cdot)}(\Omega)$ 有如下性质:

(1) 若 $p(x)$ 满足条件 (4.3.8), 则空间 $C^\infty(\bar{\Omega})$ 在 $W^{1,p(\cdot)}(\Omega)$ 中稠密, 并且 $W^{1,p(\cdot)}(\Omega)$ 是 $C^\infty(\bar{\Omega})$ 按照范数 (4.3.9) 完备化的空间;

(2) 若 $p(x) \in C^0(\bar{\Omega})$, 则函数空间 $W^{1,p(\cdot)}(\Omega)$ 是可分的且自反的;

(3) 若 $1 < q(x) < \sup\limits_{\Omega} q(x) < \inf\limits_{\Omega} p_*(x)$, 且

$$p_*(x) = \begin{cases} \dfrac{p(x)n}{n-p(x)}, & p(x) < n \\ \infty, & p(x) > n \end{cases}$$

则 $W^{1,p(\cdot)}(\Omega) \to L^{q(\cdot)}(\Omega)$ 是紧连续嵌入;

(4) 从定义可直接得到

$$\min\{\|f\|_{p(\cdot)}^{p^-}, \|f\|_{p(\cdot)}^{p^+}\} \leqslant A_{p(\cdot)}(f) \leqslant \max\{\|f\|_{p(\cdot)}^{p^-}, \|f\|_{p(\cdot)}^{p^+}\}$$

(5) Hölder 不等式

$$\int_\Omega |fg|\mathrm{d}x \leqslant \left(\frac{1}{p^-} + \frac{1}{p'^-}\right) \|f\|_{p(\cdot)} \|g\|_{p'(\cdot)} \leqslant 2\|f\|_{p(\cdot)} \|g\|_{p'(\cdot)}$$

其中 $f \in L^{p(\cdot)}(\Omega), g \in L^{p'(\cdot)}(\Omega)$ 且 $p(x) \in (1, +\infty), p' = \dfrac{p}{p-1}$.

接下来我们定义 t 向异性空间 $L^{p(\cdot)}(Q)$ 和 $W(Q)$. 令 $p(z), z = (x,t) \in Q$, 在柱形区域 Q 上满足条件 (4.3.8), 则对于固定的 $t \in [0,T]$, 我们引入 Banach 空间

$$V_t(\Omega) = \{u(x): u(x) \in L^2(\Omega) \bigcap W^{1,1}(\Omega),$$
$$|\nabla u(x)|^{p(x,t)} \in L^1(\Omega), \langle \nabla u, \boldsymbol{n} \rangle = 0, x \in \partial\Omega\}$$
$$\|u\|_{V_t(\Omega)} = \|u\|_{2,\Omega} + \|\nabla u\|_{p(\cdot,t),\Omega}$$

并用 $V_t'(\Omega)$ 表示其对偶空间. 定义如下 Banach 空间 $W(Q)$:

$$W(Q) = \{u: [0,T] \mapsto V_t(\Omega), u \in L^2(Q), |\nabla u|^{p(z)} \in L^1(Q), \langle \nabla u, \boldsymbol{n} \rangle = 0, x \in \partial\Omega\}$$
$$\|u\|_{W(Q)} = \|\nabla u\|_{p(\cdot),Q} + \|u\|_{2,Q}$$

以及其对偶空间 $W'(Q)$:

$$w \in W'(Q) \Leftrightarrow \begin{cases} w = w_0 + \sum\limits_{i=1}^n D_i w_i, w_0 \in L^2(Q), w_i \in L^{p'(\cdot)}(Q) \\ \forall \phi \in W(Q), \langle w, \phi \rangle = \int_{Q_T} \left(w_0 \phi + \sum\limits_i w_i D_i \phi\right) \mathrm{d}z \end{cases}$$

$W'(Q)$ 空间中的模定义如下:

$$\|v\|_{W'(Q)} = \sup\{\langle v, \phi \rangle \,|\, \phi \in W(Q), \|\phi\|_{W(Q)} \leqslant 1\}$$

设

$$V_+(\Omega) = \{u(x) | u \in L^2(\Omega) \bigcap W_0^{1,1}(\Omega), |\nabla u| \in L^{p^+}(\Omega)\}$$

由于空间 $V_+(\Omega)$ 是可分的, 则其是一组可数的线性无关函数 $\{\psi_k(x)\} \subset V_+(\Omega)$ 的生成空间. 不失一般性, 我们假设这组函数也是 $L^2(\Omega)$ 空间的一组标准正交基.

引理 4.3.1　若条件 (4.3.8) 满足, 则对任意 $t \in [0, T]$, 集合 $\{\psi_k(x)\}$ 在 $V_t(\Omega)$ 中稠密.

引理 4.3.2　对于任意 $u \in W(Q)$, 存在序列 $\{d_k(t)\}, d_k(t) \in C^1[0, T]$, 使得当 $m \to \infty$ 时, $\left\| u - \sum_{k=1}^m d_k(t)\psi_k(x) \right\|_{W(Q_T)} \to \infty$.

设 ρ 是 Friedrichs 磨光核

$$\rho(s) = \begin{cases} \kappa \exp\left(-\dfrac{1}{1-|s|^2}\right), & |s| < 1 \\ 0, & |s| > 1 \end{cases}$$

其中 $\kappa = \displaystyle\int_{\mathbb{R}^{n+1}} \rho(z)\mathrm{d}z = 1$.

给定函数 $v \in L^1(Q_T)$, 我们可以通过如下方法将其延拓至空间 $\mathbb{R}^{n+1}$ 上且仍旧具有紧支集, 也就是令

$$v_h(z) = \int_{\mathbb{R}^{n+1}} v(s)\rho_h(z-s)\mathrm{d}s$$

其中 $\rho_h(s) = \dfrac{1}{h^{n+1}}\rho\left(\dfrac{s}{h}\right), h > 0$.

引理 4.3.3　若 $u \in W(Q_T)$ 且指数函数 $p(z)$ 在 Q 上满足条件 (4.3.8), 则

$$\|u_h\|_{W(Q)} \leqslant C(1 + \|u\|_{W(Q)})$$

且当 $h \to 0$ 时, $\|u_h - u\|_{W(Q)} \to 0$

引理 4.3.4　若 $u \in W'(Q)$, 则 $(u_k)_t \in W'(Q)$, 且对于每一个 $\psi \in W(Q)$, 当 $h \to 0$ 时, $\langle (u_h)_t, \psi \rangle \to \langle u_t, \psi \rangle$.

引理 4.3.5　令 $v_t, w_t \in W'(Q)$ 且指数函数 $p(z)$ 在 Q 上满足条件 (4.3.8), 则对几乎处处的 $t_1, t_2 \in (0, T]$, 有

$$\int_{t_1}^{t_2} \int_\Omega vw_t\mathrm{d}z + \int_{t_1}^{t_2} \int_\Omega v_t w\mathrm{d}z = \int_\Omega vw\mathrm{d}x \Big|_{t=t_1}^{t=t_2}$$

证明 不妨假设 $t_1 < t_2$, 令

$$
\chi_k(t) = \begin{cases} 0, & t \leqslant t_1 \\ k(t-t_1), & t_1 \leqslant t \leqslant t_1 + \dfrac{1}{k} \\ 1, & t_1 + \dfrac{1}{k} \leqslant t \leqslant t_2 - \dfrac{1}{k} \\ k(t_2-t), & t_2 - \dfrac{1}{k} \leqslant t \leqslant t_2 \\ 0, & t \geqslant t_2 \end{cases} \tag{4.3.10}
$$

则对每一个 $k \in N$ 和 $h > 0$ 有

$$
0 = \int_{Q_T} (v_h w_h \chi_k)_t \mathrm{d}z \equiv \int_Q (v_h w_h)_t \chi_k \mathrm{d}z - k \int_{\theta - \frac{1}{k}}^{\theta} \int_{\Omega} v_h w_h \mathrm{d}z \Big|_{\theta = t_1}^{\theta = t_2}
$$

由 $v_h, w_h \in L^2(Q_T)$ 可知上式右端两项积分存在, 令 $h \to 0$, 可得

$$
\lim_{h \to 0} \int_Q (v_h(w_h)_t + (v_h)_t w_h) \chi_k(t) \mathrm{d}z = k \int_{t_2 - \frac{1}{k}}^{t_2} \int_{\Omega} vw \mathrm{d}z - k \int_{t_1}^{t_1 + \frac{1}{k}} \int_{\Omega} vw \mathrm{d}z
$$

由引理 4.3.3 和引理 4.3.4 可知, 当 $h \to 0$ 时, $v_k \to v$ 在空间 $W(Q)$ 中成立, 且 $(w_h)_t = (w_t)_h \to w_t$ 在空间 $W'(Q_T)$ 中弱收敛, 并且 $\|v\|_W, \|(w_h)_t\|_W$ 是一致有界的, 则有

$$
\begin{aligned}
\lim_{h \to 0} \int_Q v_h(w_h)_t \chi_k(t) \mathrm{d}z &= \lim_{h \to 0} \int_Q (v_h - v)(w_h)_t \chi_k(t) \mathrm{d}z \\
&\quad + \lim_{h \to 0} \int_Q v((w_h)_t - w_t) \chi_k(t) \mathrm{d}z + \int_Q vw_t \chi_k(t) \mathrm{d}z \\
&= \int_Q vw_t \chi_k(t) \mathrm{d}z
\end{aligned}
$$

同理可得

$$
\lim_{h \to 0} \int_Q (v_h)_t w_h \chi_k(t) \mathrm{d}z = \int_Q vw_t \chi_k(t) \mathrm{d}z
$$

由 Lesbegue 微分定理可知, 对几乎处处的 $\theta > 0$ 有

$$
\lim_{k \to 0} k \int_{\theta - \frac{1}{k}}^{\theta} \left(\int_{\Omega} vw \mathrm{d}x \right) \mathrm{d}t = \int_{\Omega} vw \mathrm{d}x \Big|_{t=\theta}
$$

成立. 更进一步, 对几乎所有的 $t_1, t_2 \in (0, T]$ 有

$$
\int_{t_1}^{t_2} \int_{\Omega} (vw_t + v_t w) \mathrm{d}z = \lim_{k \to \infty} \int_Q (vw_t + v_t w) \chi_k(t) \mathrm{d}z
$$

$$= \lim_{k \to 0} k \int_{\theta - \frac{1}{k}}^{\theta} \int_{\Omega} vw \mathrm{d}x \mathrm{d}t \Big|_{t=t_1}^{t=t_2} = \int_{\Omega} vw \mathrm{d}x \Big|_{t=t_1}^{t=t_2}$$

推论 4.3.1 令 $u \in W(Q), u_t \in W'(Q)$ 且指数函数 $p(z)$ 满足条件 (4.3.8), 则对几乎处处的 $t_1, t_2 \in (0, T]$ 有

$$\int_{t_1}^{t_2} \int_{\Omega} u u_t \mathrm{d}z = \frac{1}{2} \|u\|_2^2 \Big|_{t=t_1}^{t=t_2}$$

命题 4.3.1 对于任意 $p \geqslant 2, |a| \geqslant |b| \geqslant 0$ 有

$$\left| |a|^{p-2} a - |b|^{p-2} b \right| \leqslant C(p) |a - b| (|a| + |b|)^{p-1}$$

命题 4.3.2 对于 $2 - p < \beta < 1$ 和 $|a| \geqslant |b| \geqslant 0$, 有

$$\left| |a|^{p-2} a - |b|^{p-2} b \right| \leqslant C(p) |a - b|^{1-\beta} (|a| + |b|)^{p-2+\beta}$$

引理 4.3.6 令 $u \in W(Q) \bigcap L^{\infty}(Q)$, $u_t \in W'(Q)$ 且指数函数 $p(z)$ 满足条件 (4.3.8). 现在我们引入函数 $v = \int_0^u (\varepsilon + |s|)^{\gamma(z)} \mathrm{d}s$, $\varepsilon > 0$, $\gamma(z) \geqslant \gamma^- > -1$, 使得 $\gamma_t \in L^2(Q)$, 且 $|\nabla \gamma(z)|^{p(z)} \in L^1(Q)$, 则对几乎处处的 $t_1, t_2 \in (0, T]$ 有

$$\int_{t_1}^{t_2} \int_{\Omega} u_t v \mathrm{d}z = \int_{\Omega} \frac{uv}{\gamma + 2} \mathrm{d}z \Big|_{t=t_1}^{t=t_2} + \int_{t_1}^{t_2} \int_{\Omega} \frac{uv}{\gamma + 2} \gamma_t \mathrm{d}z + \varepsilon \int_Q \frac{v}{\gamma + 2} \mathrm{d}x \Big|_{t=t_1}^{t=t_2}$$
$$+ \varepsilon \int_{t_1}^{t_2} \int_{\Omega} \frac{\gamma_t}{\gamma + 2} \int_0^u (\varepsilon + |s|)^{\gamma} \ln(\varepsilon + |s|) \mathrm{d}s \mathrm{d}z - \varepsilon \int_{t_1}^{t_2} \int_{\Omega} v \frac{\gamma_t}{(\gamma + 2)^2} \mathrm{d}z$$
$$\equiv \mu_{\varepsilon}(u, v) \tag{4.3.11}$$

证明 令 $u_k \in C^{\infty}(Q)$ 是 $u \in W(Q)$ 的磨光, 且

$$v_k = \int_0^{u_h} (\varepsilon + |s|)^{\gamma(z)} \mathrm{d}s \equiv \frac{\mathrm{sign}\, u_k}{\gamma + 1} ((\varepsilon + |u_k|)^{\gamma+1} - \varepsilon^{\gamma+1})$$

显然存在常数 K_0, 使得 $\|u\|_{L^{\infty}}, \|u_h\|_{L^{\infty}} \leqslant K_0$. 又 $\gamma(z) \geqslant \gamma^- > -1$, 则由引理 4.3.3 和引理 4.3.4 可得

$$|v_k - v| \leqslant C \max\{|u_k - u|, |u_k - u|^{1+\min\{0,\gamma^-\}}\}, \quad \text{其中 } C \equiv C(\varepsilon, p^{\pm}, \alpha^{\pm}, K_0)$$

由 $u \in L^{\infty}(Q)$ 可知, 对于任意的 $s > 1$, 当 $h \to 0$ 时, $\|v_h - v\|_{L^s(Q)} \to 0$. 简单计算后可得, 对于任意的 $s > 1$, 当 $h \to 0$ 时, 有

$$\left\| \int_u^{u_h} (\varepsilon + |s|)^{\gamma(z)} \ln(\varepsilon + |s|) \mathrm{d}s \right\|_{L^s(Q)} \to 0$$

令 $\chi_k(t)$ 如公式 (4.3.10) 中定义, $\psi_k(z) = \dfrac{\chi_k(t)}{\gamma+2}$. 由引理 4.3.5 的证明可得

$$k \int_{\theta-\frac{1}{k}}^{\theta} \mathrm{d}t \int_{\Omega} \frac{u_h v_h}{\gamma+2} \mathrm{d}x \bigg|_{\theta=t_1}^{\theta=t_2}$$

$$= \int_{t_1}^{t_2} \int_{\Omega} \chi_k(t)(u_h)_t v_h \mathrm{d}z - \int_{t_1}^{t_2} \int_{\Omega} \frac{u_h v_h}{\gamma+2} \gamma_t \chi_k(t) \mathrm{d}z$$

$$- \varepsilon \int_{t_1}^{t_2} \int_{\Omega} \chi_k(t) \frac{\gamma_t}{\gamma+2} \int_0^{u_h} (\varepsilon+|s|)^{\gamma} \ln(\varepsilon+|s|) \, \mathrm{d}s \mathrm{d}z$$

$$+ \varepsilon \int_{t_1}^{t_2} \int_{\Omega} \chi_k(t) v_h \frac{\gamma_t}{(\gamma+2)^2} \mathrm{d}z + \varepsilon \int_{\theta-\frac{1}{k}}^{\theta} \mathrm{d}t \int_{\Omega} \frac{v_h}{\gamma+2} \mathrm{d}x \bigg|_{\theta=t_1}^{\theta=t_2} \qquad (4.3.12)$$

由于 $u \in W(Q) \bigcap L^{\infty}(Q)$, $\gamma^- > -1$. 对于任意的 $\varepsilon > 0$, $v \in W(Q)$. 具体来说, 由于 $\|u\|_{L^{\infty}(Q)} \leqslant M$, 我们有

$$|v| \leqslant M_1(\gamma^{\pm}, M), \qquad \int_0^{|u|} (\varepsilon+|s|)^{\gamma} \ln(\varepsilon+|s|) \mathrm{d}s \leqslant M_2(\gamma^{\pm}, M)$$

进而有

$$|\nabla v| \leqslant (\varepsilon+|u|)^{\gamma(z)} |\nabla u| + |\nabla \gamma| \int_0^{|u|} (\varepsilon+|s|)^{\gamma(z)} \ln(\varepsilon+|s|) \mathrm{d}s \in L^{p(\cdot)}(Q)$$

由引理 4.3.3 有

$$\|v_h\|_{W(Q)} \leqslant C(1 + \|v\|_{W(Q)}) \text{ 且当 } h \to 0 \text{ 时}, \quad \|v_h - v\|_{W(Q)} \to 0$$

在公式 (4.3.12) 中令 $h \to 0$, 由引理 4.3.5 的证明过程可得

$$k \int_{\theta-\frac{1}{k}}^{\theta} \mathrm{d}t \int_{\Omega} \frac{uv}{\gamma+2} \mathrm{d}x \bigg|_{\theta=t_1}^{\theta=t_2}$$

$$= \int_{t_1}^{t_2} \int_{\Omega} \chi_k(t)(u)_t v \mathrm{d}z - \int_{t_1}^{t_2} \int_{\Omega} \frac{uv}{\gamma+2} \gamma_t \chi_k(t) \mathrm{d}z$$

$$- \varepsilon \int_{t_1}^{t_2} \int_{\Omega} \chi_k(t) \frac{\gamma_t}{\gamma+2} \int_0^{u} (\varepsilon+|s|)^{\gamma} \ln(\varepsilon+|s|) \mathrm{d}s \mathrm{d}z$$

$$+ \varepsilon \int_{t_1}^{t_2} \int_{\Omega} \chi_k(t) v \frac{\gamma_t}{(\gamma+2)^2} \mathrm{d}z + \varepsilon \int_{\theta-\frac{1}{k}}^{\theta} \mathrm{d}t \int_{\Omega} \frac{v}{\gamma+2} \mathrm{d}x \bigg|_{\theta=t_1}^{\theta=t_2}$$

再令 $k \to \infty$, 并由 Lebesgue 微分定理可得结论.

推论 4.3.2 令 $\varepsilon = 0$, $u \in W(Q)$, $u_t \in W'(Q)$, $v = \dfrac{u|u|^{\gamma}}{\gamma+1} \in W(Q)$. 在引理 4.3.6 的条件下可得, 对几乎所有的 $t_1, t_2 \in (0, T]$ 有

$$\int_{t_1}^{t_2} \int_{\Omega} u_t v \mathrm{d}z = \int_{\Omega} \frac{uv}{\gamma+2} \mathrm{d}z \bigg|_{t=t_1}^{t=t_2} + \int_{t_1}^{t_2} \int_{\Omega} \frac{uv}{\gamma+2} \gamma_t \mathrm{d}z \equiv \mu(u, v)$$

2) 方程的正则化

事实上, 方程 (4.3.6) 的解可由 $v = \phi_0^{-1}(z, u)$ 得到, 其中 u 是如下正则化问题解序列的极限:

$$
\begin{cases}
u_t = \operatorname{div}(A_{\varepsilon, K}(z, u)\,|\nabla u|^{p(z)-2}\,\nabla u), & (x, t) \in Q \\
\langle \nabla u, \boldsymbol{n} \rangle = 0, & (x, t) \in \partial\Omega \times (0, T) \\
u(x, 0) = f, & x \in \Omega
\end{cases}
\tag{4.3.13}
$$

其中系数 $A_{\varepsilon, K}(z, u) = a(z, u)(\varepsilon + \min\{K, |u|\})^{\alpha(z)}$ 依赖于给定的参数 $\varepsilon \in (0, 1)$, $K > 0$, 则对于任意的 $\varepsilon \in (0, 1)$ 和 $0 < K < \infty$, $0 < A_{\varepsilon, K}(z, u) < \infty$. 方程 (4.3.13) 事实上是一个具有 Neumann 边值条件的 p-Laplace 方程.

对于方程 (4.3.13), 我们有如下的弱解定义:

称函数 $u \in L^\infty(0, T; L^2(\Omega)) \bigcap W(Q)$ 为方程 (4.3.13) 的弱解, 若其满足对任意的 $\phi \in L^\infty(0, T; L^2(\Omega)) \bigcap W(Q)$, $\phi_t \in W'(Q)$ 以及任意的 $t_1, t_2 \in [0, T]$ 有

$$
\int_\Omega u\phi \mathrm{d}x \bigg|_{t=t_1}^{t=t_2} = \int_{t_1}^{t_2} \int_\Omega \left[u\phi_t - A_{\varepsilon, K}(z, u)\,|\nabla u|^{p(z)-2}\,\nabla u \cdot \nabla \phi \right] \mathrm{d}z
$$

定理 4.3.1　对任意的 $f \in L^2(\Omega)$, $\varepsilon > 0, K > 0$, 方程 (4.3.13) 至少存在一个弱解 $u \in L^\infty(0, T; L^2(\Omega)) \bigcap W(Q)$, 使得 $u_t \in W'(Q)$. 更进一步, 若 $f \in L^\infty(\Omega)$, 则 $u \in L^\infty(Q)$, 且有如下估计:

$$
\|u\|_{\infty, Q} \leqslant \|f\|_{\infty, \Omega} \equiv K_0
\tag{4.3.14}
$$

证明　在此只简述定理的证明过程. 方程 (4.3.13) 的弱解事实上可以被认为是 Galerkin 逼近序列 $u^{(m)} = \sum\limits_{i=1}^{m} c_{i,m}(t)\psi_i(x)$ 的极限, 其中 $\{\psi_i\}$ 是空间 $V_+(\Omega)$ 的基底, 且在 $L^2(\Omega)$ 中是规范正交的. 将 $u^{(m)}$ 代入式 (4.3.14) 中并且取 $\psi_i, i = 1, \cdots, m$ 为检验函数, 则可得有关系数 $c_{i,m}(t)$ 的常微分方程组. 该方程组在区间 $[0, T]$ 上有解, 且对函数 $u^{(m)}$ 有如下一致估计:

$$
\left\| u^{(m)} \right\|_{L^\infty(0, T; L^2(\Omega))} + \int_Q \left| \nabla u^{(m)} \right|^{p(z)} \mathrm{d}z \leqslant C \|f\|_{2, \Omega}^2
$$

则可对序列 $\{u^{(m)}\}$ 取极限. 对于验证该序列极限是弱解的过程则是基于算子 $|s|^{p-2} s : \mathbb{R}^n \mapsto \mathbb{R}^n$ 的单调性以及在空间 $W(Q), W'(Q)$ 中关于时间项的分部积分公式.

定理 4.3.2　设 $f \in L^\infty(\Omega)$, u 是方程 (4.3.13) 的一个弱解, 那么 u 满足如下弱极值原理:

对任意的 $t \in [0,T]$, $\mu \leqslant u(x,t) \leqslant v$ 在区域 Ω 上几乎处处成立

其中 $\mu = \liminf\limits_{x \in \Omega} f$, $v = \limsup\limits_{x \in \Omega} f$.

推论 4.3.3 由公式 (4.3.13), 存在常数 $a^\pm$ 使得对任意 $z \in Q, r \in \mathbb{Z}$, 有

$$a^- \leqslant a(z,r) \leqslant a^+ < \infty$$

推论 4.3.4 由公式 (4.3.13), 对于 $f \in L^\infty(\Omega)$ 和 $K > K_0$, 正则化方程 (4.3.13) 的解不依赖于参数 K. 事实上, 正则化方程 (4.3.13) 的解是下述方程的解:

$$
\begin{cases}
\partial_t u_\varepsilon = \operatorname{div}(A_{\varepsilon,K}(z,u)\,|\nabla u_\varepsilon|^{p(z)-2}\,\nabla u_\varepsilon), & (x,t) \in Q \\
\langle \nabla u_\varepsilon, \boldsymbol{n} \rangle = 0, & (x,t) \in \partial\Omega \times (0,T) \\
u_\varepsilon(x,0) = f, & x \in \Omega
\end{cases}
\tag{4.3.15}
$$

其中 $A_{\varepsilon,K}(z,u) \equiv A_{\varepsilon,\infty}(z,u) = a(z,u_\varepsilon)(\varepsilon + |u_\varepsilon|)^{\gamma(z)(p(z)-1)}, \gamma(z) = \dfrac{\alpha(z)}{p(z)-1}$.

推论 4.3.5 由定理 4.3.2 和引理 4.3.5 可知, 若函数 $u \in L^\infty(0,T;L^2(\Omega)) \bigcap W(Q)$ 是方程 (4.3.15) 的弱解, 则 $\partial_t u \in W'(Q)$, 并且对于任意的检验函数 $\phi \in W(Q)$, 有

$$\int_Q \left(\phi \partial_t u + A_{\varepsilon,K}(z,u)\,|\nabla u|^{p(z)-2}\,\nabla u \cdot \nabla\phi \right) \mathrm{d}z = 0 \tag{4.3.16}$$

取检验函数 $\phi(x) \in C_0^\infty(\Omega)$ 并对公式 (4.3.16) 左边第一项应用引理 4.3.5, 对于任意的 $t_1, t_2 \in [0,T]$, 有

$$\int_\Omega u\phi\mathrm{d}x \Big|_{t=t_1}^{t=t_2} = \int_{t_1}^{t_2} \int_\Omega \left[A_{\varepsilon,K}(z,u)\,|\nabla u|^{p(z)-2}\,\nabla u \cdot \nabla\phi \right] \mathrm{d}z$$

则由积分的绝对连续性可知 $\lim\limits_{t \to 0} \int_\Omega u\phi\mathrm{d}x = \int_\Omega f\phi\mathrm{d}x$, 对任意 $\phi(x) \in C_0^\infty(\Omega)$ 成立.

3) 解的预估计

由推论 4.3.4, 在下文中我们考虑只有一个正则化参数 ε 的方程 (4.3.13), 也就是方程 (4.3.15). 我们希望得到对于解的几个预估计, 且这些预估计都与参数 ε 无关. 引入如下向量值函数:

$$G_\varepsilon = A_{\varepsilon,K}(z,u_\varepsilon)\,|\nabla u_\varepsilon|^{p(z)-2}\,\nabla u_\varepsilon$$

则方程 (4.3.15) 可转化为

$$\partial_t u_\varepsilon = \operatorname{div}(G_\varepsilon) \tag{4.3.17}$$

引理 4.3.7 函数 G_ε 满足估计

$$\int_Q |G_\varepsilon|^{p'(z)}\,\mathrm{d}z \leqslant C, \quad p'(z) = \frac{p(z)}{p(z)-1} \tag{4.3.18}$$

其中常数 $C = C(a^\pm, p^\pm, \alpha^\pm, K_0, \|\nabla\gamma\|_{p(\cdot),Q})$ 不依赖于参数 ε.

证明   由于 $u_\varepsilon \in W(Q)$, 对 $\forall \varepsilon > 0$, 取 $\phi_\varepsilon = \int_0^{u_\varepsilon} (\varepsilon + |s|)^{\gamma(z)} \mathrm{d}s \in W(Q)$, 则 ϕ_ε 可作为检验函数代入公式 (4.3.16) 中, 由引理 4.3.6 可得

$$a^- \int_Q |G_\varepsilon|^{p'(z)} \mathrm{d}z \leqslant C + \int_Q |f\phi| \mathrm{d}z + \int_Q |\nabla G_\varepsilon| \, |\nabla \gamma| \int_0^{|u_\varepsilon|} (\varepsilon + |s|)^\gamma |\ln(\varepsilon + |s|)| \mathrm{d}s \mathrm{d}z$$

在这里常数 C 仅依赖于 $K_0, \gamma^\pm, \|\gamma_t\|_{2,Q}$.

利用 Young 不等式估计上式右边最后一项可得

$$a^- \int_Q |G_\varepsilon|^{p'(z)} \mathrm{d}z \leqslant C' \left(1 + \int_Q |\nabla \gamma(z)|^{p(z)} \mathrm{d}z \right)$$

此时常数依赖于 $\gamma^\pm, K_0, p^\pm, \|\nabla\gamma\|_{p(\cdot),Q}, \|\gamma_t\|_{2,Q}, I_0$, 其中

$$I_0 = \int_\Omega |u_0| \int_0^{|u_0|} (\varepsilon + |s|)^{\gamma(x,0)} \mathrm{d}s$$

引理 4.3.8   设 u_ε 是方程 (4.3.13) 的解, 则有 $\|\partial_t u_\varepsilon\|_{W'(Q)} \leqslant C$, 其中常数 C 不依赖于参数 ε.

证明   只需验证对于任意的 $\phi \in W(Q)$ 且 $\phi(x,0) = \phi(x,T) = 0$, 有

$$|(\partial_t u_\varepsilon, \phi)_{2,Q}| \leqslant C \|\phi\|_{W(Q)}$$

其中常数 C 不依赖于 ε 和 ϕ. 由公式 (4.3.17)

$$\left| \int_Q \phi \partial_t u_\varepsilon \mathrm{d}z \right| \leqslant \int_Q |G_\varepsilon| \, |\nabla \phi| \mathrm{d}z \leqslant \|G_\varepsilon\|_{p'(\cdot),Q} \|\nabla \phi\|_{p(\cdot),Q}$$
$$\leqslant C \|G_\varepsilon\|_{p'(\cdot),Q} \|\phi\|_{W(Q)}$$

则由引理 4.3.7 易知结论.

引理 4.3.9   在前述假设下, 方程 (4.3.15) 的解在 $L^s(Q)$ 中相对紧, 其中 $1 < s < \infty$.

证明   假设 $v \geqslant 1 + \gamma^+$, 由 u_ε 一致有界和式 (4.3.18) 可得如下不等式:

$$\left| \int_Q \left| \nabla(|u_\varepsilon|^{v-1} u_\varepsilon) \right|^{p^-} \mathrm{d}z \right| \leqslant C_1 \int_Q (|u_\varepsilon| + \varepsilon)^{(v-1)p^-} |\nabla u_\varepsilon|^{p^-} \mathrm{d}z$$
$$\leqslant C_2 \int_Q (|u_\varepsilon| + \varepsilon)^{\gamma(z)p(z)} |\nabla u_\varepsilon|^{p(z)} \mathrm{d}z$$
$$+ C_3 \int_Q (|u_\varepsilon| + \varepsilon)^{((v-1)-\gamma)\frac{p(z)p^-}{p(z)-p^-}} \mathrm{d}z \leqslant C_4$$

则由引理 4.3.8 中的估计 $\|\partial_t u_\varepsilon\|_{W'(Q)} \leqslant C$ 和 $\left\| \nabla(|u_\varepsilon|^{v-1} u_\varepsilon) \right\|_{p^-,Q} \leqslant C$ 知在 $L^s(Q)$ 中存在相对紧的序列 $\{u_\varepsilon\}$.

由上述估计我们可得函数 $u \in L^\infty(Q) \bigcap L^s(Q)$ 和函数列 $\{u_\varepsilon\}$ (仍旧记为 $\{u_\varepsilon\}$) 使得

$$
\begin{cases}
\|u_\varepsilon\|_{\infty,Q} \leqslant K_0 \\
u_\varepsilon \to u \ \text{于} \ L^q (1 < q < \infty) \\
u_\varepsilon \to u \ \text{几乎处处于} \ Q \\
\partial_t u_\varepsilon \to \partial_t u \ \text{于} \ W'(Q) \ \text{中弱收敛}
\end{cases}
\tag{4.3.19}
$$

其中 K_0 是不依赖于 ε 的常数.

引入如下函数:

$$
v_\varepsilon(z) = \int_0^{u_\varepsilon(z)} (\varepsilon + |s|)^{\gamma(z)} \mathrm{d}s, \quad \gamma(z) = \frac{\alpha(z)}{p(z) - 1} \geqslant \gamma^- > -1
\tag{4.3.20}
$$

由于映射 $u_\varepsilon \mapsto v_\varepsilon$ 是单调的, 故存在反函数 $u_\varepsilon = \phi_\varepsilon(z, v_\varepsilon)$, 则以下两个等式成立:

$$
\begin{cases}
\nabla v_\varepsilon = (\varepsilon + |u_\varepsilon|)^\gamma \nabla u_\varepsilon + \nabla\gamma \int_0^{u_\varepsilon} (\varepsilon + |s|)^\gamma \ln(\varepsilon + s) \mathrm{d}s \\
\partial_t v_\varepsilon = (\varepsilon + |u_\varepsilon|)^\gamma \partial_t u_\varepsilon + \gamma_t \int_0^{u_\varepsilon} (\varepsilon + |s|)^\gamma \ln(\varepsilon + s) \mathrm{d}s
\end{cases}
\tag{4.3.21}
$$

由假设 $\gamma^- > -1$, 引理 4.3.7 以及 u_ε 对于 ε 的有界性, 可得

$$
|\nabla v_\varepsilon|^{p(z)} \leqslant C(K_0)[|G_\varepsilon|^{p'(z)} + |\nabla\gamma|^{p(z)}] \in L^1(Q)
$$

则可得估计 $\|\nabla v_\varepsilon\|_{p(\cdot),Q} \leqslant C$, 其中常数 C 不依赖于 ε, 因此存在 $\{v_\varepsilon\}$ 的子列和函数 $V \in L^{p'(\cdot)}(Q)$ 使得

$$
|\nabla v_\varepsilon|^{p(z)-2} \nabla v_\varepsilon \to V, \quad \text{在空间} \ L^{p'(\cdot)}(Q) \ \text{中弱收敛}
\tag{4.3.22}
$$

另外, 由映射 $u_\varepsilon \mapsto v_\varepsilon$ 的连续性和 $u_\varepsilon \mapsto v_\varepsilon$ 的收敛性可得

$$
\begin{cases}
|v_\varepsilon| \leqslant C(K_0) \\
v_\varepsilon \to v \ \text{于} \ L^q (1 < q < \infty) \\
v_\varepsilon \to u \ \text{在} \ Q \ \text{上几乎处处成立} \\
\nabla v_\varepsilon \to \nabla v \ \text{在} \ L^{p(z)}(Q) \ \text{中弱收敛}
\end{cases}
\tag{4.3.23}
$$

其中

$$
v = \int_0^u (|s|)^\gamma \mathrm{d}s = \frac{u|u|^\gamma}{\gamma + 1} \in W(Q)
$$

接下来我们将验证极限 $u = \lim_{\varepsilon \to 0} \phi_\varepsilon(z, v_\varepsilon)$ 是方程 (4.3.3) 的解.

4) 方程弱解存在性的证明

令 v_ε 定义如公式 (4.3.20), 考虑如下方程:

$$
\begin{cases}
\partial_t \phi_\varepsilon(z, v_\varepsilon) = \mathrm{div}(b(z, v_\varepsilon) |\nabla v_\varepsilon + B(z, v_\varepsilon)|^{p(z)-2} (\nabla v_\varepsilon + B(z, v_\varepsilon))), & (x, t) \in Q \\
\langle \nabla v_\varepsilon, \boldsymbol{n} \rangle = 0, & (x, t) \in \partial\Omega \times (0, T) \\
v_\varepsilon(x, 0) \equiv v_0(x) = \dfrac{f |f|^{\gamma(x,0)}}{1 + \gamma(x, 0)}, & x \in \Omega
\end{cases}
$$

$$(4.3.24)$$

其中 $B(z, v_\varepsilon) = -\nabla\gamma(z) \displaystyle\int_0^{u_\varepsilon} |s|^{\gamma(z)} \ln(\varepsilon + |s|) \mathrm{d}s$, $b(z, v_\varepsilon) \equiv a(z, u_\varepsilon)$, $u_\varepsilon = \phi_\varepsilon(z, v_\varepsilon)$.

对于任意的 $\varepsilon > 0$, 方程 (4.3.15) 至少存在一个有界的解 $u_\varepsilon = \phi_\varepsilon(z, v_\varepsilon) \in W(Q)$. 相应的 $v_\varepsilon = \phi_\varepsilon^{-1}(z, u_\varepsilon)$ 是方程 (4.3.24) 的弱解. 由公式 (4.3.19) 和公式 (4.3.23) 可知, 存在 $\varepsilon > 0$, 函数 $u \in L^2(Q)$ 和 $\Lambda \in L^{p'(\cdot)}(Q)$, 使得方程 (4.3.24) 解序列的子列 $\{v_\varepsilon\}$ (仍旧记为 $\{v_\varepsilon\}$) 满足

$$
\begin{aligned}
& B(z, v_\varepsilon) \to B(z, v) \\
& = \frac{\nabla\gamma}{1 + \gamma} v(1 - (1 + \gamma) \ln|v|) \\
& = \frac{\nabla\gamma}{1 + \gamma} \left(\frac{u |u|^\gamma}{1 + \gamma} - u |u|^\gamma \ln|u| \right) \quad \text{在 } Q \text{ 中几乎处处成立} \\
& b(z, v_\varepsilon) |\nabla v_\varepsilon + B(z, v_\varepsilon)|^{p(z)-2} (\nabla v_\varepsilon + B(z, v_\varepsilon)) \to \Lambda \text{ 在 } L^{p'(\cdot)}(Q) \text{ 中弱收敛} \\
& v_\varepsilon \to v \equiv \frac{1}{1 + \gamma} u |u|^\gamma, \quad \phi_\varepsilon(z, v_\varepsilon) \to \phi_0(z, v) \equiv u
\end{aligned}
$$

$$(4.3.25)$$

在公式 (4.3.11) 中令 $\varepsilon \to 0$, 可得对任意的 $\phi \in W(Q)$

$$
\int_Q (u_t + \Lambda \nabla\phi) \mathrm{d}z = 0, \quad u = \phi_0(z, v) \tag{4.3.26}
$$

为了完成证明, 我们还需验证对任意 $\phi \in W(Q)$, 有

$$
\int_Q \Lambda(z) \nabla\phi \mathrm{d}z = \int_Q b(z, v) |\nabla v + B(z, v)|^{p(z)-2} (\nabla v + B(z, v)) \nabla\phi \mathrm{d}z
$$

定义如下函数:

$$
F(\xi, \eta) = |\nabla\xi + B(z, \eta)|^{p(z)-2} (\nabla\xi + B(z, \eta))
$$

并记

$$
\begin{aligned}
F(v_\varepsilon, \eta_\varepsilon) - F(v, v) \equiv\ & |\nabla v_\varepsilon + B(z, v_\varepsilon)|^{p(z)-2} (\nabla v_\varepsilon + B(z, v_\varepsilon)) \\
& - |\nabla v + B(z, v)|^{p(z)-2} (\nabla v + B(z, v))
\end{aligned}
$$

$$= [F(v_\varepsilon, v_\varepsilon) - F(v_\varepsilon, v)] + [F(v_\varepsilon, v) - F(v, v)]$$
$$\equiv J_1^{(\varepsilon)} + J_2^{(\varepsilon)}$$

步骤 1: 当 $\varepsilon \to 0$ 时, $J_1^{(\varepsilon)} \to 0$.

固定某点 $z \in Q$, $p(z) \geqslant 2$. 在命题 4.3.1 中令 $a = \nabla v_\varepsilon + B(z, v_\varepsilon)$, $b = \nabla v_\varepsilon + B(z, v)$, $p = p(z)$ 可得

$$\left| J_1^{(\varepsilon)} \right| \leqslant C(p^+, p^-) \left| B(z, v_\varepsilon) - B(z, v) \right| (|B(z, v_\varepsilon)|^{p(z)-1} + |B(v)|^{p(z)-1} + |\nabla v_\varepsilon|^{p(z)-1})$$

若 $p(z) \in (1, 2)$, 则由命题 4.3.2 可得

$$\left| J_1^{(\varepsilon)} \right| \leqslant C(p^+, p^-) \left| B(z, v_\varepsilon) - B(z, v) \right|^{1-\alpha}$$
$$\times (|B(z, v_\varepsilon)|^{p(z)-2+\alpha} + |B(v)|^{p(z)-2+\alpha} + |\nabla v_\varepsilon|^{p(z)-2+\alpha})$$

不妨记 $q^+(z) = \max\{p(z), 2\}$, $q^-(z) = \min\{p(z), 2\}$, $Q^+ = Q \bigcap \{z : p(z) \geqslant 2\}$, $Q^- = Q \bigcap \{z : p(z) \in (1, 2)\}$. 对于任意的检验函数 $\varphi \in W(Q)$ 有

$$\left| \iint_Q J_1^{(\varepsilon)} \cdot \nabla \varphi \mathrm{d}z \right|$$
$$\leqslant \left| \int_{Q^+} \cdots \mathrm{d}z \right| + \left| \int_{Q^-} \cdots \mathrm{d}z \right|$$
$$\leqslant C_1(p^\pm) \int_{Q^+} |B(z, v_\varepsilon) - B(z, v)| (|B(z, v_\varepsilon)|^{p(z)-1} + |B(v)|^{p(z)-1} + |\nabla v_\varepsilon|^{p(z)-1}) \mathrm{d}z$$
$$+ C_2(p^\pm) \int_{Q^-} |B(z, v_\varepsilon) - B(z, v)|^{1-\beta} (|B(z, v_\varepsilon)|^{p(z)-2+\beta}$$
$$+ |B(v)|^{p(z)-2+\beta} + |\nabla v_\varepsilon|^{p(z)-2+\beta}) \mathrm{d}z \tag{4.3.27}$$

其中 $2 - p < \beta < 1$. 利用 Hölder 不等式可得, 当 $\varepsilon \to 0$ 时, 上述不等式右边趋于 0.

步骤 2: 当 $\varepsilon \to 0$ 时, $J_2^{(\varepsilon)} \to F(v, v)$.

在公式 (4.3.11) 中取 v_ε 作为检验函数, 并利用公式 (4.3.6) 作分部积分, 有

$$\mu_\varepsilon(u_\varepsilon, v_\varepsilon) + \int_Q b(z, v_\varepsilon) F(v_\varepsilon, v_\varepsilon) \cdot \nabla v_\varepsilon \mathrm{d}z = 0 \tag{4.3.28}$$

其中 $\mu_\varepsilon(\cdot, \cdot)$ 按公式 (4.3.6) 中定义.

引理 4.3.10 对任意的 $\varphi \in W(Q)$, 有

$$\lim_{\varepsilon \to 0} \int_{Q_T} b(z, v_\varepsilon) F(v_\varepsilon, v_\varepsilon) \cdot \nabla \varphi \mathrm{d}z = \int_{Q_T} b(z, v) F(v, v) \cdot \nabla \varphi \mathrm{d}z$$

证明　由单调性

$$0 \leqslant \int_Q b(z, v_\varepsilon)(F(v_\varepsilon, v) - F(\eta, v)) \cdot \nabla(v_\varepsilon - \eta) \mathrm{d}z \qquad (4.3.29)$$

在公式 (4.3.29) 中减去式 (4.3.28) 得

$$\begin{aligned}
0 \leqslant\; & -\mu_\varepsilon(u_\varepsilon, v_\varepsilon) - \int_Q b(z, v_\varepsilon) F(v_\varepsilon, v_\varepsilon) \cdot \nabla v_\varepsilon \mathrm{d}z \\
& + \int_{Q_T} b(z, v_\varepsilon)(F(v_\varepsilon, v) - F(\eta, v)) \cdot (\nabla v_\varepsilon - \eta) \mathrm{d}z \\
\equiv\; & -\mu_\varepsilon(u_\varepsilon, v_\varepsilon) + \sum_{i=1}^4 I_i(\varepsilon)
\end{aligned} \qquad (4.3.30)$$

其中

$$I_1(\varepsilon) = \int_{Q_T} b(z, v_\varepsilon)(F(v_\varepsilon, v) - F(v_\varepsilon, v_\varepsilon)) \cdot \nabla v_\varepsilon \mathrm{d}z$$

$$I_2(\varepsilon) = -\int_{Q_T} b(z, v_\varepsilon) F(\eta, v) \cdot \nabla v_\varepsilon \mathrm{d}z$$

$$I_3(\varepsilon) = -\int_{Q_T} b(z, v_\varepsilon) F(v_\varepsilon, v) \cdot \nabla \eta \mathrm{d}z$$

$$I_4(\varepsilon) = \int_{Q_T} b(z, v_\varepsilon) F(\eta, v) \cdot \nabla \eta \mathrm{d}z$$

由 $b(z, s)$ 关于 s 的连续性和弱收敛性可得

$$\nabla v_\varepsilon \to \nabla v, \quad b(z, v_\varepsilon) F(v_\varepsilon, v_\varepsilon) = (b(z, v_\varepsilon) - b(z, v)) F(v_\varepsilon, v_\varepsilon) + b(z, v) F(v_\varepsilon, v_\varepsilon) \to \Lambda$$

则易知

$$\lim I_2(\varepsilon) = -\int_{Q_T} b(z, v) F(\eta, v) \cdot \nabla v \mathrm{d}z$$

$$\lim I_3(\varepsilon) = -\int_{Q_T} \Lambda \cdot \nabla \eta \mathrm{d}z$$

$$I_4(\varepsilon) = \int_{Q_T} b(z, v) F(\eta, v) \cdot \nabla \eta \mathrm{d}z$$

对于 $I_1(\varepsilon)$, 由于 $B(z, v_\varepsilon) \to A(z, v)$ 在 Q 中几乎处处成立, 且 $\int_Q |\nabla v_\varepsilon|^{p(z)} \mathrm{d}z \leqslant C$. 则类似于公式 (4.3.27) 的证明可得, 当 $\varepsilon \to 0$ 时, $|I_1| \to 0$. 在式 (4.3.30) 中令 $\varepsilon \to 0$ 并利用不等式

$$\liminf_{\varepsilon \to 0} \mu_\varepsilon(u_\varepsilon, v_\varepsilon) \geqslant \mu(u, v) = \int_Q u_t v \mathrm{d}z$$

可得

$$0 \leqslant -\mu(u, v) - \int_Q b(z, v)(F(v, v) \cdot \nabla v) \mathrm{d}z - \int_Q \Lambda \cdot \nabla \eta \mathrm{d}z$$

$$+ \int_Q b(z,v)(F(\eta,v) \cdot \nabla \eta) \mathrm{d}z \tag{4.3.31}$$

所以

$$0 \leqslant \int_Q (\Lambda - b(z,v))(F(\eta,v) \cdot \nabla(v - \eta)) \mathrm{d}z \tag{4.3.32}$$

取 $\eta = v - \lambda w, \ w \in W(Q)$, 则检验函数满足

$$0 \leqslant \lambda \int_Q (\Lambda - b(z,v))(F(v - \lambda w, v) \cdot \nabla w) \mathrm{d}z$$

化简上式, 并令 $\lambda \to 0$ 得

$$0 \leqslant \int_Q (\Lambda - b(z,v))(F(v,v) \cdot \nabla w) \mathrm{d}z$$

由 $w \in W(Q)$ 的任意性, 可知

$$\Lambda = b(z,v)F(v,v)$$

定理 4.3.1 证毕.

2. 模型弱解的性质

在本小节中, 我们来分析讨论方程 (4.3.3) 弱解的几个性质.

性质 4.3.1 若 $u(x,t)$ 是方程 (4.3.3) 的解, 则 $u(x,t)$ 的均值在图像区域 Ω 上保持不变, 即

$$\frac{1}{\mathrm{mean}(\Omega)} \int_\Omega u \mathrm{d}x = \frac{1}{\mathrm{mean}(\Omega)} \int_\Omega f \mathrm{d}x$$

证明 事实上, 我们可以将方程 (4.3.3) 两边在区域 Ω 上积分, 则利用 Neumann 边值条件易得结论 $\dfrac{\partial \left(\int_\Omega u \mathrm{d}x \right)}{\partial t} = 0$.

性质 4.3.2 若 $u(x,t)$ 是方程 (4.3.3) 的弱解, 且满足如下条件:

$$u \in C([0,T]; L^2(\Omega)) \bigcap W(Q) \tag{4.3.33}$$

$$\partial_t u \in W'(Q) \tag{4.3.34}$$

则其满足如下极值原理:

$$a \leqslant u(x,t) \leqslant b, \quad (x,t) \in \Omega \times (0,T]$$

其中 $a = \liminf\limits_{\Omega} f, \ b = \limsup\limits_{\Omega} f$.

证明　我们只利用 Stampacchia 截断方法证明极大值原理, 极小值原理可由极大值原理易证得.

令 $G \in C^1(\mathbb{R})$, 且在 $(-\infty, 0]$ 上 $G(s) = 0$, 在 $(0, \infty)$ 上 $0 < G'(s) \leqslant C$, 其中 C 是常数. 现在我们定义如下函数:

$$H(s) = \int_0^s G(\sigma)\mathrm{d}\sigma, \quad s \in \mathbb{R} \tag{4.3.35}$$

$$\phi(t) = \int_\Omega H(u(x,t) - b)\mathrm{d}x, \quad t \in [0, T] \tag{4.3.36}$$

由 Cauchy-Schwarz 不等式可得

$$\int_\Omega |G(u(x,t) - b)\partial_t u(x,t)|\, \mathrm{d}x \leqslant C \left\| u(t) - b \right\|_{L^2(\Omega)} \left\| \partial_t u(t) \right\|_{L^2(\Omega)} \tag{4.3.37}$$

并且由公式 (4.3.33), (4.3.34) 可知上式右边的估计存在. 因此, 对于 $t > 0$, ϕ 可微, 则有

$$\begin{aligned}
\frac{\mathrm{d}\phi}{\mathrm{d}t} &= \int_\Omega G(u - b)\partial_t u(x,t)\mathrm{d}x \\
&= \int_\Omega G(u - b)\mathrm{div}\left(\frac{2|u|^\alpha}{M^\alpha + |u|^\alpha}\, |\nabla u|^{p(x)-2}\, \nabla u \right) \mathrm{d}x \\
&= \int_\Gamma G(u - b) \left\langle \frac{2|u|^\alpha}{M^\alpha + |u|^\alpha}\, |\nabla u|^{p(x)-2}\, \nabla u, n \right\rangle \mathrm{d}s \\
&\quad - \int_\Omega G'(u - b) \left(\frac{2|u|^\alpha}{M^\alpha + |u|^\alpha}\, |\nabla u|^{p(x)-2}\, \nabla u, \nabla u \right) \mathrm{d}x \\
&\leqslant 0
\end{aligned}$$

由 $H(s) \leqslant \dfrac{C}{2} s^2$ 可知

$$0 \leqslant \phi(t) \leqslant \int_\Omega H(u(x,t) - f(x))\mathrm{d}x \leqslant \frac{C}{2} \|u(t) - f\|_{L^2(\Omega)} \tag{4.3.38}$$

由于 $u \in C([0,T]; L^2(\Omega))$. 当 $t \to 0^+$ 时上式右边趋于 $0 = \phi(0)$. 这就证明了 $\phi(t)$ 在 0 处的连续性. 现在由

$$\phi \in C[0,T], \quad \varphi \geqslant 0, \quad t \in [0,T]$$

和公式 (4.3.38) 可得

$$\phi \equiv 0 \text{ 在 } [0,T] \text{ 上成立}$$

因此, 对于 $t \in [0,T]$, 我们可得在 Ω 上 $u(x,t) - b \leqslant 0$ 几乎处处成立. 由 u 对于 $t > 0$ 的光滑性, 最后我们可得结论

$$u(x,t) \leqslant b, \quad (x,t) \in \Omega \times (0,T)$$

4.3.5 数值实验

1. 数值格式

1) 有限差分格式

首先我们利用有限差分代替导数, 给出模型的数值格式. 令 $h = 1$ 表示空间步长, τ 表示时间步长. 则根据文献 [37], 有

$$D_x^{\pm}(u_{i,j}) = \pm[u_{i\pm1,j} - u_{i,j}]$$

$$D_y^{\pm}(u_{i,j}) = \pm[u_{i,j\pm1} - u_{i,j}]$$

则方程 (4.3.3) 的数值格式为

$$b_{i,j} = \frac{2|u_{i,j}|^\alpha}{M^\alpha + |u_{i,j}|^\alpha}$$

$$Z_{i,j}^n = b_{i,j}(1 + (D_x^+ u_{i,j}^n)^2 + (D_y^+ u_{i,j}^n)^2)^{p-2}$$

$$u_{i,j}^{n+1} = u_{i,j}^n + \tau(D_x^-(Z_{i,j}^n D_x^+ u_{i,j}^n) + D_y^-(Z_{i,j}^n D_y^+ u_{i,j}^n))$$

$$u_{i,j}^0 = f_{i,j} = f(ih, jh)$$

$$0 \leqslant i \leqslant I, \quad 0 \leqslant j \leqslant J$$

$$u_{i,0}^n = u_{i,1}^n, \quad u_{0,j}^n = u_{1,j}^n, \quad u_{I,j}^n = u_{I-1,j}^n, \quad u_{i,J}^n = u_{i,J-1}^n$$

其中 $M = \max\limits_{i,j} u_{i,j}$, $n = 1, 2, \cdots$.

更进一步, 如果令 U^k 表示第 k 次迭代时包含每一个图像像素点灰度值的向量, 则 U^{k+1} 可以由 U^k 按照如下显式计算而得:

$$U^{k+1} = (I + \tau A(U^k))U^k \tag{4.3.39}$$

其中 $A(U^k) = [a_{ij}(U^k)]$ 由上述有限差分格式计算得到, $I \in \mathbb{R}^{N \times N}$ 表示单位矩阵.

然而, 上述显格式算法为了保证算法的稳定性, 对于时间步长 τ 有严格的限制, 导致算法效率严重下降. 因此, 寻找一个更加高效的格式来加速原始算法就显得非常必要, 那么一种可行的方案便是利用快速显示扩散格式 (FED).

2) 快速显式扩散格式

FED 是一种具有广泛应用且易于实现的数值方法, 由 Grewenig 等在 2010 年提出其原始理论框架[110], 并在 2016 年形成较为完善的数值理论[111]. 作为一种刚刚兴起的快速计算方法, FED 已经在光流计算[107]、智能手机快速滤波[103]、医学图像分析[112] 等领域有了广泛应用. FED 的核心思想可以认为是数值分析中超时间步长方法[113] 和循环 Richardson 方法[114] 的变体. 在扩散方程数值领域, FED 事

实上是显式有限差分格式的变体. 首先, FED 将原本扩散方程的显式数值迭代框架分为若干个新的计算循环. 之后在每一个计算循环内, 通过选取一组特殊的迭代时间步长使得其中将近一半迭代时间步长远大于原有的显格式稳定性条件限制, 但是保证每一个计算循环结束时数值格式仍旧是稳定的. 通过以上步骤, FED 在保证最后数值计算结果是稳定的同时, 大幅度地增加了原有的扩散时间, 从而提升了整个数值格式的计算效率.

一般地, 对于一个具有一致 Neumann 边值条件的扩散方程, 我们都能得到如下的数值格式:

$$U^{k+1} = (I + \tau P)U^k \tag{4.3.40}$$

其中 U^k 表示第 k 次迭代时包含每一个图像像素点灰度值的向量, τ 表示时间步长, P 是对相应扩散方程空间离散导出的一个对称半负定矩阵. 令 $\mu_{\max}(P)$ 表示矩阵 P 的最大特征值, 假设 $U^{k+1,0} = U^k$ 并用变化的时间步长 τ_i 代替公式 (4.3.40) 中的常值时间步长, 则我们得到如下循环迭代的显格式:

$$U^{k+1,i+1} = (I + \tau_i P)U^{k+1,i} \quad (i = 0, \cdots, n-1) \tag{4.3.41}$$

其中 n 表示循环长度而

$$\tau_i = \frac{2}{\mu_{\max}(p)} \cdot \frac{1}{2\cos^2\left(\pi \dfrac{2i+1}{4n+2}\right)} \quad (i = 0, \cdots, n-1) \tag{4.3.42}$$

经过一个完整的迭代循环, 可得到 $U^{k+1} = U^{k+1,n}$, 而其扩散总时间为 $\theta_n = \dfrac{2}{\mu_{\max}(P)} \cdot \dfrac{n^2+n}{3}$. 可以证明, 在每一个完整迭代循环的末尾, 我们得到的是一个稳定的格式, 并且其循环中将近一半的时间步长 τ_i 会远远超过显格式中的时间步长限制[111]. 注意到上述定义的时间步长 τ_i 可能会非常大, 例如当取 $n = 100$ 时, 最大可大于 1000, 这也是 FED 非常快速的原因所在. 在非线性扩散方程中, 矩阵 $P(U)$ 将会依赖于随时间变化的 $U(t)$. 为了数值稳定, 我们使用的将是对于 $\mu_{\max}(P(\cdot))$ 的先验估计.

3) 基于 FED 的快速乘性去噪算法

按照 FED 理论, 我们只需要计算矩阵 P 的最大特征值 $\mu_{\max}(P)$, 并在公式 (4.3.39) 中将原始的常值时间步长替代成 τ_i. 因此, 我们需要估计公式 (4.3.39) 中矩阵 A 的最大特征值 $\mu_{\max}(A)$. 但是方程 (4.3.3) 是带奇性的各向异性扩散方程, 其迭代矩阵的最大特征值会非常巨大甚至是无穷, 从而导致算法效率下降. 在这里我们利用下述近似计算方法来解决该问题.

在对于 $|\nabla u|^{p(x)-2}$ 的数值离散中, 我们引入如下近似方法[115]:

$$\frac{K}{1 + K|\nabla u|^{2-p(x)}} \tag{4.3.43}$$

显然, 当 $K \to \infty$ 时, $\dfrac{K}{1 + K \left| \nabla u \right|^{2-p(x)}} \to \left| \nabla u \right|^{p(x)-2}$. 因此在具体的数值计算中, 我们可以选取适当的 K 来控制方程发生奇性的速率. 如果我们按照公式 (4.3.43) 对方程 (4.3.3) 进行数值离散, 那么易得公式 (4.3.39) 中矩阵 A 的最大特征值, $\mu_{\max}(A) \leqslant 8K$.

那么, 对于方程 (4.3.3) 的数值算法, 我们有如下的计算流程[116].

(1) 输入数据: 原始图像 f, 停止时间 T, FED 计算循环次数 M.

(2) 初始化:

(a) 计算最小的 n, 使得一个完整 FED 计算循环的时间 θ_n 满足 $\theta_n \geqslant \dfrac{T}{M}$, 并定义 $q = \dfrac{T}{M \cdot \theta_n} \leqslant 1$;

(b) 计算时间步长 $\tilde{\tau}_i = q \cdot \tau_i$;

(c) 将时间步长按照适当的顺序排序.

(3) 迭代循环 $(k = 0, \cdots, M-1)$:

(d) 计算由扩散方程决定的迭代矩阵 $P(u^k)$;

(e) 按照时间步长 $\tilde{\tau}_i = q \cdot \tau_i$, 计算一个 FED 迭代循环, 更新数据;

(f) 若未到停止时间 T, 则回到 (a).

2. 数值实验和结果分析

1) 数值实验

本节中所有的去噪算法将在三幅不同图像上进行实验 (图 4.3.3): 合成图像 (300×300)、航拍图 (256×256)、摄影师图像 (256×256). 和其他模型不同, 在新模型的实验中, 图像不必正规化到 $[0, 255]$. 对于每一幅图像, 其噪声图像都按照公式 $\mathrm{g}(\eta) = \dfrac{L^L}{\Gamma(L)} \eta^{L-1} \exp(-K\eta) 1_{\{\eta \geqslant 0\}}$ 得到, 其中 $L \in \{1, 4, 10\}$, $1_{\{\eta \geqslant 0\}}$ 为子集 $\{\eta \geqslant 0\}$ 的指标函数. 这里同样用 PSNR 和 MAE 评价去噪效果. 为了比较的公平起见, SO 模型和 AA 模型的参数和停止条件都已经调整到最优以达到最大的 PSNR 值和 MAE 值.

2) 结果分析

合成图像的实验结果列在图 4.3.4、图 4.3.5 和图 4.3.6 中, 航拍图的实验结果列在图 4.3.7 和图 4.3.8 中, 摄影师图像的实验结果列在图 4.3.9、图 4.3.10 和图 4.3.11 中. 可以看到, 我们的新模型在所有的实验结果中不管是 PSNR 值和 MAE 值 (表 4.3.1) 还是在视觉效果上都不亚于甚至好于现有的经典模型. 例如, 在摄影师图像的实验结果中, 由于噪声水平非常大, SO 模型和 AA 模型很难在保持边界的同时将某些噪声点恢复到正常值, 而新模型却还能够恢复图像中较模糊的细节结构.

(a)   (b)   (c)

图 4.3.3　实验所用的三张原始图像

(a) 合成图像; (b) 航拍图像; (c) 摄影师图像

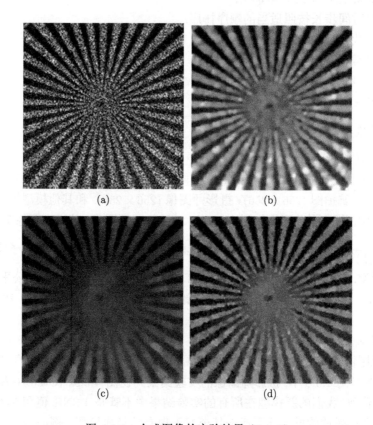

(a)   (b)

(c)   (d)

图 4.3.4　合成图像的实验结果 $(L = 1)$

(a) 噪声图像; (b) 新模型去噪结果; (c) SO 模型去噪结果; (d) AA 模型去噪结果

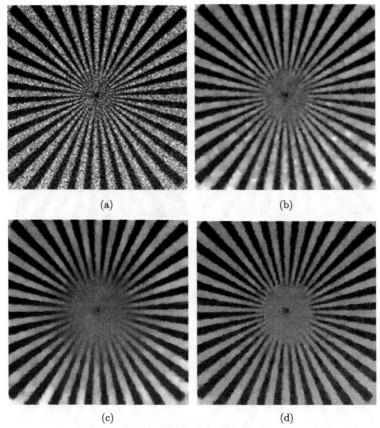

(a)   (b)

(c)   (d)

图 4.3.5   合成图像的实验结果 ($L = 4$)

(a) 噪声图像; (b) 新模型去噪结果; (c) SO 模型去噪结果; (d) AA 模型去噪结果

    作为实验的重要组成部分, 本节也在包含纹理结构的图像上测试了模型的去噪效果. 如 $L = 1$ 时航拍图的实验结果所示, 新模型在 PSNR 值相对于其他经典模型有着较大的提升, 而视觉效果仍旧可以接受. 值得注意的是这一提升非常重要, 因为在实际应用中 L 都比较小, 一般取 1, 很少取 4 以上, 而噪声水平相对较高. 当然这种提升在当 L 变大时会有所减弱, 但即使是 $L = 10$ 时, 新模型的 PSNR 值仍旧比 AA 模型和 SO 模型高.

    在实际应用中, 去噪算法的计算效果显然非常重要. 为了对比 FED 改进算法和原始显格式算法的计算效率, 新模型在标准的桌面级计算机上 (3.1 GHZ Intel Core i5 处理器) 分别实现了两种算法. 从表 4.3.2 中可以看到, 达到相同的 PSNR 值和 MAE 值, FED 改进算法所需的计算时间远远小于原始显格式算法, 因而 FED 改进算法的计算效率有着巨大提升. 例如, 在摄影师图像的去噪表现中, FED 改进算法比原始算法几乎快了 25 倍. 最后值得注意的是, FED 改进算法的实现方式也非常简单, 同时也并不需要加入额外的参数.

图 4.3.6　合成图像的实验结果 $(L = 10)$

(a) 噪声图像; (b) 新模型去噪结果; (c) SO 模型去噪结果; (d) AA 模型去噪结果

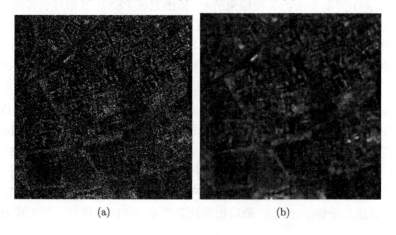

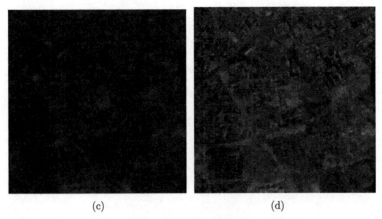

(c)   (d)

图 4.3.7   航拍图像的实验结果 ($L = 1$)

(a) 噪声图像; (b) 新模型去噪结果; (c) SO 模型去噪结果; (d) AA 模型去噪结果

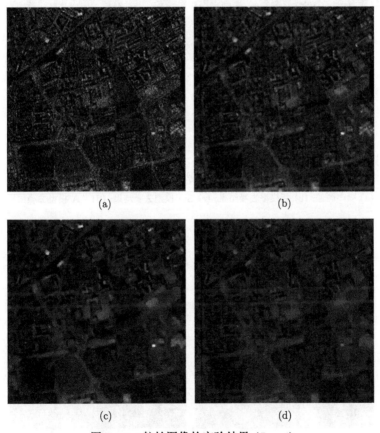

图 4.3.8   航拍图像的实验结果 ($L = 4$)

(a) 噪声图像; (b) 新模型去噪结果; (c) SO 模型去噪结果; (d) AA 模型去噪结果

图 4.3.9　摄影师图像的实验结果 $(L = 1)$

(a) 噪声图像; (b) 新模型去噪结果; (c) SO 模型去噪结果; (d) AA 模型去噪结果

$$(c)\qquad\qquad (d)$$

图 4.3.10　摄影师图像的实验结果 ($L = 4$)

(a) 噪声图像; (b) 新模型去噪结果; (c) SO 模型去噪结果; (d) AA 模型去噪结果

$$(c)\qquad\qquad (d)$$

图 4.3.11　摄影师图像的实验结果 ($L = 10$)

(a) 噪声图像; (b) 新模型去噪结果; (c) SO 模型去噪结果; (d) AA 模型去噪结果

表 4.3.1　实验所得 PSNR 和 MAE

		PSNR			MAE			
	L	1	4	10	L	1	4	10
合成图像 (300×300)	新模型	19.02	21.90	24.22	新模型	2.87	1.81	1.38
	SO 模型	4.32	15.44	20.93	SO 模型	23.41	5.39	2.81
	AA 模型	16.57	20.33	23.87	AA 模型	4.21	3.05	1.57
摄影师图像 (256×256)	新模型	23.78	26.50	28.56	新模型	12.07	8.79	6.91
	SO 模型	17.77	24.10	27.45	SO 模型	24.98	10.93	7.22
	AA 模型	22.21	24.22	26.20	AA 模型	13.38	10.31	7.99
航拍图像 (256×256)	新模型	21.30	24.06	25.96	新模型	13.07	9.31	7.48
	SO 模型	14.10	21.59	24.95	SO 模型	38.23	14.65	8.34
	AA 模型	18.76	21.93	24.31	AA 模型	22.23	14.19	9.93

表 4.3.2　CPU 耗时对比

图像	算法	L	PSNR	MAE	CPU 耗时/秒
摄影师图像 (256×256)	经典算法	1	20.89	13.08	180.73
	FED 改进算法	1	21.30	13.07	7.60
	经典算法	4	23.87	9.21	55.34
	FED 改进算法	4	24.06	9.31	3.43
航拍图像 (256×256)	经典算法	1	23.58	12.10	88.92
	FED 改进算法	1	23.78	12.07	8.84
	经典算法	4	26.24	8.92	22.46
	FED 改进算法	4	26.50	8.79	3.34

　　基于偏微分方程的图像去噪方法在过去的几十年中得到了长远的发展和进步. 在加性去噪领域, 基于非线性扩散方程的去噪模型有着令人惊叹的实验效果, 而其在乘性去噪领域却没有得到深入研究. 有别于其他传统的基于变分问题的方法, 本章将扩散方程理论引入到乘性去噪模型之中, 构造了一类基于非线性扩散方程的乘性去噪模型框架; 更进一步, 在上述框架的基础上, 提出了一类基于双退化各向异性扩散方程的程序去噪模型, 并证明了该模型解的存在性理论及其他性质; 最后在数值实验方面, 本章引入 FED 快速算法解决了乘性去噪算法计算效率低下的问题. 实验结果表明, 新算法在去噪效果和算法效率上均有一定的提升, 尤其是在噪声较大的情况下, 新算法的去噪效果较其他算法提升更为明显, 从而使得其更加有实际应用价值.

第 5 章 椒盐噪声以及混合噪声去除的偏微分方程方法

本章主要介绍椒盐噪声去噪和混合噪声去噪的偏微分方程方法. 针对椒盐噪声去噪问题, 我们首先介绍两种模型: 基于局部 Hölder 半模模型和基于非局部算子去噪模型; 其次介绍一种基于非散度型方程的脉冲噪声去噪模型; 最后对这几种模型进行实验分析.

5.1 模型动机

图像通常会在采集和传输过程中被脉冲噪声污染. 椒盐噪声和随机噪声是两类常见的脉冲噪声. 对于由椒盐噪声污染的图像 (同样对于任意随机噪声), 噪点可在动态范围内取得最大和最小值 (同样对于任意随机噪声). 在过去的二十年里, 人们已经提出了很多种中值滤波器用于恢复由脉冲噪声污染的图像, 其中标准中值滤波器 (standard median filtering, SMF)[108] 因为其简明性和保持图像边缘的能力被广泛应用, 然而这种滤波器是对整个图像一致作用, 往往会导致对图像中的噪点和无噪声像素同时加以修正. 为了避免损坏无噪声像素, 人们提出了自适应中值过滤器 (adaptive median filtering, AMF)[117,118] 和开关中值滤波器[116,119]. 这些滤波器能够先确定可能的噪声像素再通过中值滤波器将其恢复, 同时保持未被噪声污染的像素不变, 后面所提出的大多数脉冲噪声去噪滤波器都遵循这种想法. 然而, 这些滤波器和其他一些通过中值滤波器及其衍生的去噪算法[120-124] 并没有考虑到图像边界等局部特征. 特别地, 当噪声水平很高时, 无法有效恢复图像的细节和边界.

为了克服这个缺点, 人们提出了多种脉冲噪声去噪的变分法[125-127]. Chen 等在文献 [125] 中提出了一种结合变分法[128] 与 AMF 方法的两相方法 (two-phase method, TPM). 这种方法首先通过 AMF 方法鉴别待定噪声, 之后通过求目标泛函的最小值来恢复图像. 这个目标泛函包含 l_1 数据拟合项和一个带有边界保护功能的位势函数的周期项. TPM 有效提高了去噪效果, 特别是在保持边界的方面效果显著. 然而, 随着噪声水平的提高, TPM 的去噪效果会急剧降低. 此外, TPM[129] 的计算效率往往较低.

上述用于去除脉冲噪声的方法都是基于像素的方法. 由于它们只考虑独立的像素, 局部的整体特征如纹理结构、循环模式等无法被很好地保留. 为了解决这个问题, Buades 等[130] 提出了非局部均值滤波. 这种方法的目标是要利用像素周围的区块以及寻找图像中与其相似的区块来进行去噪, 从而利用这些近似的区块对像素进行加权平均得到新的去噪像素值. 这种相似区块法在图像去噪中被广泛采用, 参见文献 [131-133]. 此外, Gilboa 及 Osher[134] 通过非局部算子定义了几类新的图像处理流形和泛函, 并将一些已知的偏微分方程和变分法推广到了非局部框架. 经典的基于偏微分方程的图像处理算法的一个主要优点在于它能更好地处理图像纹理和重复结构.

脉冲噪声和高斯噪声通过完全不同的方式污染图像, 由此衍生出了完全不同的去噪方法. 然而, 很多去除高斯噪声的思想也适用于去除脉冲噪声. 受全变分法和非局部算子的启发, 我们通过局部 Hölder 半模和非局部算子来定义两个椒盐噪声去噪的能量泛函. 第一个算法将局部 Hölder 半模最小化得到局部 Hölder 连续, 这种算法对于椒盐噪声去噪效果显著且具有良好的视觉效果. 第二个算法利用非局部算子定义了一个基于 TV 算法的椒盐去噪泛函, 它保留了非局部算法的优点, 既能去除噪声又能保留噪声图像的几何特征和纹理特征. 为了降低计算复杂程度, 针对这种泛函提出了一个新的数值格式.

图像恢复是图像处理的一个基本问题, 在此着重于恢复被脉冲噪声和混合高斯脉冲噪声污染的图像. 设原始的未知图像 u_0 定义在一个区域 $\Omega = \{(i,j) : i = 1, \cdots, M, j = 1, \cdots, N\}$ 上, 噪声 f 图像由下式所给出:

$$f_{i,j} = \begin{cases} u_{0i,j} + \eta_{i,j}, & x \in \Omega_D = \Omega - D \\ n_{i,j}, & x \in D \end{cases} \tag{5.1.1}$$

η 是可叠加零均值高斯白噪声, n 是脉冲噪声, 集合 D 表示 u_0 中信息缺失区域. 图像恢复的主要问题就是从给定的噪声图像 f 出发还原到真实图像 u. 椒盐噪声和随机值噪声是两种常见的脉冲噪声. 设图像的值域范围为 $[d_{\min}, d_{\max}]$, 对于被椒盐噪声污染的图像, 噪点只能取 $d_{\min}$ 和 $d_{\max}$ 两个值; 而对于被随机值噪声污染的图像, 噪点可以取 $d_{\min}$ 和 $d_{\max}$ 间的任意随机值.

多年以来, 中值滤波器和正则化变分法一直是两种最受欢迎的脉冲噪声去噪方法. 中值滤波法[117,118] 首先确定脉冲噪声像素, 然后通过各种中值滤波器将噪点还原, 在噪声水平较高时也能取得不错的效果. 这些滤波器的主要缺陷在于噪点仅是被一些中值所替换而并没有充分考虑边界等局部特征, 从而无法有效保护边界, 当噪声水平较高时这种情形表现得尤为明显.

另外, 正则变分法则是通过求解如下能量泛函的最小值去除脉冲噪声:

$$\inf_u \{\psi(f - u) + \lambda\varphi(|\nabla u|)\} \tag{5.1.2}$$

其中 ψ 是数据保真项, φ 则决定了通过 u 的梯度 ∇u 对其进行平滑约束的正则化方法. 由于其对去除孤立点异常值的鲁棒性, 实际去除脉冲噪声时常常采用 L^1- 保

真项 $\psi(f-u) = \int_\Omega |f-u|\mathrm{d}x$. φ 的选取方式有多种, 比较经典的取法如: TV 正则化方法[37], Mumford-Sha 正则化方法[43,135] 以及非局部正则化方法. 在这些正则化方法中, 一些学者[59,128] 提出可直接对能量泛函 (5.1.2) 求最小值, 而文献 [134, 136, 137] 则使用了两相法. 这种两相法先筛选出噪声像素, 然后通过一种只对这些噪点作用的特殊正则化泛函恢复噪声图像. 这种方法将边界排除在了噪声像素之外且不影响其他无噪声像素, 能够取得较好的去噪效果.

由欧拉–拉格朗日公式可知, 正则变分法也能应用于扩散方程. 即使现在已经有很多图像处理问题应用到了非线性扩散方程[45,57,138−140], 但是很少有文献 [141, 142] 认为可以直接利用扩散方程的点进行去噪. 由于各向异性扩散方程的泛函特性, 脉冲噪声将会被放大, 从而在图像上显示为孤立的尖锐边缘. Wu 等在文献 [141] 中通过设计出一个扩散系数解决了这个问题, 该扩散系数在内部像素取得最大值并且内部噪点的取值大于边界噪点的取值, 进而提出了一种具有保护边界能力的随机值噪声去噪模型, 但是这种模型会改变无噪声像素的取值, 也无法还原被椒盐噪声污染的图像.

扩散方程会改变无噪声像素的取值, 同时将脉冲噪声视作孤立的边缘像素. 因此, 本章旨在提出一种非散度型扩散方程用于去除脉冲噪声, 并讨论如何通过在扩散方程中选择特定系数以避免上述两个问题. 数值实验表明, 这种算法成功体现了扩散方程在边界保护上的优势, 且能取得比基于 PDE 的判别学习算法和正则变分法更好的去噪效果.

5.2 基于 Hölder 半模的去噪模型

定义 u 是原始图像, $u_{i,j}((i,j)\in I)$ 是 u 在 (i,j) 上的灰度, $[r_{\min}, r_{\max}]$ 是 u 的动态范围. 被椒盐噪声污染的图像由如下方式所定义:

$$f_{i,n} = \begin{cases} r_{\min} \text{ 或 } r_{\max}, & \text{概率为 } p \\ u_{i,j}, & \text{概率为 } 1-p \end{cases}$$

p 定义了噪声水平. 与其他椒盐噪声去噪算法相似, 先运行检测程序在待观测图像中确定可能的噪点之后, 通过新的泛函利用其他无噪声像素的信息恢复噪点同时保留无噪声像素不变.

TV 模型在图像处理中有着广泛的运用. 它通过对如下能量泛函取最小值去除高斯噪声:

$$E(u) = \frac{1}{2}\int_\Omega |u-f|^2\mathrm{d}x + \lambda \int_\Omega |\nabla u|\mathrm{d}x \tag{5.2.1}$$

然而, 由椒盐噪声的定义得知噪声图像振荡程度很大, 考虑其梯度毫无意义. 图 5.2.1 显示了用模型 (5.2.1) 对施加 10%椒盐噪声的 Lena 图像进行去噪的实验结果. 由此表明在图像变得模糊的情况下仍然保留了许多噪点, 这意味着模型 (5.2.1) 并不能有效去除椒盐噪声.

图 5.2.1　模型 (5.2.1) 去噪结果

(a) 原始图像; (b) 噪声图像; (c) 还原图像

我们通过两种方法对模型 (5.2.1) 加以改进. 首先, 我们将 TV 模型中的正则化条件替换为更强的正则化条件, 即 Hölder 半模正则化条件. Hölder 半模正则化条件保证了恢复后的图像是 Hölder 连续的, 尽管有时处理后的图像会较为模糊但是去除椒盐噪声效果十分显著. 其次, 我们在非局部情况下考察模型 (5.2.1), 并对非局部 TV 模型去除椒盐噪声的效果进行讨论. 根据自然图像和纹理图像的特征, 结合 Hölder 半模和非局部算子的性质可知, 这种算法对于处理自然图像和纹理图像的去噪问题都是有效的. 这里的自然图像指局部过渡平滑且有清晰边界的无噪声图像.

下面给出 Hölder 半模和局部 Hölder 半模的定义, 进而定义 Hölder 半模正则化条件.

定义 5.2.1　令 $u(x)$ 是 $\Omega \subset \mathbb{R}^2$ 的函数, $0 < \alpha \leqslant 1$, $u(x)$ 被称为在指数 α 意义下的 Hölder 连续, 如果对于常数 C, 有 $|u(x) - u(y)| \leqslant C|x - y|^{\alpha}$, 对于 $y \in \Omega_\rho(x)$ 成立.

此处 $\Omega_\rho(x) = \Omega \bigcap B_\rho(x)$, $B_\rho(x)$ 是以 x 为中心, 半径为 ρ 且不包含中心的球. u 在 x 处的局部 Hölder 半模由下式给出:

$$[u]^{\mathrm{loc}}_{\alpha;\Omega}(x) = \int_{\Omega_\rho(x)} \frac{|u(x) - u(y)|}{|x - y|^{\alpha}} \mathrm{d}y \tag{5.2.2}$$

定理 5.2.1　设 $u(x)$ 有界, 则对于所有的 $x \in \Omega$, 下式成立:

$$\int_{\Omega_\rho(x)} \frac{|u(x) - u(y)|}{|x - y|^{\alpha}} \mathrm{d}y < +\infty \Leftrightarrow \sup_{y \in \Omega_\rho(x)} \frac{|u(x) - u(y)|}{|x - y|^{\alpha}} < +\infty$$

定理 5.2.1 阐明了式 (5.2.2) 可以用来定义局部 Hölder 半模. 由定理 5.2.1 的性质我们得到如下定理.

定理 5.2.2 设 $u(x)$ 有界, 则 $u(x)$ 是 Hölder 连续的当且仅当 $u(x)$ 在每个 $x \in \Omega$ 都是局部 Hölder 连续的.

由上述讨论, 自然图像局部过渡平滑且具有清晰边界. 由局部 Hölder 连续性的定义, 我们考察在局部 Hölder 连续函数空间上对图像进行去噪. 也就是说, 恢复后的图像是由对局部 Hölder 半模取最小值的方法所得到的, 即

$$u(x) = \inf_z \left(\int_{\Omega_\rho(x)} \frac{|z(x) - z(y)|}{|x - y|^\alpha} \, \mathrm{d}y \right), \quad \forall x \in \Omega \tag{5.2.3}$$

因此, 噪声图像的振荡部分会得到控制, 然而这种模型暂时还不适用于图像去噪, 这是由于我们还需要用保真项对解进行控制, 否则解将是一个常数. 但是椒盐噪声的性质弥补了这个缺陷, 对于所有的噪声图像, 只有 Ω 的一部分区域被噪声污染 (记作 D), $D^c = \Omega \backslash D$ 是无噪声区域. 同时被污染的区域并不包含任何原始图像的信息, 此时我们不使用模型 (5.2.3), 而使用如下模型利用无噪声区域对噪声图像进行还原, 并且无须数据保真条件:

$$u(x) = \begin{cases} f(x), & x \in D^c \\ \inf\limits_z \left(\int_{\Omega_\rho(x) \cap D^c} \frac{|z(x) - z(y)|}{|x - y|^\alpha} \mathrm{d}y \right), & x \in D \end{cases} \tag{5.2.4}$$

显然, 恢复后的图像 u 在指数 α 意义下 Hölder 连续, 且连续性随着指数 α 增大而增强.

根据定理 5.2.1, 模型 (5.2.4) 中的 Hölder 半模可被替换为

$$[u]_{\alpha;\Omega}^{\mathrm{loc}}(x) = \sup_{y \in \Omega_\rho(x)} \frac{|u(x) - u(y)|}{|x - y|^\alpha} \tag{5.2.5}$$

然而, 由于 $\Omega_x \bigcap D^c$ 中的所有信息均被用于恢复噪点, 则模型 (5.2.4) 中的 Hölder 半模对于噪声具有鲁棒性. 准确地说, 即使有部分被污染的像素被误筛选到 $\Omega_x \bigcap D^c$ 中的无噪声像素, 模型 (5.2.4) 的解也不会偏离太远, 这也是我们选用定义 (5.2.2) 而非定义 (5.2.5) 的原因.

接下来, 我们考察离散情形. 记 N 为 AMF 方法筛选出的候选噪声集, $N = \left\{ (i,j) \in I : f_{i,j} \neq \tilde{f}_{i,j}, f_{i,j} \in \{r_{\min}, r_{\max}\} \right\}$, 其中 $\tilde{f}$ 是噪声图像 f 经过 AMF 方法处理所得到的图像, 则所有未被污染的像素的集合为 $N^c = I \backslash N$. 我们很自然地想到 (5.2.4) 的解对于任意 $(i,j) \in N^c$ 满足 $u_{i,j} = f_{i,j}$, 对于任意 $(i,j) \in N$, 记 $S_{i,j}^w$ 是以 (i,j) 为中心的 $(2w+1) \times (2w+1)$ 网格, 则问题 (5.2.4) 的离散形式可表示成

$$u_{i,j} = \begin{cases} f_{i,j}, & (i,j) \in N^c \\ \min\limits_{z_{i,j}} \left(\sum\limits_{(s,t) \in N^c \cap S_{i,j}^w} \frac{|z_{i,j} - f_{s,t}|}{((i-s)^2 + (j-t)^2)^{\alpha/2}} \right), & (i,j) \in N \end{cases} \tag{5.2.6}$$

算法 1　对每个像素 (i,j), 作如下操作:

(1) 令 $w = 1$.

(2) 分别计算 $S_{i,j}^w$ 中的像素最小值、中位数和最大值 $S_{i,j}^{\min,w}, S_{i,j}^{\mathrm{med},w}, S_{i,j}^{\max,w}$.

(3) $S_{i,j}^{\min,w} < S_{i,j}^{\mathrm{med},w} < S_{i,j}^{\max,w}$, 然后执行步骤 (5); 否则, 令 $w = w + 1$, 然后返回步骤 (2).

(4) 若 $w < w_{\max}$, 则返回步骤 (2); 否则, 用 $S_{i,j}^{\max,w_{\max}}$ 代替 $u_{i,j}$.

(5) 计算 (5.2.6) 式, $u_{i,j}$ 是像素 (i,j) 恢复后的灰度.

由上述讨论, (5.2.6) 式得到恢复后的图像是局部 Hölder 连续的, 其中系数 w 对保持局部光滑和边界具有重要作用. 恢复后的图像会随着 w 的增大变得更加光滑, 但当 w 过小时未被污染的像素数量将不足以用来恢复噪点. 为了寻求图像光滑和保持边界的平衡, 我们在算法 1 中利用自适应网格 w 进行去噪.

5.3　基于非局部算子的去噪模型

在这一节, 我们首先介绍文献 [148] 中的一些非局部算子的相关知识.

函数 u 的非局部 (non-local, NL) 梯度定义为

$$\nabla_{\mathrm{NL}} u(x,y) = (u(y) - u(x))\sqrt{w(x,y)}, \quad (x,y) \in \Omega \times \Omega$$

w 是 x 和 y 之间的一个权重. 两个 NL 向量 $\boldsymbol{p}_1$ 和 $\boldsymbol{p}_2 : \Omega \times \Omega \in \mathbb{R}$ 的内积定义为

$$\langle \boldsymbol{p}_1, \boldsymbol{p}_2 \rangle (x) = \int \boldsymbol{p}_1(x,y) \boldsymbol{p}_2(x,y) \mathrm{d}y, \quad x \in \Omega$$

这样就给出了 NL 向量 $\boldsymbol{p}$ 在点 $x \in \Omega$ 的范数, $|\boldsymbol{p}|(x) = \sqrt{\int_\Omega \boldsymbol{p}(x,y)^2 \mathrm{d}y}$. 因此, 函数 u 在 $x \in \Omega$ 处的 NL 梯度的范数可以定义为

$$|\nabla_{\mathrm{NL}} u|(x) = \sqrt{\int_\Omega (u(y) - u(x))^2 w(x,y) \mathrm{d}y}$$

现在, 我们再次考察 TV 模型 (5.2.1), 在椒盐噪声去噪的情形中它可分成四个部分

$$E(u) = \frac{1}{2} \int_{D^c} |u - f|^2 \mathrm{d}x + \frac{1}{2} \int_D |u - f|^2 \mathrm{d}x + \lambda \int_{D^c} |\nabla u| \mathrm{d}x + \lambda \int_D |\nabla u| \mathrm{d}x \quad (5.3.1)$$

由上述所讨论, 它的解在 D^c 上应满足 $u = f$. 式子中第一部分和第三部分均为常数, 由于仅需对噪点进行处理, 数据保真项 $\int_D |u - f|^2 \mathrm{d}x$ 应被舍去, 因此 (5.3.1) 可被简化为

$$F(u) = \int_D |\nabla u| \mathrm{d}x \quad (5.3.2)$$

一般来说, 在图像去噪过程中, 噪点 (i,j) 处的梯度数值由 (i,j) 及其周围四个最近的像素的灰度值 $u_{i,j}$ 和 $u_{i-1,j}$, $u_{i+1,j}$, $u_{i,j-1}$, $u_{i,j+1}$ 处的差分计算得到, 然而若图像被椒盐噪声污染, $u_{i,j}$ 即会取 $r_{\min}$ 或 $r_{\max}$, 此时周围四个点也有可能会被噪声污染. 因此会导致计算得到的梯度值不精确. 此时, NL 梯度能够很好地解决这些问题, 因为梯度可以被所有 D^c 上的点计算得到. 进一步说, NL 算子对于文献 [130] 中所举出的权函数的纹理图像去噪问题有着较强的处理能力. 由 NL 算子的定义, 可以将 (5.3.2) 修改为如下形式:

$$F(u) = \int_D |\nabla_{\mathrm{NL}} u|\, \mathrm{d}x = \int_D \sqrt{\int_\Omega (u(y) - u(x))^2 w(x,y) \mathrm{d}y \mathrm{d}x} \tag{5.3.3}$$

同时给出了问题 (5.3.3) 的离散形式

$$F(u) = \sum_{(i,j) \in N} \sqrt{\sum_{(s,t) \in S_{i,j}^w \cap N^c} (u_{i,j} - u_{s,t})^2 w_{i,j}^{s,t}} \tag{5.3.4}$$

注意到对任意 $\forall (i,j) \in N^c$, $u_{i,j} = f_{i,j}$, (5.3.4) 式等价于

$$F(u) = \sum_{(i,j) \in N} \sqrt{\sum_{(s,t) \in S_{i,j}^w \cap N^c} (u_{i,j} - f_{s,t})^2 w_{i,j}^{s,t}}$$

因此, 由椒盐噪声的定义, 我们导出

$$u_{i,j} = \begin{cases} f_{i,j}, & (i,j) \in N^c \\ \min_{z_{i,j}} \left(\sum_{(s,t) \in N^c \cap S_{i,j}^w} (z_{i,j} - f_{s,t})^2 w_{i,j}^{s,t} \right), & (i,j) \in N \end{cases} \tag{5.3.5}$$

这里 $w_{i,j}^{s,t}$ 是权函数.

在高斯噪声的情况中, 权函数由下式所给出:

$$w_{i,j}^{s,t} = \frac{1}{Z_{i,j}} \mathrm{e}^{-\frac{\|f(N_{i,j}) - f(N_{s,t})\|_{2,a}^2}{h^2}}$$

其中 $Z_{i,j}$ 是正交化系数, $\|f(N_{i,j}) - f(N_{s,t})\|_{2,a}^2$ 是 $f(N_{i,j})$ 和 $f(N_{s,t})$ 的欧氏差分, $f(N_{i,j})$ 是 (i,j) 周围的灰度向量. 但是在脉冲噪声的情况中, 权函数无法由 f 直接计算得出, 由于噪点处的权值比周围的点大, 这导致去噪后像素仍然保持噪声的取值. Jung 等在文献 [127] 中提出了一种迭代中值滤波器来对这种已经经过预处理的图像进行去噪, 这种预处理过的图像也被用作计算权函数. 然而, 这些基于中值滤波器的算法无法恢复出令人满意的纹理和重构图像, 尤其在噪声水平高的状况下更为明显.

接下来给出一种只用无噪声像素恢复受污染像素的主要思想. 设 $A_{i,j}^{s,t}$ 是一个 $(2n+1) \times (2n+1)$ 的矩阵, 对于 $-n \leqslant x \leqslant n, -n \leqslant y \leqslant n$, 定义 $A_{i,j}^{s,t}$ 的元素为

$$a_{x,y} = \begin{cases} f_{i+x,j+y} - f_{s+x,t+y}, & \text{若 } f_{i+x,j+y} \text{ 和 } f_{s+x,t+y} \text{ 均为无噪声像素} \\ 0, & \text{其他} \end{cases}$$

则椒盐噪声去噪的权函数由下式给出:

$$w_{i,j}^{s,t} = \frac{1}{Z_{i,j}} \mathrm{e}^{-\frac{\|A\|_{2,a}^2}{h^2}} \tag{5.3.6}$$

权函数 (5.3.6) 在噪声水平较低时去噪效果明显, 但是 $A_{i,j}^{s,t}$ 的非零元素与噪声水平成反比. 在此我们将经过 (5.3.5) 式处理过的像素视作无噪声像素, 从而这些像素可以用来计算其他像素的权函数. 经过 (5.3.5) 式处理的这些像素保留了原始图像的纹理和重构, 因此这种操作技巧并不违反上述提到的原则.

算法 2　对每个像素 (i,j), 作如下操作:

(1) 令 $w = 1$.

(2) 分别计算 $S_{i,j}^w$ 中的像素最小值、中位数和最大值 $S_{i,j}^{\min,w}, S_{i,j}^{\mathrm{med},w}, S_{i,j}^{\max,w}$.

(3) $S_{i,j}^{\min,w} < S_{i,j}^{\mathrm{med},w} < S_{i,j}^{\max,w}$, 然后执行步骤 (5); 否则, 令 $w = w+1$, 然后返回步骤 (2).

(4) 若 $w < w_{\max}$, 则返回步骤 (2); 否则, 用 $S_{i,j}^{\max,w_{\max}}$ 代替 $u_{i,j}$.

(5) 计算 (5.3.5) 式, $u_{i,j}$ 是像素 (i,j) 恢复后的灰度.

考虑噪点 (i,j), 图像去噪实质上可以看作在噪点 (i,j) 处寻找一个新的 $u_{i,j}$ 与 (i,j) 周围的像素达成较好的匹配. 上文提出的 (5.2.6) 和 (5.3.5) 可以看作衡量匹配程度两种方法. 我们在此以这种思想对 (5.2.6) 和 (5.3.5) 进行计算. 方便起见, 这里将 (5.2.6) 和 (5.3.5) 写作

$$u_{i,j} = \begin{cases} f_{i,j}, & (i,j) \in N^{\mathrm{c}} \\ \min\limits_{z_{i,j}} \left(\sum\limits_{(s,t) \in N^{\mathrm{c}} \cap S_{i,j}^w} F_{i,j}^{s,t} \right), & (i,j) \in N \end{cases} \tag{5.3.7}$$

其中 $F_{i,j}^{s,t}$ 因算法而异.

由于灰度图的像素点取值是 0 到 255 之间的整数, 因此在去噪过程中不可额外产生新的特征值. $z_{i,j}$ 只能是 $(N^{\mathrm{c}} \cap S_{i,j}^w)_{\min}$ 和 $(N^{\mathrm{c}} \cap S_{i,j}^w)_{\max}$ 之间的整数, 其中 $(N^{\mathrm{c}} \cap S_{i,j}^w)_{\min}$ 和 $(N^{\mathrm{c}} \cap S_{i,j}^w)_{\max}$ 分别是 $N^{\mathrm{c}} \cap S_{i,j}^w$ 中像素取值的最小值和最大值, 从而对每个 $(i,j) \in N$, (5.3.7) 的第二部分可以遍历 $[(N^{\mathrm{c}} \cap S_{i,j}^w)_{\min}, (N^{\mathrm{c}} \cap S_{i,j}^w)_{\max}]$ 上的所有不同整数, 从而可以找到一个整数满足 $\sum\limits_{(s,t) \in N^{\mathrm{c}} \cap S_{i,j}^w} F_{i,j}^{s,t}$ 最小, 这个整数就是 (5.3.7) 在 (i,j) 上的解.

算法 1 和算法 2 都是在灰度图的基础上成立的, 不过这些方法也能推广到彩色图像的去噪问题中. 选取一张无噪声的彩色图像在常用的 RGB 通道上表示出来, 用 $u_{i,j,q}$ 表示图像 u 的三维样本. 彩色图像的椒盐噪声模型定义为

$$f_{i,n} = \begin{cases} r_{\min} \ 或 r_{\max}, & 概率为 \ p \\ u_{i,j,q}, & 概率为 \ 1-p \end{cases}$$

$q = 1,2,3$ 为图像的通道. 类似于在黑白噪声图中运用的方法, 我们在每个 RGB 通道上分别运行算法流程, 最后将各个通道的去噪结果整合成最终的去噪结果.

5.4 基于非散度型方程的去噪模型

5.4.1 模型的提出

在这一节, 我们着重分析传统非线性扩散方程在脉冲噪声去噪中的缺陷, 并提出一种应用于脉冲噪声和混合高斯脉冲噪声去噪的非散度型扩散方程.

我们考察对被脉冲噪声污染的原始图像 u_0 进行去噪, 不妨在模型 (5.1.1) 中设 $\eta = 0$, 非线性偏微分方程

$$\frac{\partial u}{\partial t} = L(\nabla u, \nabla^2 u) \tag{5.4.1}$$

已被广泛应用于高斯噪声去噪问题中, 这里 $L(\nabla u, \nabla^2 u)$ 是二阶差分算子. 大多数情况下式 (5.4.1) 可以写成散度形式

$$\frac{\partial u}{\partial t} = \mathrm{div}(D\nabla u) \tag{5.4.2}$$

不同的 D 对应不同的扩散方程. 若 D 是常数或者是仅与梯度值有关的函数又或者是扩散张量, 则式 (5.4.2) 变为线性扩散方程、非线性扩散方程或者各向异性扩散方程[74,139]. 式 (5.4.2) 同时也是图像处理中广泛应用的能量泛函的欧拉–拉格朗日公式, 在这些公式中应用最为广泛的就是 TV 模型[37].

式 (5.4.1) 在保证轮廓和角点 (信号间断处) 等全局特征下的平滑数据处理中具有良好的效果, 但是却无法有效去除脉冲噪声. 这是因为: ① 式 (5.4.1) 改变了全体像素的值. 由脉冲噪声的定义可知总有一部分像素未被噪声污染, 因此任何一种实用的基于偏微分方程的脉冲噪声去噪方法都必须保持这些无噪声像素的取值不变; ② 式 (5.4.1) 将会保留脉冲噪声. 式 (5.2.3) 的系数一般都是形如 $|\nabla u|$ 的一个函数, 它在内部有着较高的扩散速度, 而在近边处扩散较慢. 因此, 式 (5.4.1) 会把脉冲噪声视作离散的边界点, 从而在去噪结果中保留了这些脉冲噪声.

众所周知, 现在还没有一种基于偏微分方程的算法能解决上述两个问题, 因此提出了如下脉冲噪声去噪的非散度型扩散方程:

$$\frac{\partial u}{\partial t} = \lambda(x)L(\nabla u, \nabla^2 u) \tag{5.4.3}$$

$$u(x,0) = f(x) \tag{5.4.4}$$

$$\frac{\partial u}{\partial \boldsymbol{n}} = 0 \tag{5.4.5}$$

这里 $f(x)$ 是给定的噪声图像, $\lambda(x) = \chi_D(x)$ 和 D 是疑似噪声的集合 (D 可以被一些算法估计, 这里我们不妨设 D 在某一时刻已知). (5.4.3) 中的 $\lambda(x)$ 实质上是疑似噪声的特征函数, 这里我们将其称作脉冲噪声指标. 式 (5.4.3) 无法写作散度形式的扩散方程 $\frac{\partial u}{\partial t} = \mathrm{div}\boldsymbol{g}$, 因此我们称其为非散度型扩散方程.

现在我们用 (5.4.3)~(5.4.5) 式解决如上两个问题并证明它们能够取得良好的去噪效果.

第一, (5.4.3)~(5.4.5) 式在去噪过程中不会改变无噪声像素的值. 对于 $x \in \Omega_D$, 由 $\lambda(x)$ 的定义可知 $\lambda(x) = 0$, 则式 (5.4.3) 可以化简为

$$\frac{\partial u(x,t)}{\partial t} = 0$$

初值条件 (5.4.4) 为

$$u(x,t) = f(x), \quad (x,t) \in \Omega_D \times (0,T)$$

这意味着这种模型不会改变无噪声像素的值. 对于 $x \in D$, $\lambda(x) = 1$, 则式 (5.4.3) 可以化简为

$$\frac{\partial u}{\partial t} = L(\nabla u, \nabla^2 u)$$

即一般的用于图像去噪的偏微分方程. 在差分算子 $L(\nabla u, \nabla^2 u)$ 前加上一个噪声指标 $\lambda(x)$ 看似是将式 (5.4.3) 复杂化, 但是只有这样才能保证无噪声像素的值不被改变.

第二, 选取适当的差分算子 $L(\nabla u, \nabla^2 u)$ 可以很好地使用 (5.4.3)~(5.4.5) 式去除冒充噪声. 向后差分格式会将脉冲噪声视作边界从而将其保护, 所以去噪的关键在于避免使用向前向后差分算子, 如 PM 算子[45]. 实际上在此提出的算法能够运用一大类向前差分算子达到良好的去噪效果, 在下一小节我们将对其深入讨论.

(5.4.3)~(5.4.5) 式包含两个步骤. 首先, 我们需要确定疑似噪声集合 D, 之后将 D 代入式 (5.4.33) 从而对图像进行去噪. 确定疑似噪声集合 D 有很多种已知算法, 例如 AMF[120] 被用于去除椒盐噪声, 而自适应中心权重中值滤波器 (adaptive center weight median filtering, ACWMF)[117] 和基于灰度排序的对数差分格式

(rank ordered logarithmic difference, ROLD)[143] 被用于去除随机值噪声. 总而言之, (5.4.3)~(5.4.5) 式可以总结为下面的步骤.

算法 3 去除脉冲噪声的 (5.4.3)~(5.4.5) 式.

输入: 噪声图像 f, 差分算子 $L(\nabla u, \nabla^2 u)$.

操作: 确定疑似噪声集合 D, 令 $\lambda(x) = \chi_D$, 用 (5.4.3)~(5.4.5) 式进行计算, 结果 $u(x, t)$ 即为恢复后的图像.

算法 3 是处理图像去噪问题的一种一般性架构, 接下来我们将会对其深入讨论. 下一小节我们将讨论差分算子 $L(\nabla u, \nabla^2 u)$ 的选取, 而对于 D, 尽管现存多种算法对疑似噪声集合进行确定, 我们还是在后文给出一种改进算法.

5.4.2 差分算子 $L(\nabla u, \nabla^2 u)$ 的选取

首先, 我们介绍几种经典的差分算子 $L(\nabla u, \nabla^2 u)$ 的选取方式, 并讨论不同差分算子的去噪效果.

出现最早且研究最广泛的差分算子 L 是线性扩散算子, 也被称作 LA 算子

$$L(\nabla u, \nabla^2 u) = \Delta u$$

拉普拉斯扩散方程是各向同性的, 并不能保护边界.

为了在去噪的同时保护边界, 以 Perona 和 Malik 提出的 PM 模型[45] 为首的有如下几种非线性差分算子, 例如

$$L(\nabla u, \nabla^2 u) = \mathrm{div}\left(\frac{1}{1 + (|\nabla u|/K)^2}\nabla u\right)$$

PM 算子实质上是一个向前向后差分算子, 它能在平滑处理均匀区域的同时保护边界. 由于向前向后 PM 算子会将脉冲噪声错误视作离散边界, 我们自然想到正则 PM 算子. Catte 等[31] 提出通过正则化方法将 PM 算子变为向前差分算子. 这种想法将扩散系数 $1/\left(1 + (|\nabla u|/K)^2\right)$ 中的梯度 ∇u 替换为光滑的 $G_\sigma * \nabla u$, 其中 G_σ 是高斯核函数. 综上, RPM 由下式给出:

$$L(\nabla u, \nabla^2 u) = \mathrm{div}\left(\frac{1}{1 + (|G_\sigma * \nabla u|/K)^2}\nabla u\right)$$

另一种非线性扩散算子为严格单调利普希茨延拓算子 (absolute minimal lipschitz extension model, AMLE)[144]

$$L(\nabla u, \nabla^2 u) = \partial_{\eta\eta} u$$

以及曲率驱动扩散算子 (curvature-driven diffusion, CDD)[145]

$$L(\nabla u, \nabla^2 u) = \mathrm{div}\left(\frac{g(|\kappa|)}{|\nabla u|}\nabla u\right)$$

其中 $\boldsymbol{\eta} = \nabla u / |\nabla u|$ 是梯度方向的单位向量, g 是增函数且 $g(0) = 0, g(+\infty) = \infty$. $g(x)$ 也可以取作 $g(s) = s^p, g \geqslant 1$.

为了研究梯度方向上的局部变分, Weickert 在文献 [146] 中提出了各向异性扩散算子

$$L(\nabla u, \nabla^2 u) = \mathrm{div}(D(J_\sigma(\nabla u_\sigma))\nabla u)$$

其中 D 是扩散张量, $J_\sigma(\nabla u_\sigma) = G_\sigma * \nabla u_\sigma \nabla u_\sigma^{\mathrm{T}}$. D 的特征向量能够显示出图像的局部结构特征, 所以这些特征向量的正交基需与 J_σ 保持一致. D 的特征值 λ_1 和 λ_2 根据不同需求对应选取, 例如相干增强各向异性扩散算子 (coherence-enhancing diffusion, CED) 由下式给出:

$$\lambda_1 = \alpha,$$
$$\lambda_2 = \begin{cases} \alpha, & \mu_1 = \mu_2 \\ \alpha + (1-\alpha)\exp\dfrac{-1}{(\mu_1 - \mu_2)^2}, & \mu_1 \neq \mu_2 \end{cases}$$

其中 μ_1, μ_2 分别为 $J_\sigma(\nabla u_\sigma)$ 的两个特征值, $\mu_1 > \mu_2, \alpha \in (0, 1)$.

接下来给出差分扩散算子在图像去噪中的实验结果. 图 5.4.1 是对施加了 97% 噪声水平椒盐噪声的 Lena 图像进行去噪的结果. 我们在 (5.4.3)~(5.4.5) 式里均采用 LA 作为 λ-LA, 其他差分算子应用方法与其类似. 图 5.4.1 同时提供了量化误差分析, 可以根据这些分析结果计算恢复后图像 $u_{i,j}$ 和原始噪声图像 $f_{i,j}$ 的峰值信噪比 (peak signal to noise ratio, PSNR)

$$\mathrm{PSNR}(f, u) = 10\lg\dfrac{255^2}{\dfrac{1}{MN}\displaystyle\sum_{i,j}(u_{i,j} - f_{i,j})^2}\mathrm{d}b$$

由图 5.4.1 可以看出, 尽管只靠 3% 的像素恢复原始图像非常困难, 但是所有算子都成功重构了 Lena 图像的基本信息. 如预期所示 λ-LA 是各项同性的且不能保护边界. 不幸的是, λ-AMLE 更加偏向垂直于等高线, 去噪结果也和 λ-LA 相似. λ-CDD 和 λ-CED 考虑到了图像的局部结构特征, 因而处理结果优于 λ-LA 和 λ-AMLE, λ-RPM 在去噪表现和保护边界上均取得了最佳效果.

由于 λ-RPM 中的 $G_\sigma * \nabla u$ 是以 $u(x, t)$ 为初值的热方程解的梯度在时刻 σ 处的取值, 模型在 $t\sigma$ 时刻对噪声处理的灵敏度将下降, 且仅当梯度值较小时扩散. 此外, 为了保护边界参数 K 需要取得很小 (实验中取 $K = 4$). 总而言之, λ-RPM 的去噪结果 PSNR 最高, 视觉效果最好. 由此我们在 (5.4.3)~(5.4.5) 式选用正则 PM 算子, 此时 λ-RPM 的形式如下:

$$\frac{\partial u}{\partial t} = \mathrm{div}\left(\frac{1}{1 + (|G_\sigma * \nabla u| / K)^2}\nabla u\right) \tag{5.4.6}$$

$$u(x, 0) = f(x) \tag{5.4.7}$$

$$\frac{\partial u}{\partial \boldsymbol{n}} = 0 \tag{5.4.8}$$

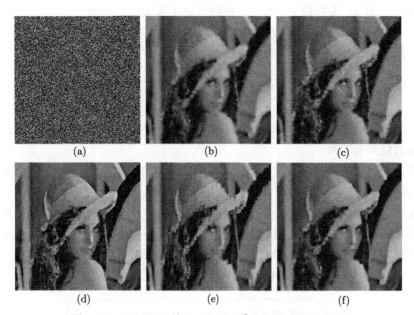

图 5.4.1 不同差分算子 $L(\nabla u, \nabla^2 u)$ 对应的去噪结果

(a) 97%噪声水平的噪声图像; (b) λ-LA,PSNR = 23.36; (c) λ-AMLE,PSNR = 23.36;
(d) λ-CDD,PSNR = 23.97; (e) λ-CED,PSNR = 24.07; (f) λ-RPM,PSNR = 24.45

(5.4.3)~(5.4.5) 式是处理图像去噪问题的一种一般性框架, 这里我们只选用了几种经典的差分算子进行实验. 近年来提出的一些新型差分算子同样可应用于这种模型中. 综上, (5.4.3)~(5.4.5) 式将高斯噪声去噪和脉冲噪声去噪的方法有效结合起来, 也就是说, 若需要用到更加复杂的扩散方程进行高斯噪声去噪, 可以用 (5.4.3)~(5.4.5) 式对这些扩散方程进行替换并构造出新的脉冲噪声去噪模型.

上述替换表明 (5.4.6) 能有效去除脉冲噪声, 因此它能在许多其他类型的图像处理问题中负责预处理操作. 由此可得高斯噪声去噪方程

$$\frac{\partial u}{\partial t} = \lambda(x, t) \mathrm{div} \left(\frac{1}{1 + \left(\left| G_\sigma * \nabla u \right| / K \right)^2} \nabla u \right) \tag{5.4.9}$$

其中 $\lambda(x, t) = \begin{cases} \lambda(x), & 0 \leqslant t \leqslant T_0, \\ 1, & T_0 < t \leqslant T, \end{cases}$ $\lambda(x) = \chi_D, 0 < T_0 < T$ 为常数. 注意到式 (5.4.9) 包含了两个步骤: 第一步 $(0 \leqslant t \leqslant T_0)$(与式 (5.4.6) 相同) 去除了脉冲噪声, 第二步 $(T_0 < t \leqslant T)$(经典非线性扩散方程) 则去除了高斯噪声.

在实际应用中我们通常需要给定 (5.4.9) 中的参数 T_0. 实际上通过数值实验可以看出这可以由 (5.4.6) 的渐近性做到. 我们发现随着迭代次数 i 的增加, 经过式 (5.4.6) 恢复后的图像在第 i 次迭代的结果 u^i 越来越接近原始图像 u^0, 且当 i 充分大时 u^i 保持稳定. 综上, 我们用如下步骤决定参数 T_0: 在 (5.4.6) 中令 $\lambda(x,t) = \lambda(x,t) = \chi_D$, 计算第 k 次迭代结果 u^k 与第 $k-1$ 次迭代结果 u^{k-1} 的 MAE. 若

$$\mathrm{MAE}(u^{k-1}, u^k) = \frac{1}{MN} \sum_{i=1}^{M} \sum_{j=1}^{N} \left| u_{i,j}^{k-1} - u_{i,j}^{k} \right| < \varepsilon$$

其中 ε 为任意小的正数, $T_0 = i \times \tau$, τ 是时间步长. 另外, 我们令 (5.4.9) 中 $\lambda(x,t) = 1$ 而继续去除高斯噪声.

我们通过数值实验验证式 (5.4.6) 的渐近性. A 和 B 是 Lena 图像中的两个像素, A 坐标为 (39,64), 灰度为 100; B 坐标为 (73,20), 灰度为 75. 在实验中 A 是无噪声像素而 B 是被椒盐噪声 (灰度为 0) 所污染的噪点. 图 5.4.2 表明了 A 和 B 的灰度随着迭代次数的增加而增大的情况, 其中红线是 B 像素点的真实值, 蓝线表明无噪声像素点的灰度并不随迭代发生改变, 绿线显示出噪点 B 的灰度值逐渐接近于 B 的真实值, 经过 50 次迭代绿线不再变化且与红线重合.

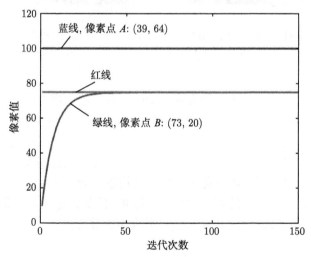

图 5.4.2　Lena 图像中两个像素随迭代次数增加而变化的灰度值,
中间的红线为 B 的真实值

5.4.3　脉冲噪声指标

在 (5.4.3)~(5.4.5) 式中, 脉冲噪声指标定义为 $\lambda(x) = \chi_D(x)$, D 是疑似噪声的集合. 在这一节我们将要对这个集合 D 进行估计.

AMF 方法是一种有效检测被椒盐噪声污染的像素的方法, 它被广泛运用于椒盐噪声去噪问题中. 因此, 采用 AMF 方法对椒盐噪声进行检测. 令 u_{AMF} 是 AMF 对噪声图像 f 的检测结果图像, 椒盐噪声指标 $(\lambda_{sp})_{i,j}$ 定义如下:

$$(\lambda_{sp})_{i,j} = \begin{cases} 0, & u_{\mathrm{AMF}} \neq f_{i,j} \\ 1, & u_{\mathrm{AMF}} = f_{i,j} \end{cases}$$

检测被随机值噪声污染的像素要比检测椒盐噪声污染的像素要困难得多, 因为噪点的灰度值可以取 $d_{\min}$ 到 $d_{\max}$ 间的任意随机值. ACWMF[143] 和 ROLD[144] 经常被用来检测随机值噪声, 然而这两种算法并不能完全鉴别出大多数噪点. 注意到我们的模型 (5.4.6)~(5.4.8) 只能还原被视作噪声的像素, 因此被错误视作无噪声像素的噪声像素将会保留到最后的去噪结果中. 由此可见噪声检测方法是非常重要的. 针对这一问题, 人们提出了一些改进技巧[143,147]. 例如, 在运用自适应奇点追迹法 (adaptive outlier pursuit, AOP) 进行 TV 盲区修复时, 可在每次迭代后依据如下标准判断疑似噪声:

$$\begin{cases} x \text{ 是噪点}, & (f_i(x) - u(x))^2/2 < d \\ x \text{ 是无噪声像素}, & (f_i(x) - u(x))^2/2 \geqslant d \end{cases}$$

其中 d 是 $(f_i(x) - u(x))^2/2$ 中第 L 大的项, 指标 L 是由脉冲噪声的噪声水平得到的被污染像素数目的一个估计, $f_i(x)$ 是第 i 次迭代后得到的图像. 我们可以利用其他的一些算法, 例如由 ACWMF 算法得到第一步迭代中的疑似噪声.

然而, ACWMF 在处理高噪声水平问题时存在严重不足. 在图 5.4.3 中, 我们列出了 ACWMF 和 AOP 算法处理具有 40% 噪声水平的随机值噪声污染的 Lena 图像. 尽管 AOP 方法取得了较高的 PSNR, 可以看出图像中仍然残留了很多显而易见的噪声, 这是因为去噪过程中在第一步迭代时运用了 ACWMF 鉴别疑似噪声.

(a) (b)

图 5.4.3 40% 噪声水平的 Lena 图像去噪结果

(a) ACWMF, PSNR=24.41; (b) AOP, PSNR=30.53

　　在这一小节, 我们提出了一种精度更高的技巧. 简要来说, 首先, 噪点可以分为如下两大类: ONPs(显著噪声) 即噪点像素的灰度值与其相邻点的取值有显著差异; 以及 INPs(不显著噪声). 其次, 我们通过不同的方法检测 ONPs 和 INPs. 最后将 ONPs 和 INPs 综合起来就是全部噪声信息. 注意到 ONPs 与 INPs 并没有严格的区别, 这里如此定义只是为了方便后文讨论, 以后 ONPs 和 INPs 表示这两种像素, 而 ONP 和 INP 表示这两种像素对应构成的集合.

　　ONPs 是灰度值与其相邻点的取值有显著差异的噪点像素, 这导致它们很容易被筛选出来. 设 (i,j) 是像素坐标, 令

$$S_{i,j}^w = \{(s,t) : |s-i| \leqslant w, |t-j| \leqslant w\} / \{i,j\}$$

是 (i,j) 附近相距 $(2w+1) \times (2w+1)$ 的相邻点. 对于任意 $(s,t) \in S_{i,j}^w$, 定义 (i,j) 和 (s,t) 的绝对误差为 $d_{i,j}^{s,t} = |f_{i,j} - f_{s,t}|$, 若 (i,j) 是 ONPs, 则一定存在多个 $(s,t) \in S_{i,j}^w$ 使得 $d_{i,j}^{s,t}$ 取得较大值. 给定两个阈值 T 和 N, 考察 $(s,t) \in S_{i,j}^w$ 的数目, 若 $d_{i,j}^{s,t} > T$, $d_{i,j}^{s,t} > N$, 则 (i,j) 很有可能就是 ONPs. 在此将这种算法总结如下.

算法 4　ONP 的估计.

输入: 噪声图像 f, w, T, N.

操作: 对 $(i,j) \in \{1, \cdots, M\} \times \{1, \cdots, N\}$, $(s,t) \in S_{i,j}^w$, 计算

$$D_{i,j}^{s,t} = \begin{cases} 1, & |f_{i,j} - f_{s,t}| > T \\ 0, & |f_{i,j} - f_{s,t}| \leqslant T \end{cases}$$

若 $\displaystyle\sum_{(s,t) \in S_{i,j}^w} D_{i,j}^{s,t} > N$, 则 (i,j) 是 ONPs, 判断 $(i,j) \in$ONP.

　　算法 4 中含有三个参数 w, T, N. 这些参数无法由显式格式计算得到. 为了得到更好的去噪效果, 这些参数通常由观测经验来确定. 一般来说 $w = 2$ 已经足以满足所有实验需要, 而 T, N 则应根据随机值噪声的噪声水平适当选取. 大量实验表明以下的 T, N 的取法

$$\begin{cases} T = 40, N = 4, & \text{当噪声水平在 } 10\% - 25\% \\ T = 40, N = 7, & \text{当噪声水平在 } 25\% - 45\% \\ T = 30, N = 7, & \text{当噪声水平在 } 45\% - 60\% \end{cases}$$

能够取得最佳效果.

　　算法 4 形式简单但极其高效. 为了分析该算法的稳定性, 我们利用式 (5.4.6) 对被 40% 噪声水平的随机值噪声污染的 Lena 图像进行恢复, 这里取 $\lambda(x) = \chi_{\text{ONP}}$. 图 5.4.4(b) 的结果验证了上述讨论, 它表明大多数 ONPs 像素都被去除而 INPs 像素仍然保留.

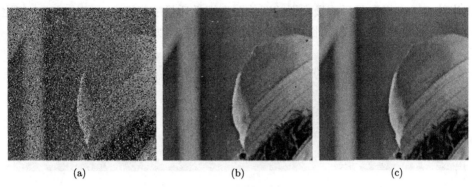

$$\text{(a)} \qquad\qquad\qquad \text{(b)} \qquad\qquad\qquad \text{(c)}$$

图 5.4.4 Lena 图像的左上部分

(a) 40%随机值噪声, PSNR=13.22; (b) 算法 4 去噪结果, PSNR=27.93; (c) 算法 5 去噪结果,

PSNR=31.02

图 5.4.4 (b) 中仍然残存着 INPs, 识别并筛选这些像素成了一项关键问题, 我们可以采用多种已知方法 (例如本节中的 ACWMF 方法) 解决这个问题. 识别筛选 INPs 的简要步骤可归纳如下.

算法 5 INP 和 D 的估计.

输入: 噪声图像 f 和集合 ONP.

操作: 利用式 (5.4.6) 对噪声图像 f 进行恢复, 这里 (5.4.6) 中的 $\lambda(x) = \chi_{\text{ONP}}(x)$.

令 g 为去噪后的图像, 利用 ACWMF 识别并判断噪声像素, 记 INP 为疑似噪声构成的集合, 此时 $D = \text{ONP} \bigcup \text{INP}$ 即为噪声图像 f 的全体疑似噪声集合.

由于 D 已经确定, 噪声图像 f 可以由式 (5.4.6) 进行恢复, 这里 (5.4.6) 中的 $\lambda(x) = \chi_D(x)$. 图 5.4.4(c) 显示了在由算法 5 确定的 D 中利用式 (5.4.6) 进行去噪的实验结果, 可以看出图 5.4.4(b) 中的多数 INPs 能被有效识别筛选.

5.5 数 值 实 现

5.5.1 基于局部 Hölder 半模和非局部算子的去噪方法数值实验

本节去噪实验使用 500×500 的彩色 Lena 图像、Pepper 图像以及 Tower 图像和 Barbara 图像, 如图 5.5.1 所示, 每张图片均被加以 10%到 90%噪声水平的椒盐噪声.

我们采用两种测量指标, 即 PSNR 和相似结构性 (structural similarity index, SSIM)[148], 对不同的去噪方法进行对比和评估. 虽然 PSNR 可以测量两个图像之间的强度差, 但是可能无法客观描述图像的视觉效果. 另外, 如何评估图像的视觉质量是一个非常困难的问题, 目前对于这个课题的研究也方兴未艾. 文献 [148] 所提出的 SSIM 指数是目前最常用的评估图像视觉质量的指标之一. 与 PSNR 相比, SSIM 可以更好地反映参考图像和目标图像之间的相似性结构.

图 5.5.1　测试图像

这里我们将四种算法进行比较, 即: 算法 1 (A.I)、算法 2 (A.II)、快速高效中值滤波器 (fast efficient median filtering, FEMF)[154] 和两相法 TPM[125]. 为保证以 PSNR 和 SSIM 作为指标能显示出最佳效果, FEMF 及 TPM 的系数与文献 [148] 和 [149] 中给定的相一致.

对所有算法, 设定网格最大长度为 $w_{max} = 39$, 由局部 Hölder 连续性的定义可知, 算法 1 中的系数 α 取值能够同时影响去噪效果和细节保护能力. 为了展示算法 1 对于 α 具有鲁棒性, 我们分别对噪声水平 30%, 50%, 70% 以 $0.25 \leqslant \alpha \leqslant 2.5$ 进行实验 (图 5.5.2). 结果表明当 $\alpha \geqslant 1$ 时 PSNR 取值稳定, 从而不妨在所有去噪实验中选取 $\alpha = 1$.

对于算法 2, 搜索网格大小和权函数 (5.3.6) 中近似网格大小的选取是图像恢复工作的关键. 我们对任意给定的噪声水平尝试了多种不同的权函数, 并发现表 5.5.1 中列出的权函数能够充分满足滤波的需要. 参数 h 控制指数函数的衰减, 因而也控制权重的衰减. 为了确保只有拥有相似邻点的像素有大的权重值, 参数 h 必须与高斯噪声中的标准差同阶. 由观察经验可知, 非局部方法对于每个正数 h 都是一致的, 对这种情况同样给出了实验结果. 为了保证算法 2 发挥最佳效果, 我们在所有实验中选定 $h = 10$.

各种方法的去噪结果列于表 5.5.2 中, 其中 PSNR 和 SSIM 的最佳值以粗体显示. 四种算法在低噪声水平时效果均良好. FEMF 并不注重局部特征, 在高噪声水平时效果欠佳. TPM 的去噪效果随着噪声水平增加而急剧下降. 实验结果表明, 新提出的算法 1 和算法 2 在去噪效果上大大优于 FEMF 和 TPM 算法, 尤其在噪声水平较高的情况下效果更加明显.

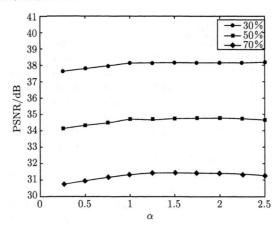

图 5.5.2 不同 α 下算法 1 的 PSNR 结果

表 5.5.1 算法 2 的搜索网格和近似网格大小

噪声水平/%	近似网格大小	搜索网格大小
$p < 15$	5×5	13×13
$15 < p < 35$	7×7	17×17
$35 < p < 45$	7×7	19×19
$45 < p < 65$	11×11	19×19
$65 < p < 85$	11×11	21×21
$p > 85$	11×11	23×23

表 5.5.3 中我们比较了四种算法的 CPU 运行时间, PC 硬件配置为 Inter Core i5 3.20 GHz CPU, 4GB RAM 内存, 可以看出计算权函数占用了最多的时间, CPU 运行时间随着搜索网格和近似网格大小的增加而急剧上升. 此外, 我们发现算法 2 快 10~20 倍.

在图 5.5.3 和图 5.5.4 中, 我们给出了 70% 和 90% 噪声水平的去噪实验结果. 为了研究视觉质量我们还在图 5.5.5—图 5.5.8 中分别展示了 60% 和 80% 噪声水平的去噪实验结果.

我们选择 Lena 图像和 Pepper 图像来说明算法 1 可以有效处理自然图像的去噪问题. 实验结果如图 5.5.8 所示, 通过与 FEMF 和算法 2 的比较很容易看出 FEMF 效果最差. 而算法 1 无法保护边界, 这是由于当噪点位于边界或近边区域时算法 1 将会令边界模糊. 另外, 可以看出经过算法 1 处理过的图像较为干净, 视觉效果良好.

表 5.5.2　几种算法在不同噪声水平下去噪结果的 PSNR 值和 SSIM 值

图像	p/%	PSNR				SSIM			
		FEMF	TPM	算法 1	算法 2	FEMF	TPM	算法 1	算法 2
Lena	10	41.9	42.5	42.0	**43.1**	0.996	0.996	**0.997**	0.996
	20	38.0	39.0	38.6	**39.6**	0.991	0.992	**0.992**	0.991
	30	35.7	36.8	36.5	**37.3**	0.986	0.986	**0.987**	0.985
	40	33.8	34.9	34.8	**35.0**	0.978	0.979	**0.980**	0.975
	50	32.1	33.4	33.2	**34.0**	0.968	0.967	**0.971**	0.967
	60	31.0	31.6	31.8	**32.3**	0.956	0.948	**0.959**	0.951
	70	29.7	29.7	**30.3**	30.1	0.938	0.913	**0.942**	0.920
	80	28.0	26.7	**28.7**	27.8	0.908	0.826	**0.913**	0.867
	90	25.7	20.7	**26.6**	25.3	0.846	0.579	**0.857**	0.789
Pepper	10	34.5	40.3	40.8	**41.7**	0.975	0.991	0.995	**0.995**
	20	32.8	37.3	37.5	**38.5**	0.967	0.983	0.989	**0.990**
	30	31.0	35.2	35.5	**36.4**	0.958	0.971	0.983	**0.983**
	40	29.7	33.2	33.8	**34.5**	0.948	0.955	**0.975**	0.974
	50	28.2	31.3	32.5	**33.4**	0.936	0.934	0.966	**0.967**
	60	29.3	28.9	31.1	**32.0**	0.932	0.912	0.954	**0.955**
	70	28.0	26.3	29.8	**30.2**	0.913	0.868	**0.938**	0.933
	80	26.3	23.2	**28.4**	27.8	0.881	0.774	**0.913**	0.892
	90	24.3	18.3	**26.3**	25.0	0.822	0.522	**0.863**	0.823
Tower	10	39.3	39.5	37.9	**42.3**	0.997	0.997	0.997	**0.998**
	20	35.3	35.8	34.5	**38.7**	0.993	0.993	0.992	**0.994**
	30	32.5	33.0	32.2	**36.1**	0.987	0.986	0.986	**0.988**
	40	30.2	31.0	30.4	**33.6**	0.978	0.978	0.978	**0.978**
	50	28.1	28.9	28.8	**32.0**	0.966	0.959	0.966	**0.969**
	60	25.8	26.9	27.2	**29.7**	0.937	0.931	0.949	**0.949**
	70	24.4	25.1	25.6	**27.5**	0.910	0.882	**0.923**	0.914
	80	22.9	22.9	23.9	**24.3**	0.867	0.795	**0.880**	0.845
	90	20.8	19.5	**21.7**	20.9	0.781	0.580	**0.798**	0.712
Barbara	10	35.1	35.1	34.7	**42.0**	0.990	**0.990**	0.989	0.997
	20	31.6	31.8	31.5	**38.4**	0.976	0.978	0.977	**0.994**
	30	29.3	29.5	29.5	**35.9**	0.959	0.960	0.962	**0.988**
	40	27.6	27.8	27.9	**33.7**	0.940	0.939	0.944	**0.979**
	50	26.1	26.5	26.5	**32.0**	0.917	0.913	0.922	**0.968**
	60	24.3	25.3	25.3	**30.0**	0.880	0.880	0.894	**0.950**
	70	23.3	24.3	24.1	**27.6**	0.847	0.836	0.859	**0.912**
	80	22.2	22.7	22.9	**24.7**	0.801	0.741	0.813	**0.836**
	90	21.0	19.1	21.6	**22.2**	0.706	0.513	0.701	**0.715**

　　我们选择 Tower 图像和 Barbara 图像来说明算法 2 可以有效处理纹理图像去噪问题. 实验结果如图 5.5.8 所示, 通过与 FEMF 和算法 1 的比较很容易看出, FEMF 和算法 1 都不能有效还原纹理图像. 而算法 2 不仅能去除噪声还能还原原图的几何特征和纹理特征, 表 5.5.2 还表明了算法 2 对于 Tower 图像和 Barbara 图

像有着更高的 PSNR 指标.

表 5.5.3   CPU 运行时间对比

图像	p/%	FEMF/秒	TPM/秒	算法 1/秒	算法 2/秒
Lena	10	2.1	56.6	9.5	27.5
	30	5.3	203.1	26.7	93.8
	50	8.7	493.9	42.8	135.7
	70	20.4	962.1	63.9	215.3
	90	29.7	1883.9	134.9	240.3
Pepper	10	2.9	116.5	17.7	36.3
	30	6.0	284.1	49.5	108.4
	50	9.4	539.2	74.3	146.9
	70	21.7	1002.1	104.5	231.5
	90	31.2	1955.8	188.5	249.1
Tower	10	2.2	74.4	11.9	32.4
	30	5.4	220.9	33.9	109.3
	50	8.9	427.8	55.2	159.6
	70	20.9	823.7	82.9	249.2
	90	30.2	1681.2	164.1	278.6
Barbara	10	2.1	58.4	14.6	35.0
	30	5.3	208.4	40.7	120.8
	50	8.8	424.1	64.6	177.0
	70	20.7	899.2	94.0	277.1
	90	30.4	1775.6	185.3	306.7

图 5.5.3　噪声水平 70% 的去噪图像, 从左到右分别为 FEMF, TPM, 算法 1 和算法 2

　　现在我们通过 PSNR 和 SSIM 指标以及视觉效果来比较算法 1 和算法 2 的去噪结果. Barbara 图像含有丰富的纹理特征和结构信息, 算法 2 对该图像的去噪表现更加出色, 相应的 PSNR 和 SSIM 也高于算法 1, 然而观察其他三张实验图像的去噪结果, 我们发现算法 2 仅在噪声水平较低时能够取得较高的 PSNR 和 SSIM. 而算法 1 在噪声水平较高时的去噪效果更加出色 $(p \geqslant 80\%)$.

　　由图 5.5.5—图 5.5.8 中的结果以及上述讨论可以看出, 算法 1 并不能保护边界, 而算法 2 在四张图像中均能较好地保护边界且获得更好的视觉效果.

图 5.5.4　噪声水平 90% 的去噪图像, 从左到右分别为 FEMF、TPM、算法 1 和算法 2

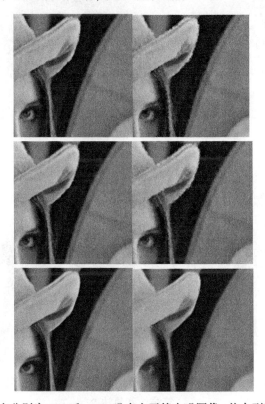

图 5.5.5　从左到右分别为 60% 和 80% 噪声水平的去噪图像, 从上到下分别为 FEMF、
算法 1 和算法 2

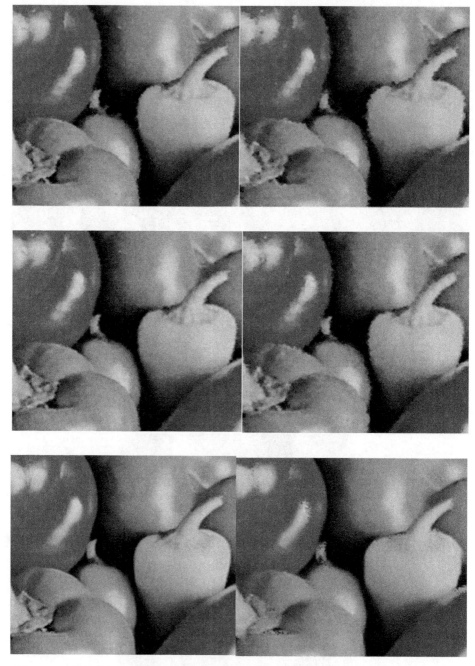

图 5.5.6　从左到右分别为 60%和 80%噪声水平的去噪图像, 从上到下分别为 FEMF、
算法 1 和算法 2

图 5.5.7 从左到右分别为 60%和 80%噪声水平的去噪图像, 从上到下分别为 FEMF、算法 1 和算法 2

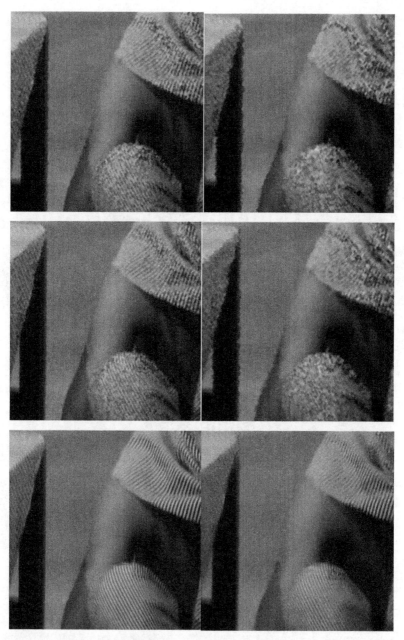

图 5.5.8　从左到右分别为 60% 和 80% 噪声水平的去噪图像, 从上到下分别为 FEMF、
算法 1 和算法 2

　　综上, 我们可以得到结论: 算法 1 可能在某些噪声水平下取得更高的 PSNR 和
SSIM, 但是算法 2 的视觉质量始终优于算法 1.

5.5.2 基于非散度型方程的去噪方法数值实验

在这一节, 我们将应用上文讨论的算法对具有脉冲噪声和混合高斯脉冲噪声的图片进行去噪实验. 在 512×512 的 8 位灰度图中, 我们选取具有均匀区域的图像 (Lena 图像) 和具有高活性的图像 (Bridge 图像) 进行实验. 我们对提出的 λ-RPM 模型与一些判断学习算法进行比较, 这里选取 FEMF[120]、运用自适应奇点追迹的 TV 盲区修复算法 AOP[147]、基于自适应加权的总变分法 (total variation adaptive weight, TVAW)[105] 和应用 ENI 控制函数的选择退化扩散算法 (distinguish edge pixels, noisy pixels, and interior pixels, ENI)[141]. 在这些方法中, FEMF 是中值滤波器, AOP 和 TVAW 都是正则变分法, 而 ENI 是基于偏微分方程的方法. 上述方法的所有参数都设定为能够取得最佳去噪效果的取值. 我们通过指标 PSNR 以及 SSIM[148] 来比较不同方法的实验效果.

在对 Lena 图像和 Bridge 图像进行仿真实验前, 我们先对 FEMF、AOP、TVAW、ENI 和 λ-RPM 模型的保护边界能力进行研究. 首先, 在图 5.5.9 中比较 λ-RPM 与 FEMF 和 AOP. 图 5.5.9(a) 是一幅包含三种颜色的模拟图像: 黑 (灰度值为 0)、灰 (灰度值为 127) 和白 (灰度值为 245), 三种颜色分别占图像总体的 5%, 90% 和 5%. 不妨设图 5.5.9(a) 中的黑像素和白像素的坐标已知, 灰像素则作为背景填充色.

三种算法的去噪效果如图 5.5.9 所示. 可以看出这三种方法都能成功恢复图像的背景 (即灰度值为 127 的像素点), 而三种算法的主要不同之处在于边界处的效果不同, 这与我们的预期相吻合. FEMF 是中值滤波器, 可以看出图 5.5.9(b) 中的边界并没有被有效恢复. AOP 运用了 TV 模型处理图像, 因而保护边界效果比 FEMF 要强, 但是恢复后图像中无噪声像素过于稀疏无法形成清晰边界. 我们都知道正则化 PM 方程在参数 K 很小时 (图 5.5.9(d) 中 $K = 1$) 能够有效保护边界. 此外, λ-RPM 模型不会改变黑像素和白像素的灰度值. 因此, λ-RPM 模型取得的实验结果最佳:

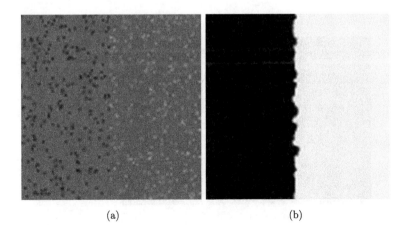

(a)   (b)

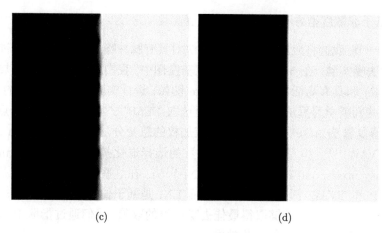

图 5.5.9　图片尺寸: 128×128 且 (a) 中有 5% 黑像素和 5% 白像素

(a) 噪声图像; (b) FEMF; (c) AOP; (d) λ-RPM

既能恢复背景又能通过图像的均值形成边界.

　　图 5.5.9 的实验并不适用于 TVAW 和 ENI, 因此我们在图 5.5.10 中比较 λ-RPM 与 TVAW 和 ENI 的去噪效果. 图 5.5.10(a) 是由 60% 的噪声水平的随机值噪声污染的二值图像. 由图 5.5.10 的比较结果来看, TVAW 基于 TV 正则化和自适应加权数据保真项来去除脉冲噪声, 能够去除绝大多数的脉冲噪声但边界较为模糊. ENI 在边界像素、噪声像素和内部像素上选择性地进行扩散, 从而能够很好保存边界. 然而, 如图 5.5.10 (c) 所示, 部分噪声像素被错误地视为边界像素. λ-RPM 模型在对疑似噪声集合 D 的精确估计 (算法 5) 的基础上采用 RPM 方程 (图 5.5.9(d)) 提高了保护边界的能力, 从而取得非常好的去噪效果.

　　总而言之, 图 5.5.9 和图 5.5.10 说明了 λ-RPM 既能去除脉冲噪声又能保护边界.

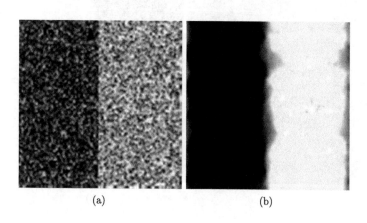

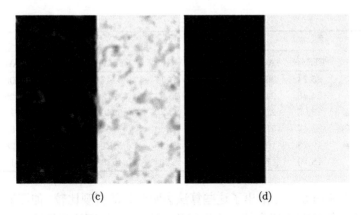

(c)   (d)

图 5.5.10   图片尺寸: 128×128, 60%噪声水平的随机值噪声

(a) 噪声图像; (b) TAVW; (c) ENI; (d) λ-RPM

我们接下来使用椒盐噪声在第一个实验中进行模拟, 同时将 λ-RPM 与 FEMF, AOP 以及 TVAW 进行比较. 每张图像都被施加了 10% 到 97% 噪声水平的椒盐噪声. 表 5.5.4 列出了四种算法去噪结果的 PSNR 和 SSIM 值. 从表 5.5.4 中我们得到, FEMF, AOP 和 TVAW 处理结果相近, 而 λ-RPM 的 PSNR 值和 SSIM 值显著高于其他几种算法. 这主要因为 λ-RPM 模型并不改变无噪声像素的值, 能同时兼顾去除噪声和保护边界.

表 5.5.4   不同算法对于椒盐噪声去噪的 PSNR 和 SSIM 结果

图像	$p/\%$	PSNR				SSIM			
		FEMF	AOP	TVAW	λ-RPM	FEMF	AOP	TVAW	λ-RPM
Lena	10	43.14	39.55	43.29	45.12	0.9979	0.9928	0.9979	0.9982
	20	39.21	38.57	39.70	41.73	0.9951	0.9912	0.9953	0.9961
	30	36.80	37.32	37.46	39.47	0.9913	0.9887	0.9917	0.9932
	40	34.62	35.81	35.56	37.64	0.9858	0.9841	0.9862	0.9891
	50	32.80	34.16	33.95	35.88	0.9786	0.9765	0.9793	0.9835
	60	31.70	32.62	32.40	34.32	0.9699	0.9658	0.9693	0.9766
	70	30.25	30.88	30.74	32.51	0.9551	0.9458	0.9512	0.9636
	80	28.54	28.85	28.74	30.52	0.9309	0.9121	0.9201	0.9414
	90	26.00	25.56	25.88	27.79	0.8712	0.8247	0.8431	0.8917
	95	23.93	22.60	23.07	25.85	0.7930	0.7072	0.7295	0.8288
	97	22.61	19.75	20.97	24.43	0.7384	0.5952	0.6369	0.7839
Bridge	10	36.60	31.54	34.59	37.04	0.9956	0.9845	0.9916	0.9957
	20	33.01	30.96	31.86	33.72	0.9893	0.9803	0.9836	0.9900
	30	30.76	29.93	29.86	31.63	0.9809	0.9727	0.9713	0.9823
	40	28.84	28.81	28.30	29.87	0.9694	0.9611	0.9553	0.9701
	50	27.23	27.59	26.97	28.48	0.9534	0.9434	0.9330	0.9551

续表

图像	$p/\%$	PSNR				SSIM			
		FEMF	AOP	TVAW	λ-RPM	FEMF	AOP	TVAW	λ-RPM
Bridge	60	25.74	26.19	25.63	27.17	0.9247	0.9118	0.9008	0.9328
	70	24.46	24.86	24.35	25.84	0.8913	0.8623	0.8526	0.8992
	80	23.05	23.22	22.92	24.35	0.8349	0.7698	0.7719	0.8378
	90	21.17	21.15	21.47	22.60	0.7194	0.5930	0.6655	0.7219
	95	19.73	19.27	19.68	21.30	0.5921	0.4120	0.5125	0.6097
	97	18.70	17.61	18.15	200	0.4939	0.298	0.3918	0.5238

图 5.5.11 和图 5.5.12 给出了这些算法去噪效果的直观比较. 如图所示, 在噪声水平高达 90% 的情况下所有算法均能有效去除噪声, 然而这些算法都各有长短, 对于 FEMF, 尽管通过适当选取参数可以得到较高的 PSNR, 但是边界恢复却不尽如人意. AOP 能很好地保护边界, 但图像会变得过度平滑导致细节丢失, TVAW 的去噪结果中则仍然残留部分噪声. 与 FEMF、AOP 和 TVAW 相比, λ-RPM 有着最佳的视觉效果, 能够同时保护边界和细节不缺失.

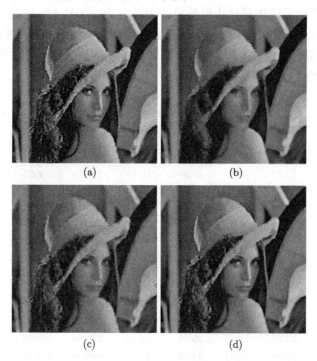

(a)   (b)

(c)   (d)

图 5.5.11   90% 噪声水平的椒盐噪声 Lena 图像去噪结果

(a) FEMF; (b) AOP; (c) TVAW; (d) λ-RPM

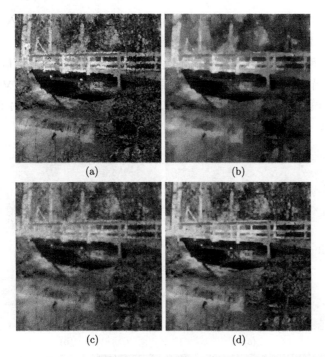

图 5.5.12 90% 噪声水平的椒盐噪声 Bridge 图像去噪结果

(a) FEMF; (b) AOP; (c) TVAW; (d) λ-RPM

接下来考察随机值噪声. 我们将 λ-RPM 与 AOP, TVAW 以及 ENI 进行比较. 每张原始图像都被施加了 10% 到 60% 噪声水平的随机值噪声. 表 5.5.5 列出了四种算法处理结果的 PSNR 和 SSIM 值, 从表中可以看出 λ-RPM 模型的实验结果依然

表 5.5.5 不同算法对于随机值噪声去噪的 PSNR 和 SSIM 结果

图像	p/%	PSNR				SSIM			
		AOP	TVAW	ENI	λ-RPM	AOP	TVAW	ENI	λ-RPM
Lena	10	38.33	38.18	34.68	39.14	0.9940	0.9939	0.9773	0.9949
	20	35.22	35.11	33.27	35.88	0.9852	0.9855	0.9683	0.9869
	30	32.61	32.78	31.73	33.54	0.9678	0.9719	0.9545	0.9768
	40	30.53	30.67	30.35	31.58	0.9439	0.9510	0.9331	0.9585
	50	28.50	28.83	28.78	30.05	0.9082	0.9216	0.8934	0.9383
	60	26.50	27.04	26.70	28.01	0.8543	0.8923	0.8164	0.9061
Bridge	10	29.69	29.14	27.69	29.83	0.9767	0.9696	0.9429	0.9761
	20	27.73	27.58	26.70	28.13	0.9553	0.9534	0.9269	0.9600
	30	26.08	26.22	25.85	26.66	0.9206	0.9310	0.9080	0.9396
	40	24.49	24.74	24.91	25.43	0.8648	0.8901	0.8784	0.9044
	50	23.06	23.37	23.80	24.08	0.7887	0.8361	0.8310	0.8581
	60	21.36	22.06	22.49	22.61	0.6754	0.7524	0.7499	0.7612

优于 AOP, TVAW 和 ENI. 这是因为在检测随机值脉冲噪声中引入了更为精确的算法, 使得 λ-RPM 能够同时去除噪声和保护边界.

　　图 5.5.13 和图 5.5.14 给出了这些算法去噪效果的直观比较, 可以看出 AOP 的处理结果中细节缺失, 而 ENI 的处理结果中仍然残留部分噪声. TVAW 的去噪结果与 λ-RPM 模型的结果相近, 不过由上文的讨论我们得知 λ-RPM 的边界保护能力强于 TVAW.

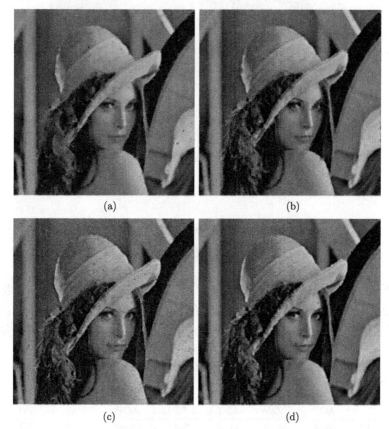

图 5.5.13　60%噪声水平的随机值噪声 Lena 图像去噪结果

(a) AOP; (b) TVAW; (c) ENI; (d) λ-RPM

　　在本节最后, 我们考察脉冲噪声和混合高斯脉冲噪声的去噪问题. 人们常常将脉冲噪声去噪结合于高斯噪声去噪的过程中, 例如, CDD-修补-去噪模型[145] 和 AOP. 由于 AOP 是一个基于 TV 模型的算法, 公平起见, 我们在此用如下 λ-TV 模型与 AOP 相比较:

$$\frac{\partial u}{\partial t} = \lambda(x,t)\mathrm{div}\left(\frac{\nabla u}{|\nabla u|}\right)$$

　　我们对 Lena 图像和 Bridge 图像叠加了高斯噪声和 $\sigma = 15, s = 70\%$ 的椒盐噪声, 对其分别去噪所得的实验结果如图 5.5.15 所示. 图 5.5.15 表明 λ-TV 模型与 AOP 效果相近, 由 PSNR 值可得 λ-TV 模型略优于 AOP 模型.

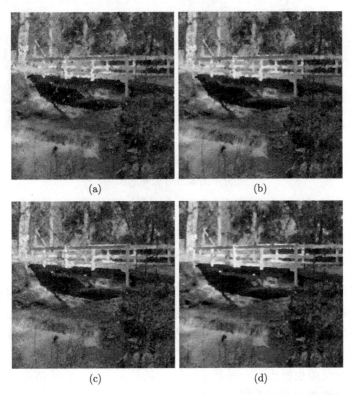

图 5.5.14　60% 噪声水平的随机值噪声 Bridge 图像去噪结果

(a) AOP; (b) TVAW; (c) ENI; (d) λ-RPM

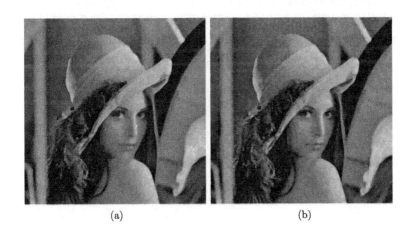

$$(c) \qquad\qquad\qquad\qquad (d)$$

图 5.5.15　AOP 和 λ-TV 模型对叠加了高斯噪声和 $\sigma=15$, $s=70$ 的椒盐噪声的 Lena 图像和
Bridge 图像进行去噪的结果

(a) AOP, PSNR=28.24; (b) λ-TV, PSNR=28.44; (c) AOP, PSNR=23.40; (d) λ-TV, PSNR=23.72

5.6　小　　结

　　本章我们基于局部 Hölder 半模和非局部算子分别提出了两种针对椒盐噪声去噪的泛函. 第一种算法通过对局部 Hölder 半模取最小值达成局部 Hölder 连续, 第二种算法则应用非局部算子定义了一种新的基于 TV 模型的椒盐去噪泛函. 它保留了非局部算法的优点, 既能去除噪声又能保留噪声图像的几何特征和纹理特征. 我们针对这种泛函也提出了一种行之有效的新数值方法. 实验结果表明新算法能够有效去除自然图像和纹理图像的椒盐噪声, 且对于噪声水平高达 90% 的情形仍然行之有效.

　　对于非散度型扩散方程, 我们提出了一种包含脉冲噪声指标 λ 和 RPM 扩散算子的非散度型扩散方程, 并利用这种扩散方程对脉冲噪声和混合高斯脉冲噪声进行去噪. 脉冲噪声指标确保了算法只在噪点处扩散且不改变无噪声像素的灰度值. 实验结果表明此算法比其他已知算法有更好的去噪效果.

第6章 图 像 分 割

本章介绍图像分割中的几种模型. 首先简略地回顾几类比较传统的图像分割方法, 接下来详细介绍两类图像分割模型: 快速多区域的 CV 模型以及改进的 LBF 模型.

6.1 图像分割绪论与模型动机

图像分割[149−158] 是根据图像的灰度、颜色、纹理和边缘等特征, 把图像分成满足某种相似性准则或具有某种同质特征的连通区域的集合过程. 分割图像时, 如果加强分割区域的同性质的约束, 分割区域很容易产生许多不规则的边缘; 若加强不同区域性质的差异, 会很容易造成非同质区域的合并和边缘丢失. 所以, 根据不同的图像, 要求采用不同的分割技术. 根据分割方法的不同特点, 图像分割可以分为: 边缘检测方法[159−161]、阈值分割方法[135,162]、区域增长方法[163,164] 和活动轮廓模型方法[150,154,165−170] 等.

6.1.1 传统方法

边缘检测的实质是采用某种算法来提取出图像中对象与背景间的交界线, 将边缘定义为图像中灰度发生急剧变化的区域边界, 图像灰度的变化情况就可以用图像灰度分布的梯度来反映. 边缘检测的经典算子有 Roberts 算子、Sobel 算子、Prewitt 算子、Laplacian 算子、Canny 算子、Log 算子等.

阈值分割法是通过将图像的所有像素分别与阈值进行比较划分图像区域的方法, 它适用于物体与背景在灰度上有较大差异的情况, 但对于不存在明显灰度差异的图像难以得到准确的分割结果.

区域增长方法的基本思想是将具有相似性质的像素集合起来构成区域, 其优点是基本思想相对简单, 通常能将具有相同特征的连通区域分割出来, 并能提供很好的边界信息和分割结果, 可以用来分割比较复杂的图像. 但是区域增长法作为迭代法, 空间和时间开销都比较大, 噪声和灰度不均匀可能会导致空洞和过分割, 并在对图像中的阴影效果处理上往往不是很好.

6.1.2 活动轮廓模型方法

活动轮廓模型[150,154] 的主要思想是, 在所需图像的区域上给出封闭的初始轮廓线, 并给出一个能量函数, 然后通过最小化能量函数, 使得轮廓线在图像中运动, 最终使轮廓线停在目标边界. 目前, 活动轮廓模型主要分为两类: 基于边界的活动轮廓模型和基于区域的活动轮廓模型.

基于边界的活动轮廓模型是利用图像的梯度信息使活动轮廓线停留在物体的边界, 通过检测不同区域的边缘来解决分割问题的分割方法, 模型包括: Kass 等提出的以能量函数极小化为基础的参数活动轮廓模型或 Snake 模型[165], Caselles 等[166] 提出的几何活动轮廓模型 (geometric active contour model, GAC 模型).

基于区域的分割方法是以直接找到区域为基础的分割技术, 其算法包括区域生长和区域分离与合并算法. 基于区域的提取方法有两种基本形式: 一是区域生长, 从单个像素出发, 逐步合并以形成所需要的分割区域; 二是从全局出发, 逐步切割至所需要的分割区域. 基于区域的活动轮廓模型包括: Mumford 和 Shah 提出的 Mumford-Shah 模型[149] (M-S 模型), Chan 和 Vese 提出的 CV 模型[150](Chan-Vese 模型), Li 等提出的局部二值拟合能量模型[169,170] (local binary fitting energy model, LBF 模型).

CV 模型是用一个分段常量的图像函数近似原始的图像函数. 假设图像中只有目标和背景两类分片光滑区域时, 图像被闭合边界分割为目标和背景两个同质区域, 并建立能量函数, 当能量函数取得最小值时所得到的闭合曲线即为最佳的分割轮廓线. 与基于边界的活动轮廓模型相比, CV 模型对图像的噪声具有较强的稳健性. 但为了保证 CV 模型稳定, 演化方程迭代的时间步长都很小, 需要迭代多次才能收敛, 并且水平集函数的引入增加了每次迭代的计算量, 耗时较长.

LBF 模型假设图像可以局部近似为二值图像, 通过引入一个核函数来利用图像的局部强度信息处理具有强度不均匀性质的图像, 但这种局部性质也可能导致能量函数陷入局部极小解. 此外, LBF 模型的非凸性也可能导致局部极小解存在.

6.1.3　水平集方法

Osher 等提出的水平集方法[157], 是利用一个更高一维的水平集函数的等值曲线来隐含地表示要研究的闭合曲线, 通过不断更新这个水平集函数从而实现演化该闭合曲线的目的. 在水平集方法中, $C \subset \Omega$ 是通过零水平集的利普希茨函数 $\phi : \Omega \to \mathbb{R}$ 表示, 那么

$$\begin{cases} C = \partial\omega = \{(x,y) \in \Omega : \phi(x,y) = 0\} \\ \text{inside}(C) = \omega = \{(x,y) \in \omega : \phi(x,y) > 0\} \\ \text{outside}(C) = \Omega \backslash \bar{\omega} = \{(x,y) \in \omega : \phi(x,y) < 0\} \end{cases} \qquad (6.1.1)$$

其中 $\omega \subset \Omega$ 是开区间, $C = \partial\omega$. 对于水平集方程, 我们用未知变量 ϕ 代表未知变量 C.

为了保证数值实现的稳定性, 通常水平集函数被设置为符号距离函数, 它有效地解决了闭合曲线随时间发生形变的过程中几何拓扑变化的问题, 避免了跟踪闭合曲线演化过程, 将曲线演化转换为一个求解偏微分方程的问题. 这种做法的优点是可以随意地改变所表示曲线的拓扑结构, 因而建立在曲线演化理论与水平集方法基础上的活动轮廓模型可以自动地处理轮廓线的拓扑变化.

6.1.4 Split Bregman 方法

Split Bregman 方法是解决如下 L1 正规化问题的技术[171,172]:

$$\arg\min_{u} |\Phi u|_1 + \frac{\mu}{2}||A\mu - f||^2 \tag{6.1.2}$$

其中 Φ 和 A 是线性算子. 例如, 选择 $\Phi = \nabla$ 和 $A = I$ 产生 ROF 模型. 相对于传统的约束函数或连续方法, Split Bregman 方法有如下优点: 当应用于能量函数时, 尤其是当能量函数包含有 L1 正规项时, 不需要正规化过程, 因此 Split Bregman 方法收敛速度很快, 从而减少了解问题的个数. 与其他方法相比, 这种方法可以选择一个最小化条件数的惩罚参数, 正是因为这些优点, Split Bregman 方法被广泛应用于图像分割问题中.

虽然对于图像分割问题已存在很多传统模型, 但是这些模型都存在一些不足和缺点. CV 模型虽然对初始化不是很敏感, 但只考虑了整体信息, 不能处理强度不均匀的图像, 而且具有抗噪性弱、演化速度慢等缺点; LBF 模型中能量函数是非凸的, 只考虑了局部信息, 这样的演变很容易陷入局部最小值, 而且 LBF 模型对初始轮廓线很敏感. 因此, 在下面的两节我们主要对 CV 模型和 LBF 模型做了改进, 同时应用 Split Bregman 方法极小化, 不仅提高了改进模型的速度, 也为以后的研究奠定了基础.

6.2 快速多区 CV 模型

本节首先介绍二区 CV 模型和多区 CV 模型, 再提出改进的 CV 模型及其对应的 Split Bregman 方法, 最后是数值实验的结果和小结.

6.2.1 二区 CV 模型和多区 CV 模型

当图像由两个或者多个均匀的区域组成时, 二区和多区 CV 模型的分割效果比较好. 设 $\Omega \subset \mathbb{R}^2$ 是图像域, $I : \Omega \to \mathbb{R}$ 是一个给定的灰度级图像, 试寻求一个轮廓 C 将给定图像划分成非重叠区域, 这种模型尽量减少以下能量:

$$F^{\text{CV}}(C, c_1, c_2) = \lambda_1 \int_{\text{outside}(C)} |I(x) - c_1|^2 dx$$

$$+ \lambda_2 \int_{\mathrm{inside}(C)} |I(x) - c_2|^2 \mathrm{d}x + \nu |C| \qquad (6.2.1)$$

其中 λ_1, λ_2 和 ν 为正常数, $\mathrm{inside}(C)$ 和 $\mathrm{outside}(C)$ 分别表示轮廓 C 内部和外部的区域, c_1 和 c_2 分别是两个近似 $\mathrm{inside}(C)$ 和 $\mathrm{outside}(C)$ 区域中图像强度的常数, $|C|$ 是轮廓 C 的长度. 能够最大限度地减少上述能量的最佳常数 c_1 和 c_2, 分别是在轮廓线内部 $\mathrm{inside}(C)$ 和外部 $\mathrm{outside}(C)$ 区域中的图像强度的平均值. 对于不均匀图像, PC 模型被证明不能提供正确的图像分割结果. 因此, PS 模型的提出克服了这个限制, 代替 CV 模型中近似常数 c_1 和 c_2, 两个光滑函数 u_+ 和 u_- 被用来估计轮廓 C 内外的强度. 然而, 这种方法在极小化能量泛函的时候, 不仅需要求解关于 Φ 的演化方程, 而且需要求解两个椭圆型偏微分方程以更新两个光滑函数 u_+ 和 u_-. 该算法的复杂度限制了它在实际中的应用.

CV 模型最有吸引力的特性之一是, 它对初始化不是很敏感. 虽然该 CV 模型已经成功用于具有两个明显不同的像素强度平均值的区域的图像, 但是 CV 模型只考虑了整体信息, 不能处理强度不均匀的图像. 同样, 在多相水平集框架[153,154] 的更一般的分段常数模型并不适用于强度不均匀的图像.

设 $\Omega \subset \mathbb{R}^2$ 是图像域, $I_0 : \Omega \to \mathbb{R}$ 是一个给定的灰度图像. Vese 和 Chan 用 $m = \log_2 n$ 个水平集函数 $\psi_i : \Omega \to \mathbb{R}$ $(1 \leqslant i \leqslant m)$ 来代表 n 区. 他们用 J 标记区, 其中 $1 \leqslant J \leqslant 2^m$. 他们引入 $c = (c_1, \cdots, c_n)$ 为平均强度常向量, 其中在 J 区 $c_J = \mathrm{mean}(I_0)$. 他们提出最小化如下能量函数:

$$F_n^{\mathrm{CV}}(c, \Psi) = \sum_{1 \leqslant J \leqslant n = 2^m} \int_\Omega (I_0 - c_J)^2 \chi_J \mathrm{d}x + \sum_{1 \leqslant i \leqslant m} \nu \int_\Omega |\nabla H(\psi_i)| \qquad (6.2.2)$$

其中 $\Psi = (\psi_1, \cdots, \psi_m)$ 为向量水平函数, H 为赫维赛德函数[150,154], ν 是正常数, χ_J 是每个相 J 的特征函数, 定义如下:

$$\chi_J(x) = \begin{cases} 1, & x \in \text{相 } J \\ 0, & \text{其他} \end{cases} \qquad (6.2.3)$$

在本小节中, 我们主要集中在四区图像分割, 因此, 我们指定了四个阶段的 CV 能量函数. 对于一个特殊的情况, 当 $n = 4, m = 2$ 时, 水平集函数需要代表 4 个区. 然后, 上述能量函数 $F_n^{\mathrm{CV}}(c, \Psi)$ 可改为如下形式:

$$\begin{aligned} F_4^{\mathrm{CV}}(c, \Psi) = & \int_\Omega (I_0 - c_1)^2 H(\psi_1) H(\psi_2) \mathrm{d}x + \int_\Omega (I_0 - c_2)^2 H(\psi_1) H(\psi_2) \mathrm{d}x \\ & + \int_\Omega (I_0 - c_3)^2 (I - H(\psi_1)) H(\psi_2) \mathrm{d}x \\ & + \int_\Omega (I_0 - c_4)^2 (I - H(\psi_1)) H(\psi_2) \mathrm{d}x \end{aligned}$$

$$+\nu \int_\Omega |\nabla H(\psi_1)|\mathrm{d}x + \nu \int_\Omega |\nabla H(\psi_2)|\mathrm{d}x \qquad (6.2.4)$$

其中 $c = (c_1, c_2, c_3, c_4)$ 是常向量, $\Psi = (\psi_1, \psi_2)$.

分段常量 CV 模型的主要思想可以概括如下: 它使用 $\log_2 n$ 个水平集函数将给定的图像 I_0 分割成 n 区, 且在各区的图像强度是由常量近似的, c_J 是在 J 区的平均强度. 与多区图像分割模型[151-153] 相比, CV 模型的优点是分割区域之间不能产生空白或重叠, 它大大减少了所需的水平集函数的数量, 并且可以表示复杂的边界. CV 模型的困难是, 能量函数最小化具有局部极小解.

6.2.2 全局凸多区 CV 模型

考虑四区图像分割的最小化问题如下:

$$\min_{0\leqslant\psi_1,\psi_2\leqslant 1} F(\psi_1,\psi_2) = \min_{0\leqslant\psi_1,\psi_2\leqslant 1} \left(|\nabla\psi_1|_\rho + |\nabla\psi_2|_\rho + \beta\langle\psi_1,r_1\rangle + \beta\langle\psi_2,r_2\rangle\right) \quad (6.2.5)$$

其中 $F(\psi_1,\psi_2)$ 是能量函数, 下面通过极小化此函数对图像进行分割.

$|\nabla\cdot|_\rho$ 是加权的全变分 (TV) 范数, $\langle\,\cdot\,,\,\cdot\,\rangle$ 是内积, 分别为

$$\begin{cases} |\nabla\psi_i|_\rho = \displaystyle\int_\Omega \rho(|\nabla I_0(x)|)|\nabla\psi_i(x)|\mathrm{d}x = \mathrm{TV}_\rho(\psi_i), \\ \langle\psi_i,r_i\rangle = \displaystyle\int_\Omega \psi_i(x)r_i(x)\mathrm{d}x, \end{cases} \quad i=1,2 \qquad (6.2.6)$$

首先,

$$\rho(z) = \frac{1}{1+\theta|z|^2} \qquad (6.2.7)$$

是非负边缘函数, 参数 $\theta \neq 0$ 决定分割的详细程度. 实际上, 这一想法已在 [168], [173] 和我们以前的工作 [174,175] 中被使用.

然后, $r_i\ (i=1,2)$ 定义如下:

$$\begin{cases} r_1 = [(I_0-c_1)^2 - (I_0-c_3)^2]\psi_2 + [(I_0-c_2)^2 - (I_0-c_4)^2](1-\psi_2) \\ r_2 = [(I_0-c_1)^2 - (I_0-c_2)^2]\psi_1 + [(I_0-c_3)^2 - (I_0-c_4)^2](1-\psi_1) \end{cases} \qquad (6.2.8)$$

其中 $\Omega \subset \mathbb{R}^2$ 是图像域, $I_0 : \Omega \to \mathbb{R}$ 是一个给定的灰度图像. Vese 和 Chan 用 $m = \log_2 n$ 个水平集函数 $\psi_i : \Omega \to \mathbb{R}(1 \leqslant i \leqslant m)$ 来代表 n 区, 其中 $\Psi = (\psi_1, \psi_2)$. 他们用 J 标记区, 其中 $1 \leqslant J \leqslant 2^m$. 他们引入 $c = (c_1, \cdots, c_n)$ 为平均强度常向量, 其中在 J 区 $c_J = \mathrm{mean}(I_0)$.

最后, 我们的四区图像分割模型 (6.2.5) 可以容易地扩展成只用 $m = \log_2 n$ 个水平集函数 ψ_i 的一般 n 相模型

$$\min_{0\leqslant\Psi\leqslant 1} F_n(\Psi) = \min_{0\leqslant\psi_i\leqslant 1} \left(\sum_{i=1}^m |\nabla\psi_i|_\rho + \beta\sum_{i=1}^m \langle\psi_i,r_i\rangle\right) \qquad (6.2.9)$$

其中 $\Psi = (\psi_1, \cdots, \psi_m)$ 是向量水平集函数.

6.2.3 算法和数值实验

本小节我们介绍通过 Split Bregman 方法极小化改进的算法.

1. Split Bregman 方法极小化

为了应用 Split Bregman 方法来解决我们提出的模型的最小化问题 (6.2.5), 首先需要引入两个辅助变量 $p_1 = (p_{1x}, p_{1y})$ 和 $p_2 = (p_{2x}, p_{2y})$, 转化最小化问题 (6.2.5) 为以下等价约束极小化问题:

$$\min_{\substack{0 \leqslant \psi_1, \psi_2 \leqslant 1 \\ p_1, p_2}} (|p_1|_\rho + |p_2|_\rho + \beta \langle \psi_1, r_1 \rangle + \beta \langle \psi_2, r_2 \rangle), \quad p_1 = \nabla \psi_1, \quad p_2 = \nabla \psi_2 \quad (6.2.10)$$

为了弱化限制等式约束的条件, 添加两个二次惩罚项获得如下无约束问题:

$$\begin{aligned}
(\psi_1^*, \psi_2^*, &p_1^*, p_2^*) \\
&= \arg\min_{\substack{0 \leqslant \psi_1, \psi_2 \leqslant 1 \\ p_1, p_2}} \Big(|p_1|_\rho + |p_2|_\rho + \beta \langle \psi_1, r_1 \rangle + \beta \langle \psi_2, r_2 \rangle \\
&\quad + \frac{\alpha}{2} ||p_1 - \nabla \psi_1||^2 + \frac{\alpha}{2} ||p_2 - \nabla \psi_2||^2 \Big)
\end{aligned} \quad (6.2.11)$$

其中 $\alpha > 0$ 为常数.

我们知道二次惩罚 $\frac{\alpha}{2}||p_1 - \nabla \psi_1||^2$ 和 $\frac{\alpha}{2}||p_2 - \nabla \psi_2||^2$ 仅近似强制约束 $p_1 = \nabla \psi_1$ 和 $p_2 = \nabla \psi_2$. 为了给出严格限制约束, 通过引入两个 Bregman 变量 b_1 和 b_2, 我们将 Bregman 迭代[176,177] 应用到无约束问题 (6.2.11) 中, 该模型的最小化问题 (6.2.5) 可以转换为一系列最优化问题:

$$\begin{aligned}
(\psi_1^{k+1}, \psi_2^{k+1}, p_1^{k+1}, p_2^{k+1}) = \arg\min_{\substack{0 \leqslant \psi_1, \psi_2 \leqslant 1 \\ p_1, p_2}} \Big(&|p_1|_\rho + |p_2|_\rho + \beta \langle \psi_1, r_1 \rangle + \beta \langle \psi_2, r_2 \rangle \\
&+ \frac{\alpha}{2} ||p_1 - \nabla \psi_1 - b_1^k||^2 + \frac{\alpha}{2} ||p_2 - \nabla \psi_2 - b_2^k||^2 \Big)
\end{aligned} \quad (6.2.12)$$

其中 $b_1 = (b_{1x}, b_{1y})$ 和 $b_2 = (b_{2x}, b_{2y})$ 是两个引入的 Bregman 变量. b_1 和 b_2 能够通过 Bregman 迭代更新

$$b_i^{k+1} = b_i^k + \nabla \psi_i^{k+1} - p_i^{k+1}, \quad i = 1, 2 \quad (6.2.13)$$

其中 $b_1^0 = b_2^0 = 0 = (0,0)$.

对于固定的 p_1^k 和 p_2^k, 最小化问题的最小值 $(\psi_1^{k+1}, \psi_2^{k+1})$ 满足如下欧拉方程:

$$\nabla \psi_i^{k+1} = \frac{\beta}{\alpha} r_i^k + \nabla \cdot (p_i^k - b_i^{k+1}), \quad 0 \leqslant \psi_i^{k+1} \leqslant 1, \quad i = 1, 2 \quad (6.2.14)$$

对于图像中的每个像素, $\psi_{l,i,j}^{k+1}$ 可由如下方程更新:

$$
\begin{cases}
\gamma_{l,i,j}^{k} = p_{l,x,i-1,j}^{k} - p_{l,x,i,j}^{k} + p_{l,y,i,j-1}^{k} - p_{l,y,i,j}^{k} \\
\qquad - \left(b_{l,x,i-1,j}^{k} - b_{l,x,i,j}^{k} + b_{l,y,i,j-1}^{k} - b_{l,y,i,j}^{k} \right) \\
\tau_{l,i,j}^{k} = \dfrac{1}{4}\left(\psi_{l,i-1,j}^{k} - \psi_{l,i+1,j}^{k} + \psi_{l,i,j-1}^{k} - \psi_{l,i,j+1}^{k} - \dfrac{\beta}{\alpha}r_{l,i,j}^{k} + \gamma_{l,i,j}^{k} \right) \\
\psi_{l,i,j}^{k+1} = \max\{\min\{\tau_{l,i,j}^{k}, 1\}, 0\}
\end{cases}
\tag{6.2.15}
$$

其中 $l = 1, 2$.

2. 算法设计

本小节提供改进模型的 Split Bregman 算法:

1 输入 I_0, ψ_1^0, ψ_2^0 和 $p_1^0 = p_2^0 = b_1^0 = b_2^0 = 0 = (0, 0)$
2 计算初始 Ω_i^0, c^0
3 当 $\|\psi_1^{k+1} - \psi_1^k\| > \sigma$ 或者 $\|\psi_2^{k+1} - \psi_2^k\| > \sigma$
4 定义 r_1^k, r_2^k
5 更新 ψ_1^{k+1}, ψ_2^{k+1}
6 更新 p_1^{k+1}, p_2^{k+1}
7 更新 b_1^{k+1}, b_2^{k+1}
8 找出 I^k
9 找出 C^k
10 更新 Ω_i^k, c^k
11 结束
12 输出 I^k, C^k

其中 ψ_1 和 ψ_2 为初始化 ψ_1^0 和 ψ_1^0 的水平集函数. 两个二值阶跃函数在区域内部取 1, 区域外部取 0. 每次我们更新 ψ_1 和 ψ_2 之前, 首先需要更新四个分割区域 $\Omega_i(i = 1, 2, 3, 4)$ 和平均常向量 c. I^k 和 C^k 分别是不断变化的拟合图像和活动轮廓. 在我们的模型中使用的参数, 对以下章节的所有图像我们选择 $\alpha = 1$ 和 $\sigma = 1$. 对于参数 θ, 除非另外指明, 我们均使用 $\theta = 1$, 各图像的大小和所选择的参数 β 的值将在每一个实验被指定.

3. 数值实验

本小节给出了改进模型算法的数值实验结果. 图 6.2.1 为在简单的合成图像上的实验结果. 图 6.2.2 为没有噪声的合成图像的结果, 而图 6.2.3 展示有噪声的合成图像的结果, 我们在各图中的第一行和第二行分别给出曲线演化过程和拟合图

像. 在图 6.2.2 中可以观察到, 我们没有给白色矩形分配初始轮廓, 但最终的分割结果与初始轮廓之间是孤立的, 如图 6.2.2(d) 所示, 这是因为新的轮廓可以在演化过程中出现. 我们解释出现新的轮廓的原因如下：通过 (6.2.6) 式定义的加权全变分范数 $|\nabla \psi_i|_\rho$ 与 CV 模型中的长度项是不同的. 因为这个例子中, 我们选择参数 β 为一个较小的值, 这意味着该加权总变分范数在曲线演化中占主导地位. 因此, 新的轮廓能够在对象边界附近很快出现, 即使是在远离当前轮廓的位置, 图 6.2.4 和图 6.2.5 展示了我们的模型在一个干净的合成图像和它的噪声图像上的应用. 我们添加的噪声是标准偏差为 10.0 的随机噪声.

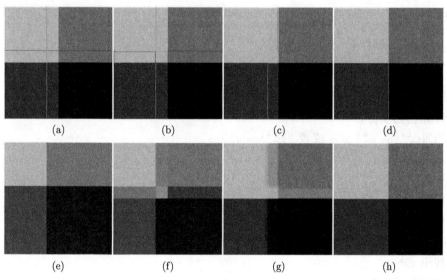

图 6.2.1　应用我们的模型到简单合成图像

(a)～(d)：从初始轮廓到最终轮廓的活动轮廓演化过程; (e)～(h)：在不同迭代过程中, 对应的拟合图像 I.

大小为 256×256, $\beta = 5$

　　其他有三结点的合成图像的结果在图 6.2.6 中给出. 该三结点无法只使用一个水平集函数表示, 大多数模型[151,152] 都需要三个水平集函数. 这里, 我们只需要两个水平集函数来表示三结点. 我们已经将我们的模型应用到干净图像和含有标准差为 10.0 的随机噪声的噪声图像上, 最终 ψ_1 和 ψ_2 的 $\mu = 0.5$ 的水平集在图 6.2.6(d) 和图 6.2.6(h) 中给出, 这不得不重叠三结点的分割. 在中间行的干净和噪声图像的 1-D 的横截面分别展示在图 6.2.6(l) 和图 6.2.6(p) 中. 图 6.2.7 和图 6.2.8 展示了我们模型对于传统合成图像的分割结果. 干净图像的结果在图 6.2.7 中展示, 而噪声图像的结果在图 6.2.8 中给出. 对干净图像我们使用两种不同的初始条件, 在图 6.2.7, 两个不相交的初始曲线在图 6.2.7(a) 中展示, 我们的模型能够很好地分割这些图像. 然而, 当使用两个相交的圆作为初始曲线时, 我们的模型将会陷入局部极小值, 如图 6.2.7(1). 对于噪声图像, 我们考虑三种不同的初始条件. 从图 6.2.8 中, 能够观察到用两个不相交的初始曲线或小的初始曲线时, 我们的模型能够准确地分割这些噪声图像, 但是对于两个相交的初始曲线是失败的.

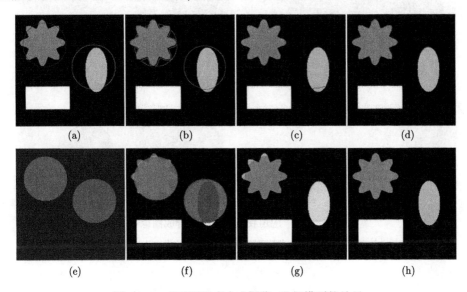

图 6.2.2 对于无噪声合成图像, 我们模型的结果

(a)~(d): 活动轮廓演化过程; (e)~(h): 对应的拟合图像 I. 大小为 200×200, $\theta = 10, \beta = 10/255^2$

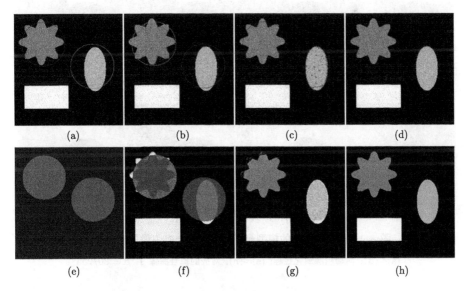

图 6.2.3 对于噪声合成图像, 我们模型的结果

(a)~(d): 活动轮廓演化过程; (e)~(h): 对应的拟合图像 I. 大小为 200×200, $\beta = 20/255^2$

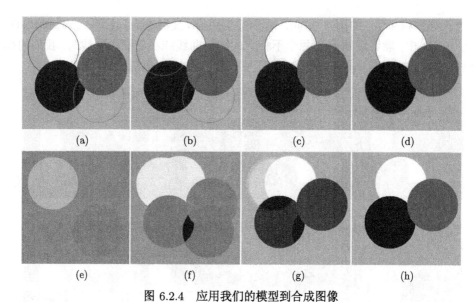

图 6.2.4　应用我们的模型到合成图像

(a)∼(d)：活动轮廓演化过程; (e)∼(h)：对应的拟合图像 I. 大小为 256×256, $\beta = 30/255^2$

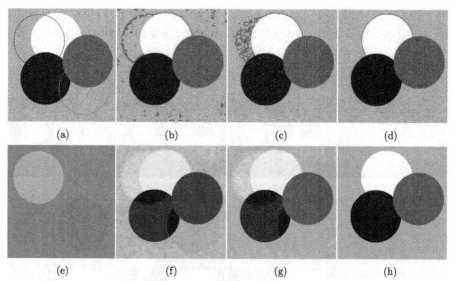

图 6.2.5　应用我们的模型到图 6.2.4 中合成图像的噪声版本

(a)∼(d)：活动轮廓演化过程; (e)∼(h)：对应的拟合图像 I. $\beta \sim 30/255^2$

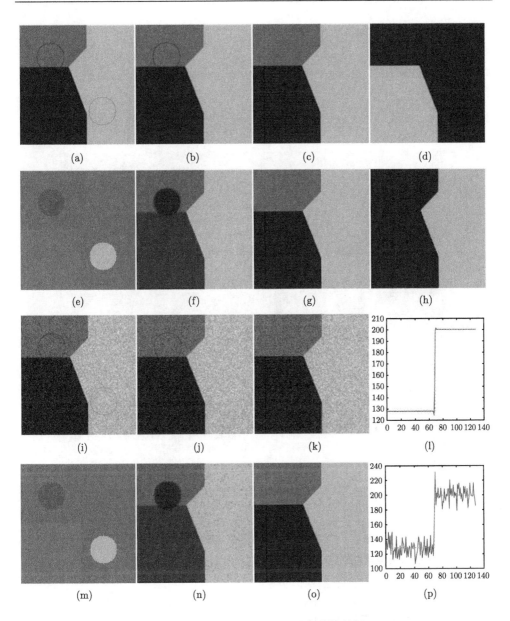

图 6.2.6 没有和有噪声的合成图像的结果

(a)~(c) 和 (e)~(g)：对于干净图像的活动轮廓演化过程和对应的拟合图像 I; (d) 和 (h)：最终 ψ_1 和 ψ_2 的 μ 水平集; (i)~(k) 和 (m)~(o)：对于噪声图像的活动轮廓演化过程和对应的拟合图像 I; (l) 和 (p)：最终拟合图像 I(虚线) 和原始图像 I_0 (实线) 的干净图像和噪声版本在中间行的强度 1-D 横截面. 大小为 128×128, $\beta = 50/255^2$

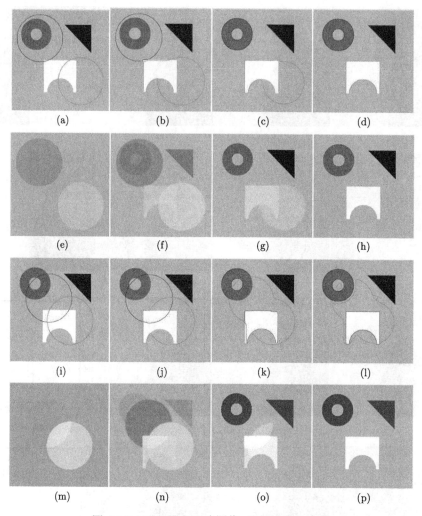

图 6.2.7　对于合成干净图像, 我们模型的结果

(a)～(d) 和 (i)～(l)：活动轮廓演化过程; (e)～(h) 和 (m)～(p)：对应的拟合图像. 大小为 256×256,
$\beta = 50/255^2$

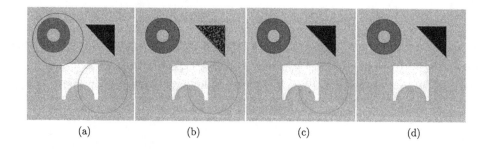

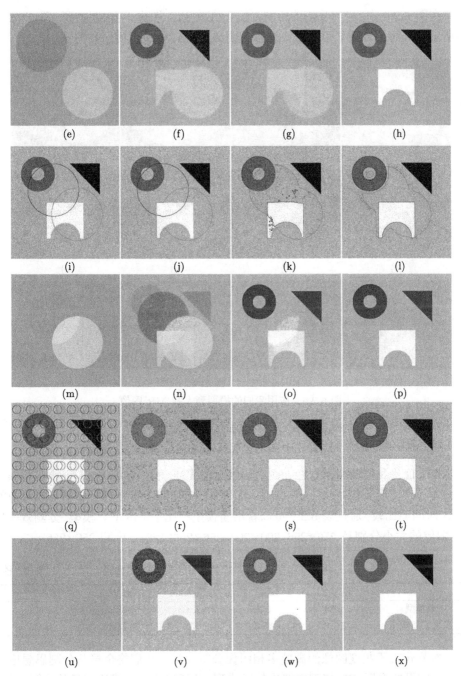

图 6.2.8 从图 6.2.7 对于相同噪声版本合成图像用不同的初始条件的结果

(a)~(d), (i)~(l) 和 (q)~(t): 用不同初始条件的活动轮廓演化过程; (e)~(h), (m)~(p) 和 (u)~(x): 对应
的拟合图像. $\beta = 50/255^2$

在图 6.2.9 中, 应用我们的模型到实际大脑 MR 图像. 可以观察到, 图 6.2.9(h) 中所示的最终拟合图像可以很好地拟合图 6.2.9 (a) 中所示的原始图像.

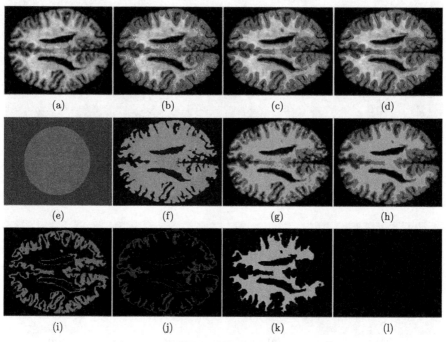

$$\text{(a)} \quad \text{(b)} \quad \text{(c)} \quad \text{(d)}$$

$$\text{(e)} \quad \text{(f)} \quad \text{(g)} \quad \text{(h)}$$

$$\text{(i)} \quad \text{(j)} \quad \text{(k)} \quad \text{(l)}$$

图 6.2.9 应用我们的模型到大脑 MR 图像

(a)~(d): 活动轮廓演化过程; (e)~(h): 拟合能量 I 的演化过程; (i)~(l): 最终四个分割和四个平均值

$c_1 = 131.7460$, $c_2 = 70.7577$, $c_3 = 192.4391$, $c_4 = 7.3103$, 大小 $= 125 \times 160$, $\beta = 30/255^2$

为了证明我们的新模型在分割的速度上的提高, 我们在表 6.2.1 中给出新模型与 CV 模型应用于图 6.2.1、图 6.2.2、图 6.2.4、图 6.2.7 中不含噪声的合成图像的 CPU 时间的比较, 通过表 6.2.1 可以看出新模型相比于多区 CV 模型, 分割效率更高, 图像的大小分别是 256×256, 200×200, 256×256, 128×128 和 256×256.

表 6.2.1 新模型和多区 CV 模型在分割时间上的比较 (单位: 秒)

	图 6.2.1	图 6.2.2	图 6.2.4	图 6.2.6	图 6.2.7
新模型	2.68	0.46	1.03	0.12	1.40
多区 CV 模型	15.37	35.39	43.95	13.32	85.22

本节介绍了灰度图像的高效多相图像分割模型. 我们将全局凸分割思想应用到分段常量的多区 CV 模型中提出的新模型, 还通过添加边缘检测函数, 将边缘信息结合到我们的新模型中. 通过这种方式, 我们的模型可以更容易地检测目标边界. 此外, 应用 Split Bregman 方法更高效地求解我们模型中能量泛函极小化问题,

并且给出一个快速的算法. 对于许多合成和实际图像, 我们的模型已经过测试, 实验结果表明, 我们的模型可以得到类似的多区 CV 模型的结果, 但我们的模型更加高效.

6.3 改进的 LBF 模型

本节首先介绍 LBF 模型[169] 并对其优缺点进行分析, 其次提出改进的 LBF 模型, 通过 Split Bregman 方法来解决 LBF 模型, 最后给出数值实验的结果和小结.

6.3.1 LBF 模型

首先, 考虑一个给定的向量值图像 $\Omega \to \mathbb{R}^d$, 其中 $\Omega \subset \mathbb{R}^d$ 是图像区域, 并且 $d \geqslant 1$ 是向量 $I(x)$ 的维数. 对于灰度图像, $d = 1$. 对于彩色图像, $d = 3$. 设 C 是在图像区域 Ω 上的轮廓线. 对每个点 $x \in \Omega$ 定义如下能量:

$$E_x = \lambda_1 \int_{\text{inside}(C)} K(x-y)|I(y)-f_1(x)|^2 \mathrm{d}y + \lambda_2 \int_{\text{outside}(C)} K(x-y)|I(y)-f_2(x)|^2 \mathrm{d}y$$
$$(6.3.1)$$

其中 λ_1 和 λ_2 是正常数, K 是具有局部特性的权函数, 当 $|u|$ 增加时, $K(u)$ 减少并趋于零. $f_1(x)$ 和 $f_2(x)$ 是两个拟合点 x 附近点的图像强度的函数, 称点 x 为上述积分的中心点, 并且上述局部二值拟合能量在中心点 x 周围. 当上述能量 E_x 取决于中心点 x、轮廓线 C 和两个拟合 $f_1(x)$ 和 $f_2(x)$ 的值时, 定义 (6.3.1) 为

$$E_x^{\text{LBF}}(C, f_1(x), f_2(x))$$

然后, 选择权函数 $K(x)$ 为高斯内核

$$K_\sigma(x) = \frac{1}{(2\pi)^{n/2}\, \sigma^2} \mathrm{e}^{-|x|^2/2\sigma^2} \qquad (6.3.2)$$

尺度参数 $\sigma > 0$, 应该突出最小化能量 f_1 和 f_2 随中心点 x 变化而变化. f_1 和 f_2 空间上的变化使此模型与 CV 分段常量模型非常不同.

由于核函数 K 具有随空间位置变化的局部特性, 拟合能量 (6.3.1) 刻画了用中心点 x 处的值 f_1 和 f_2 拟合该中心点附近点的图像强度的局部数据项, 当点 y 位于中心点 x 附近时, 权函数 $K(x-y)$ 取值较大, 而当点 y 远离中心点 x 时, $K(x-y)$ 的值急剧减小到 0. 当点 x 附近的点 y 的图像强度最小化 $E_x^{\text{LBF}}(C, f_1(x), f_2(x))$ 时, f_1 和 f_2 的值比远离中心点 x 的点 y 影响大, 并且对于较大距离的 $|x-y|$, 权函数 $K(x-y)$ 趋于零, 最小化 $E_x^{\text{LBF}}(C, f_1(x), f_2(x))$ 时, 远离中心点 x 的点 y 的图像强度对 f_1 和 f_2 的值甚至没有影响.

最后, 为了使用可扩展的局部强度信息, 在一种新的基于区域的模型中使以下能量泛函取最小值:

$$\varepsilon\left(C, f_1(x), f_2(x)\right) = \sum_{i=1}^{2} \lambda_i \int_{\Omega} \left(\int_{\Omega_i} K_\sigma(x-y) \left| I(y) - f_i(x) \right|^2 \mathrm{d}y \right) \mathrm{d}x + \nu \left| C \right| \quad (6.3.3)$$

其中 $\Omega_1 = \mathrm{inside}(C)$ 和 $\Omega_2 = \mathrm{outside}(C)$, λ_1, λ_2 和 ν 为正常数, $f_1(x)$ 和 $f_2(x)$ 分别是两个近似 Ω_1 和 Ω_2 区域上的图像强度的函数. 核函数 K_σ 的目的是更关注中心点 x 附近的点 y. 为简单起见, 令高斯核尺度参数 $\sigma > 0$

$$K_\sigma(x) = \frac{1}{2\pi\sigma^2} \mathrm{e}^{-|u|^2/(2\sigma^2)} \quad (6.3.4)$$

为了处理拓扑的变化, 在文献 [170] 中转化 (6.3.3) 为一个水平集公式.

如在水平集方法[157] 中, 轮廓 $C \subset \Omega$ 被零水平集函数 $\phi : \Omega \to \mathbb{R}$ 表示. 因此, (6.3.3) 中能量 ε 可被写成

$$\varepsilon_\varepsilon(\phi, f_1, f_2) = \int_\Omega \varepsilon_\varepsilon^x(\phi, f_1, f_2) \mathrm{d}x + \nu \int \left| \nabla H_\varepsilon(\phi(x)) \right| \mathrm{d}x \quad (6.3.5)$$

其中

$$\varepsilon_\varepsilon^x(\phi, f_1, f_2) = \sum_{i=1}^{2} \lambda_i \int K_\sigma(x-y) \left| I(y) - f_i(x) \right|^2 M_i^\varepsilon(\phi(y)) \mathrm{d}y \quad (6.3.6)$$

是区域可扩展的拟合能量, $M_1^\varepsilon(\phi) = H_\varepsilon(\phi)$ 和 $M_2^\varepsilon(\phi) = 1 - H_\varepsilon(\phi)$, $H_\varepsilon(\phi)$ 是一个近似赫维赛德函数 H 的平滑函数, 其中 H_ε 被定义为

$$H_\varepsilon(x) = \frac{1}{2} \left[1 + \frac{2}{\pi} \arctan\left(\frac{x}{\varepsilon}\right) \right] \quad (6.3.7)$$

为了保持水平集函数 ϕ 的规则性, 他们使用水平集的正规化项[178]

$$p(\phi) = \int \frac{1}{2} \left(|\nabla\phi(x)| - 1 \right)^2 \mathrm{d}x \quad (6.3.8)$$

因此, 他们提出的极小化能量函数是

$$F(\phi, f_1, f_2) = \varepsilon_\varepsilon(\phi, f_1, f_2) + \mu P(\phi) \quad (6.3.9)$$

其中 μ 为正常数.

6.3.2　全局凸 LBF 模型

本小节将介绍一个新的区域可扩展的模型, 其中包含了全局凸分割方法[179] (globally convex segmentation, GCS) 和 Split Bregman 技术. 为了极小化上述能量函数, 采用标准梯度下降法, 由演算变化, 对于固定的水平集函数 ϕ, $f_1(x)$ 和 $f_2(x)$ 极小化 $F(\phi, f_1, f_2)$ 能被如下取得:

$$f_i(x) = \frac{K_\sigma(x) * [M_i^\varepsilon(\phi(x)) I(x)]}{K_\sigma(x) * M_i^\varepsilon(\phi(x))}, \quad i = 1, 2 \quad (6.3.10)$$

对于固定的 $f_1(x)$, $f_2(x)$, 通过求解如下梯度流动方程可以获得极小化 $F(\phi, f_1, f_2)$ 的水平集函数 ϕ:

$$\frac{\partial \phi}{\partial t} = -\delta_\varepsilon(\phi)(\lambda_1 e_1 - \lambda_2 e_2) + \nu \delta_\varepsilon(\phi) \operatorname{div}\left(\frac{\nabla \phi}{|\nabla \phi|}\right) + \mu \left[\nabla^2 \phi - \operatorname{div}\left(\frac{\nabla \phi}{|\nabla \phi|}\right)\right] \quad (6.3.11)$$

其中 δ_ε 为 H_ε 的导数, 并且 e_i $(i = 1, 2)$ 被定义为

$$e_i(x) = \int K_\sigma(y - x)|I(x) - f_i(y)|^2 \mathrm{d}y, \quad i = 1, 2 \quad (6.3.12)$$

而通过改进原始的梯度流, 我们模型的极小化水平集函数 ϕ 如下:

$$\frac{\partial \phi}{\partial t} = -(\lambda_1 e_1 - \lambda_2 e_2) + \nu \operatorname{div}\left(\frac{\nabla \phi}{|\nabla \phi|}\right) \quad (6.3.13)$$

然后, 我们提出的改进 LBF 模型的极小化问题为

$$\min_{a_0 \leqslant \phi \leqslant b_0} E(\phi) = \min_{a_0 \leqslant \phi \leqslant b_0} (|\nabla \phi|_g + \langle \phi, \gamma \rangle) \quad (6.3.14)$$

在我们模型中, 我们定义能量函数为 $E(\phi)$. 首先, $|\nabla \phi|_g$ 是通过使用加权的 TV 范数实现

$$|\nabla \phi|_g = \int g|\nabla \phi|\mathrm{d}x = \mathrm{TV}_g(\phi) \quad (6.3.15)$$

其中 g 是非负边缘检测函数. 对于边缘检测器共同的选择是

$$g(\xi) = \frac{1}{1 + \beta|\xi|^2} \quad (6.3.16)$$

其中 β 是一个决定细分详细程度的参数. 通过应用加权的 TV 范数, 我们可以约束曲线的长度尽可能短, 从而促使分割轮廓更加光滑, 其中边缘检测器功能是帮助模型更容易地检测目标边界. 再有

$$\langle \phi, \gamma \rangle = \int_\Omega \phi(x)\gamma(x)\mathrm{d}x \quad (6.3.17)$$

其中 ϕ 是水平集函数, ϕ 的迭代格式将在下一小节给出. $\gamma = \lambda_1 e_1 - \lambda_2 e_2$, 而 λ_1 和 λ_2 是正常数, e_1 和 e_2 定义见 (6.3.12).

因为 $E(\phi)$ 是一次齐次的, 所以这个能量没有唯一的最小值. 这可以通过将解限制在一个有限区间内解决, 即使 $a_0 \leqslant \phi \leqslant b_0$, 从而保证整体最小值 $\min\limits_{a_0 \leqslant \phi \leqslant b_0} E(\phi)$ 存在.

6.3.3 算法和数值实验

1. Split Bregman 方法极小化

为了使用 Split Bregman 到 (6.3.14), 我们引入了辅助变量 $d \leftarrow \nabla\phi$. 为了减弱所得到的等式约束, 我们添加一个二次惩罚函数以得到以下无约束问题:

$$(\phi^*, d^*) = \underset{a_0 \leqslant \phi \leqslant b_0}{\arg\min} \left(|d|_g + \langle \phi, \gamma \rangle + \frac{\lambda}{2} ||d - \nabla\phi||^2 \right) \tag{6.3.18}$$

然后应用 Bregman 迭代严格约束 $d = \nabla\phi$, 最优化问题结果是

$$(\phi^{k+1}, d^{k+1}) = \underset{a_0 \leqslant \phi \leqslant b_0}{\arg\min} \left(|d|_g + \langle \phi, \gamma \rangle + \frac{\lambda}{2} ||d - \nabla\phi - b^k||^2 \right) \tag{6.3.19}$$

$$b^{k+1} = b^k + \nabla\phi^{k+1} - d^{k+1} \tag{6.3.20}$$

对于固定的 d, 相对于 ϕ 优化问题的欧拉–拉格朗日方程为

$$\Delta\phi^{k+1} = \frac{\gamma^k}{\lambda} + \nabla \cdot (d^k - b^k), \quad a_0 \leqslant \phi^{k+1} \leqslant b_0 \tag{6.3.21}$$

使用中心差离散拉普拉斯算子, 并使用向后差离散散度算子, 我们可以得到 (6.3.21) 的数值格式是

$$\alpha_{i,j}^k = d_{x,i-1,j}^k - d_{x,i,j}^k + d_{y,i,j-1}^k - d_{y,i,j}^k - (b_{x,i-1,j}^k - b_{x,i,j}^k + b_{y,i,j-1}^k - b_{y,i,j}^k) \tag{6.3.22}$$

$$\beta_{i,j}^k = \frac{1}{4} \left(\phi_{i-1,j}^k + \phi_{i+1,j}^k + \phi_{i,j-1}^k + \phi_{i,j+1}^k - \frac{\gamma_{i,j}^k}{\lambda} + \alpha_{i,j}^k \right) \tag{6.3.23}$$

$$\phi_{i,j}^k = \max\{\min\{\beta_{i,j}^k, b_0\}, a_0\} \tag{6.3.24}$$

对于固定的 ϕ, 由 d 表示 (6.3.19) 的极小值

$$d^{k+1} = \text{shrink}\left(b^k + \nabla\phi^{k+1}, \frac{g}{\lambda} \right) \tag{6.3.25}$$

其中

$$\text{shrink}(x, \gamma) = \frac{x}{|x|} \max\{|x| - \gamma, 0\} \tag{6.3.26}$$

2. 算法设计

Split Bregman 算法在最小化问题 (6.3.14) 中的应用归纳如下.

1 当 $\|\phi^{k+1} - \phi^k\| > \varepsilon$

2 定义 $\gamma^k = \lambda_1 e_1^k - \lambda_2 e_2^k$

3 $\phi^{k+1} = \mathrm{GS}(\gamma^k, d, b, \lambda)$

4 $d^{k+1} = \mathrm{shrink}_g\left(b^k + \nabla\phi^{k+1}, \dfrac{1}{\lambda}\right)$

5 $b^{k+1} = b^k + \nabla\phi^{k+1} - d^{k+1}$

6 若 $\Omega_1^k = \{x : \phi^k(x) > \alpha\}$

7 更新 e_1^k 和 e_2^k

8 结束

在这里, 我们使用 $\mathrm{GS}(\gamma^k, d, b, \lambda)$ 来表示一系列高斯-塞德尔式, 包括式 (6.3.22)~(6.3.24).

在具体的实验过程中, 水平集函数 ϕ 可以简单地作为一个二值初始化阶跃函数, 它在区域内部取一个恒定值 b_0, 而在区域外部则取另一个恒定值 a_0. 需要找到分割区域 $\Omega_1 = \{x : \phi(x) > \alpha\}$, 然后该阈值设定值 α 被选择为 $\alpha = (a_0 + b_0)/2$. 在展示出的大多数实验中, 我们选择 $a_0 = 0, b_0 = 1$, 而对于一些图片, 我们将选择不同的值, 以获得更好的结果或更快的收敛. 在文献 [170] 中, 为了高效地计算 (6.3.10) 的卷积, 内核 K_σ 可被截断为 $\omega \times \omega$ 的窗口, 在这里我们仍选择 $\omega = 4\sigma + 1$. 除特定情况, 对于大多数的实验, 尺度参数均选择为 $\sigma = 3.0$.

3. 数值实验

本节给出了改进模型的算法的一些数值实验结果. 除了特定情况, 我们在所有的实验中均用以下参数: $\sigma = 3.0$, $a_0 = 0$, $b_0 = 1$, $\varepsilon = 1$ 和 $\lambda = 0.001$.

图 6.3.1 展示了我们模型对不均匀的合成图像的分割结果. 从图 6.3.1 中可以看出, 我们的方法能准确地分割不均匀的图像.

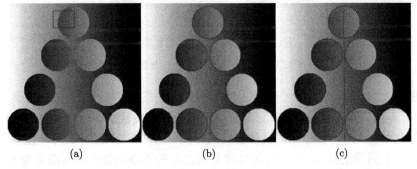

(a)　　　　　　　(b)　　　　　　　(c)

图 6.3.1　用我们提出的方法和 Split Bregman 的 CV 模型分割合成图像

(a) 原始图像和初始轮廓; (b) 我们提出方法的结果; (c) Split Bregman 的 CV 模型的结果

对于图 6.3.2 中最后一列脑部图像, 我们使用 $\beta = 10$, 而对于图 6.3.2 中第一列噪声合成图像和图 6.3.3 中第 3 行的图像, 我们使用 $\beta = 20$. 除此之外, 其余图像均使用 $\beta = 100$. 另外, 实验中的大多数图像用 $\lambda_1 = 1.1e - 5, \lambda_2 = 1e - 5$. 为了得到更好更快的结果, 其他几幅图像用不同的参数 λ_1, λ_2.

图 6.3.2 所示的所有图像都是典型的具有强度不均匀性的图像. 在图 6.3.2 中, 最上面一行是原始图像与初始轮廓, 底部行是结果与最终轮廓. 从图 6.3.2 中可以看出, 我们的方法成功地提取了这些具有挑战性的图像的边界. 对于前两列的图像, 我们选择 $\lambda_1 = \lambda_2 = 1e - 5$. 而对于最后一列的实际大脑图像, 为了把更大的惩罚放在轮廓线内部的区域, 我们使用 $\lambda_1 = 1.25e - 5, \lambda_2 = 1e - 5$. 通过这种方式, 可以阻止新轮廓出现在初始轮廓外, 这将在一定程度上防止增加轮廓线内部的区域, 图 6.3.2 的结果与原始 LBF 模型的结果相似. 然而, 比较原来的 LBF 模型和我们的模型分割相同图像时所花费的迭代次数和 CPU 时间, 如表 6.3.1 所示, 图像的像素大小分别是 $75 \times 79, 110 \times 110, 96 \times 127, 78 \times 119$. 显然, 因为我们运用了 Split Bregman 方法来优化问题, 所以我们的模型比 LBF 模型更高效.

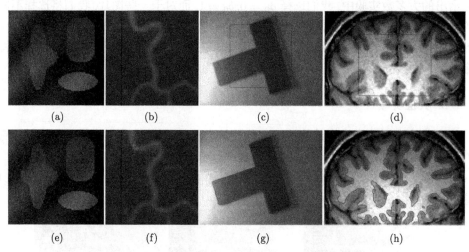

图 6.3.2　我们的模型对于合成图像和实际图像的结果

(a)~(d): 原始图像和初始轮廓; (e)~(h): 分割结果和最终轮廓

图 6.3.3 中所示为三个合成花朵图像的分割结果. 这些图像的中心都具有相同的花朵, 但是图像强度分布不同, 每行展示的是对应图像从初始轮廓到最终轮廓的曲线演化过程. 第一行图像的图像强度是分段常数, 第二、三行是两个被强度不均匀性损坏的图像的结果, 第三行的图像是第二行的干净图像添加标准差为 5.0 的随机噪声产生的, 从图 6.3.3 可以看出, 我们的模型对噪声具有稳健性.

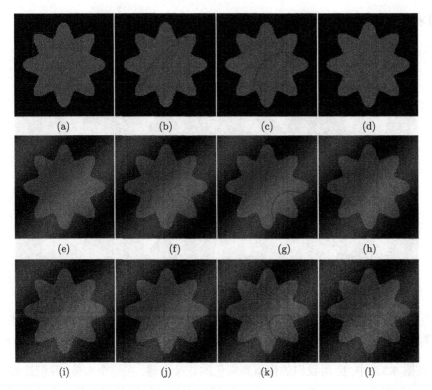

图 6.3.3 对于三个合成图像, 我们的模型结果, 对应的图像的曲线演化过程从初始轮廓 (在第一列) 到最终轮廓 (在第四列) 在每一行展示

表 6.3.1 我们的模型和 LBF 模型对于图 6.3.2 按次序的图像
的迭代次数和分割时间

(单位: 秒)

	图像 1	图像 2	图像 3	图像 4
我们的模型	32(0.33)	67(1.13)	26(0.49)	48(0.70)
LBF 模型	200(1.40)	150(1.74)	300(3.72)	300(3.01)

图 6.3.4 所示是其他合成图像的结果. 图像中有三个具有不同强度的对象. 初始轮廓和最终轮廓分别描绘在第一行和第二行的图像上. 第一列展示的是分段常数图像的分割结果, 而第二列展示的是已损坏的具有强度不均匀性图像的分割结果. 在这个实验中, 因为选择 $a_0 = 0, b_0 = 1$, 该算法不能正确地检测第三列和第四列图像的内部轮廓, 为此, 我们选择 $a_0 = -2, b_0 = 2$ 代替 $a_0 = 0, b_0 = 1$. 另外, 对于第二列和第四列的不均匀的图像, 我们选择 $\lambda_1 = \lambda_2 = 2e - 6$. 从第二列可以看出, 在背景具有强度不均匀性以及部分背景的强度非常接近圆环强度的情况下, 我们的方法依然能够成功地提取该图像中的物体边界. 该结果还表明, 我们的方法能

够用来分割具有多个不同强度值的图像.

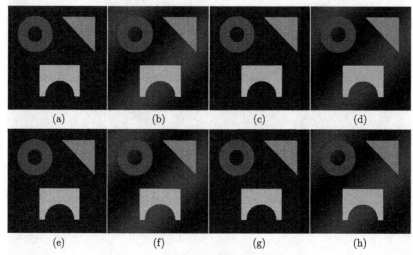

图 6.3.4   对于合成图像, 我们的模型结果

第一行: 原始图像和最终轮廓; 第二行: 最终轮廓. 第一列: 分段常量图像, $a_0 = -2$, $b_0 = 2$; 第二列: 不均匀图像, $a_0 = -2$, $b_0 = 2$; 第三列: 分段常量图像, $a_0 = 0$, $b_0 = 1$; 第四列: 不均匀图像, $a_0 = 0$, $b_0 = 1$

在图 6.3.5 中, 应用我们的模型到彩色的花朵图像. 在这个实验, 我们选择 $a_0 = -2, b_0 = 2$ 和 $\lambda_1 = \lambda_2 = 2e - 6$. (a)~(d) 展示了活动轮廓从初始状态到收敛状态的演变. 这个实验表明, 我们的方法还可以很好地分割彩色图像.

图 6.3.5   对于花的彩色图像, 我们的模型结果. 它表明从初始轮廓到最终轮廓的曲线演化过程

本节将 GCS 法和 Split Bregman 技术引入到 LBF 模型中, 从而提出改进的 LBF 模型以分割强度不均匀的图像. 该方法显著提高了 LBF 模型的效率和稳健性, 同时继承了其理想的能力, 以应对分割强度不均匀的图像.

参 考 文 献

[1] Hong L, Wan Y F, Jain A. Fingerprint image enhancement: Algorithm and performance evaluation[J]. IEEE Trans. Pattern Anal. Mach. Intell., 1998, 20(8): 777–789.

[2] Cheng J, Kot A C. Objective distortion measure for binary text image based on edge line segment similarity[J]. IEEE Trans. Image Process., 2007, 16(6): 1691–1695.

[3] Lewis A S, Knowles G P. Image compression using the 2-D wavelet transform[J]. IEEE Trans. Image Process., 1992, 1(2): 244–250.

[4] Mallat S, Falzon F. Analysis of low bit rate image transform coding[J]. IEEE Trans. Signal Process., 1998, 46(4): 1027–1042.

[5] Chen J L, Kundu A. Unsupervised texture segmentation using multichannel decomposition and hidden Markov models[J]. IEEE Trans. Image Process., 1995, 4(5): 603–619.

[6] Sweldens W. The lifting scheme: A custom-design construction of biorthogonal wavelets[J]. Appl. Comput. Harmon. Anal., 1996, 3(2): 186–200.

[7] Kollem S, Reddy K R L, Rao D S. Denoising and segmentation of MR images using fourth order non-linear adaptive PDE and new convergent clustering[J]. Int. J. Imaging Syst. Technol., 2019, 29(3): 195–209.

[8] Mohamadi N, Soheili A R, Toutounian F. A new hybrid denoising model based on PDEs[J]. Multimed. Tools Appl., 2018, 77(10): 12057–12072.

[9] Guidotti P, Longo K. Two enhanced fourth order diffusion models for image denoising [J]. J. Math. Imaging Vis., 2011, 40(2): 188–198.

[10] Wang H B, Wang Y Q, Ren W Q. Image denoising using anisotropic second and fourth order diffusions based on gradient vector convolution[J]. Comput. Sci. Inf. Syst., 2012, 9(4): 1493–1511.

[11] Liu F, Liu J B. Anisotropic diffusion for image denoising based on diffusion tensors[J]. J. Vis. Commun. Image Represent., 2012, 23(3): 516–521.

[12] Luisier F, Blu T, Unser M. Image denoising in mixed Poisson-Gaussian noise[J]. IEEE Trans. Image Process., 2011, 20(3): 696–708.

[13] Chan R H, Ho C W, Nikolova M. Salt-and-pepper noise removal by median-type noise detectors and detail-preserving regularization[J]. IEEE Trans. Image Process., 2005, 14(10): 1479–1485.

[14] Huang Y M, Ng M K, Wen Y W. A new total variation method for multiplicative noise removal[J]. SIAM J. Imaging Sci., 2009, 2(1): 20–40.

[15] Ferraioli G, Pascazio V, Schirinzi G. Ratio-based nonlocal anisotropic despeckling

approach for SAR images[J]. IEEE Trans. Geosci. Electron., 2019, 57(10): 7785–7798.

[16] Achim A, Kuruoğlu E E, Zerubia J. SAR image filtering based on the heavy-tailed Rayleigh model[J]. IEEE Trans. Image Process., 2006, 15(9): 2686–2693.

[17] Dai M, Peng C, Chan A K, et al. Bayesian wavelet shrinkage with edge detection for SAR image despeckling[J]. IEEE Trans. Geosci. Remote Sensing, 2004, 42(8): 1642–1648.

[18] Mahapatra D K, Ray S S, Roy L P. Maximum a posteriori-based texture estimation by despeckling of SAR clutter amplitude data[J]. IET Image Process., 2017, 11(8): 656–666.

[19] Tang L M, Ren Y J, Fang Z, He C J. A generalized hybrid nonconvex variational regularization model for staircase reduction in image restoration[J]. Neurocomputing, 2019, 359: 15–31.

[20] Liu X W, Huang L H, Guo Z Y. Adaptive fourth-order partial differential equation filter for image denoising[J]. Appl. Math. Lett., 2011, 24(8): 1282–1288.

[21] Lim W Q. The discrete Shearlet transform: A new directional transform and compactly supported Shearlet frames[J]. IEEE Trans. Image Process., 2010, 19(5): 1166–1180.

[22] Rife D, Boorstyn R. Single tone parameter estimation from discrete time observations[J]. IEEE Trans. Inf. Theory, 1974, 20(5): 591–598.

[23] 徐科军. 信号分析与处理 [M]. 北京: 清华大学出版社, 2006.

[24] Shapiro J M. Embedded image coding using zerotrees of wavelet coefficients[J]. IEEE Trans. Signal Process., 1993, 41(12): 3445–3462.

[25] Figueiredo M A T, Nowak R D. An EM algorithm for wavelet-based image restoration [J]. IEEE Trans. Image Process., 2003, 12(8): 906–916.

[26] Sweldens W. The lifting scheme: A construction of second generation wavelets[J]. SIAM J. Math. Appl., 1998, 29(2): 511–546.

[27] Mallat S H, Wang W L. Singularity detection and processing with wavelets[J]. IEEE Trans. Inf. Theory, 1992, 38(2): 617–643.

[28] Li H, Manjunath B S, Mitra S K. Multisensor image fusion using the wavelet transform[J]. Graph. Models Image Process., 1995, 57(3): 235–245.

[29] Gai S, Zhang B Y, Yang C H, et al. Speckle noise reduction in medical ultrasound image using monogenic wavelet and Laplace mixture distribution[J]. Digit. Signal Process., 2018, 72: 192–207.

[30] Arivazhagan S, Ganesan L. Texture classification using wavelet transform[J]. Pattern Recognit. Lett., 2003, 24(9-10): 1513–1521.

[31] Catté F, Lions P L, Morel J M, et al. Image selective smoothing and edge detection by nonlinear diffusion[J]. SIAM J. Numer. Anal., 1992, 29 (1): 182–193.

[32] You Y L, Xu W, Tannenbaum A, et al. Behavioral analysis of anisotropic diffusion in image processing[J]. IEEE Trans. Image Process., 1996, 5 (11): 1539–1553.

[33] Black M J, Sapiro G, Marimont D H, et al. Robust anisotropic diffusion[J]. IEEE Trans. Image Process., 1998, 7 (3): 421–432.

[34] Wei G W. Generalized Perona-Malik equation for image restoration[J]. IEEE Signal Process. Lett., 1999, 6 (7): 165–167.

[35] Alvarez L, Lions P L, Morel J M. Image selective smoothing and edge detection by nonlinear diffusion. II[J]. SIAM J. Numer. Anal., 1992, 29(3): 845–866.

[36] Sum A K W, Cheung P Y S. Stabilized anisotropic diffusion[C]//IEEE International Conference on Acoustics, Speech and Signal Processing (ICASSP). Honolulu, 2007, 1: I-709–I-712.

[37] Rudin L I, Osher S, Fatemi E. Nonlinear total variation based noise removal algorithms[J]. Physica D, 1992, 60 (1–4): 259–268.

[38] Gilboa G, Zeevi Y Y, Sochen N. Texture preserving variational denoising using an adaptive fidelity term[C]//Third International Workshop on Variational, Geometric, and Level Set Methods in Computer Vision (VLSM). Nice, 2003: 137–144.

[39] Luo H G, Zhu L M, Ding H. Coupled anisotropic diffusion for image selective smoothing[J]. Signal Process., 2006, 86 (7): 1728–1736.

[40] Chen K. Adaptive smoothing via contextual and local discontinuities[J]. IEEE Trans. Pattern Anal. Mach. Intell., 2005, 27 (10): 1552–1567.

[41] Krissian K, Westin C F, Kikinis R, et al. Oriented speckle reducing anisotropic diffusion[J]. IEEE Trans. Image Process., 2007, 16 (5): 1412–1424.

[42] Sapiro G. From active contours to anisotropic diffusion: connections between basic PDEs in image processing[C]//IEEE International Conference on Image Processing (ICIP). Lausanne, 1996: 477–480.

[43] Shah J. A common framework for curve evolution, segmentation, and anisotropic diffusion[C]//IEEE Conference on Computer Vision and Pattern Recognition (CVPR). San Francisco, 1996: 136–142.

[44] Barash D, Comaniciu D. A common framework for nonlinear diffusion, adaptive smoothing, bilateral filtering and mean shift[J]. Image Vis. Comput., 2004, 22 (1): 73–81.

[45] Perona P, Malik J. Scale-space and edge detection using anisotropic diffusion[J]. IEEE Trans. Pattern Anal. Mach. Intell., 1990, 12 (7): 629–639.

[46] Chen Y, Levine S, Rao M. Variable exponent, linear growth functionals in image restoration[J]. SIAM J. Appl. Math., 2006, 66 (4): 1383–1406.

[47] Weickert J, Romeny B M T, Viergever M A. Efficient and reliable schemes for nonlinear diffusion filtering[J]. IEEE Trans. Image Process., 1998, 7 (3): 398–410.

[48] Tai X C, Lie K A, Chan T F, et al. Image processing based on partial differential equations[M]//Proceedings of the international conference on PDE-based image processing and related inverse problems. Heidelberg: Springer-Verlag, 2007.

[49] Levine S, Stanich J, Chen Y. Image restoration via nonstandard diffusion[R]. Dept. Math. Comput. Sci., Duquesne Univ., Pittsburgh, PA, Tech. Rep. 04-01, 2004.

[50] Durand S, Fadili J, Nikolova M. Multiplicative noise removal using L1 fidelity on frame coefficients[J]. J. Math. Imaging Vis., 2010, 36 (3): 201–226.

[51] Chang T, Kuo C C J. Texture analysis and classification with tree-structured wavelet transform[J]. IEEE Trans. Image Process., 1993, 2(4): 429–441.

[52] Scholkmann F, Revol V, Kaufmann R, et al. A new method for fusion, denoising and enhancement of X-ray images retrieved from Talbot-Lau grating interferometry[J]. Phys. Med. Biol., 2014, 59(6): 1425.

[53] Ma J, Plonka G. Combined curvelet shrinkage and nonlinear anisotropic diffusion[J]. IEEE Trans. Image Process., 2007, 16(9): 2198–2206.

[54] Candès E, Donoho D L. Curvelets: a surprisingly effective nonadaptive representation for objects with edges[R]. Tech. Rep., 2000, DTIC Document.

[55] Candès E J, Donoho D L. New tight frames of curvelets and optimal representations of objects with piecewise C2 singularities[J]. Commun. Pure Appl. Math., 2004, 57(2): 219–266.

[56] Candes E, Demanet L, Donoho D, et al. Fast discrete curvelet transforms[J]. Multiscale Model. Simul., 2006, 5(3): 861–899.

[57] Guo Z, Sun J, Zhang D, et al. Adaptive Perona-Malik model based on the variable exponent for image denoising[J]. IEEE Trans. Image Process., 2012, 21(3): 958–967.

[58] Chen Y, Rao M. Minimization problems and associated flows related to weighted penergy and total variation[J]. SIAM J. Numer. Anal., 2003, 34(5): 1084–1104.

[59] Maiseli B J, Liu Q, Elisha O A, et al. Adaptive Charbonnier superresolution method with robust edge preservation capabilities[J]. J. Electron. Imaging., 2013, 22(4): 451–459.

[60] Koenderink J J. The structure of images[J]. Biol. Cybern., 1984, 50(5): 363–370.

[61] Witkin A P. Scale-Space Filtering: 06/494194[P]. 1987-04-14.

[62] Chen Y, Wunderli T. Adaptive total variation for image restoration in BV space[J]. J. Math. Anal. Appl., 2002, 272(1): 117–137.

[63] Chan T F, Shen J. Mathematical models for local nontexture inpaintings[J]. SIAM J. Appl. Math., 2001, 62(3): 1019–1043.

[64] Vogelv C R. Total variation regularization for Ill-posed problems[R].Tech. Rep., 1993, Department of Mathematical Sciences, Montana State University.

[65] Vese L. Problemes variationnels et EDP pour l'analyse d'images et lA evolution de courbes [D]. Nice: Universite de Nice Sophia-Antipolis, 1996.

[66] Chan T, Marquina A, Mulet P. High-order total variation-based image restoration[J]. SIAM J. Sci. Comput., 2000, 22(2): 503–516.

[67] Andreu Vaillo F, Caselles V, Mazón J M. Parabolic QuasiLinear Equations Minimizing Linear Growth Functionals[M]. Basel: Birkhäuser, 2004.

[68] Acar R, Vogel C R. Analysis of bounded variation penalty methods for ill-posed problems[J]. Inverse Probl., 1994, 10(6): 1217–1229.

[69] Strong D M, Chan T F. Spatially and scale adaptive total variation based regularization and anisotropic diffusion in image processing[R]. In Diusion in Image Processing, UCLA Math Department CAM Report, Cite-seer, 1996.

[70] Chambolle A, Lions P L. Image recovery via total variation minimization and related problems[J]. Numer. Math., 1997, 76(2): 167–188.

[71] Vese L. A study in the BV space of a denoising-deblurring variational problem[J]. Appl. Math. Optim., 2001, 44(2): 131–161.

[72] Marquina A, Osher S. Explicit algorithms for a new time dependent model based on level set motion for nonlinear deblurring and noise removal[J]. SIAM J. Sci. Comput., 2000, 22(2): 387–405.

[73] Zhou X D. An evolution problem for plastic antiplanar shear[J]. Appl. Math. Optim., 1992, 25(3): 263–285.

[74] Aubert G, Kornprobst P. Mathematical Problems in Image Processing[M]. 2nd ed. New York: Springer, 2006.

[75] Doob J L. Measure Theory[M]. New York: Springer, 1994.

[76] Ambrosio L, Fusco N, Pallara D. Functions of Bounded Variation and Free Discontinuity Problems[M]. New York: The Clarendon Press, 2000.

[77] Niculescu C P, Persson L E. Convex Functions and Their Applications: A Contemporary Approach[M]. New York: Springer, 2006.

[78] Renardy M, Rogers R C. An Introduction to Partial Differential Equations[M]. 2nd ed. New York: Springer, 2004.

[79] Brezis H. Operateurs Maximaux Monotones et Semi-Groupes de Contractions dans les Espaces de Hilbert[M]. Amsterdam: North-Holland, 1973.

[80] Wang Z, Bovik A C, Sheikh H R. Image quality assessment: From error visibility to structural similarity[J]. J. Math. Imaging Vis., 2004, 13(4): 600–612.

[81] Meng X, Zhou S L. Existence and uniqueness of weak solutions for a generalized thin film equation[J]. Nonlinear Anal.-Theory Methods Appl., 2005, 60(4): 755–774.

[82] Andreu F, Caselles V, Díaz J I, et al. Some qualitative properties for the total variation flow[J]. J. Funct. Anal., 2002, 188(2): 516–547.

[83] Liu Q, Yao Z G, Ke Y Y. Entropy solutions for a fourth-order nonlinear degenerate problem for noise removal[J]. Nonlinear Anal.-Theory Methods Appl., 2007, 67(6): 1908–1918.

[84] Wu Z Q, Zhao J N, Yin J X, et al. Nonlinear Diffusion Equations[M]. Singapore: World Scientific Publishing Co. Pte. Ltd., 2001.

[85] Guo Z C, Yin J X, Liu Q A. On a reaction-diffusion system applied to image decomposition and restoration[J]. Math. Comput. Model., 2011, 53(5-6): 1336–1350.

[86] Evans L C, Gariepy R F. Measure Theory and Fine Properties of Functions[M]. Boca Raton: CRC Press, 1992.

[87] Wu Z Q, Yin J X, Wang C P. Elliptic and Parabolic Equations[M]. Singapore: World Scientific Publishing Co. Pte. Ltd., 2006.

[88] Rudin L I, Lions P L, Osher S. Multiplicative denoising and deblurring: Theory and algorithms[M]// Osher S, Paragios N, Eds. Geometric Level Set Methods in Imaging, Vision, and Graphics, Chapter Multiplicative Denoising and De-Blurring: Theory and Algorithms. New York: Springer-Verlag, 2003: 103–119.

[89] Aubert G, Aujol J F. A variational approach to removing multiplicative noise[J]. SIAM J. Appl. Math., 2008, 68(4): 925–946.

[90] Strong D M, Chan T F. Spatially and scale adaptive total variation based regularization and anisotropic diffusion in image processing[M]. Tech. Rep. CAM96-46, Univeristy of California, Los Angeles, Calif, USA, 1996.

[91] Hore A, Ziou D. Image quality metrics: PSNR vs. SSIM[C]//Proceeding of 2010 International Conference on Pattern Recognition. IEEE Computer Society. 2010: 2366–2369.

[92] Shi J, Osher S. A nonlinear inverse scale space method for a convex multiplicative noise model[J]. SIAM J. Imaging Sci., 2008, 1(3): 294–321.

[93] Le T, Chartrand R, Asaki T J. A variational approach to reconstructing images corrupted by Poisson noise[J]. J. Math. Imaging Vis., 2007, 27(3): 257–263.

[94] Kornprobst P, Deriche R, Aubert G. Image sequence analysis via partial differential equations[J]. J. Math. Imaging Vis., 1999, 11(1): 5–26.

[95] Chambolle A. An algorithm for mean curvature motion[J]. Interfaces Free Bound., 2004, 6(2): 195–218.

[96] Giusti E. Minimal Surfaces and Functions of Bounded Variation[M]. Boston: Birkhauser, 1994.

[97] Jin Z, Yang X. Analysis of a new variational model for multiplicative noise removal[J]. J. Math. Anal. Appl., 2010, 362(2): 415–426.

[98] Zhou X. An evolution problem for plastic antiplanar shear[J]. Appl. Math. Optim., 1992, 25(3): 263–285.

[99] Ladyženskaja O A, Solonnikov V A, Uralceva N N. Linear and Quasi-linear Equations of Parabolic Type[M]. Providence: American Mathematical Society, 1967.

[100] Hardt R, Zhou X. An evolution problem for linear growth functionals[J]. Commun. Partial Differ. Equ.,1994, 19(11/12): 1879–1907.

[101] Dong G, Guo Z C, Wu B Y. A convex adaptive total variation model based on the gray level indicator for multiplicative noise removal[J]. Abstract Appl. Anal., 2013, 6(5): 1–22.

[102] Caselles V, Morel J M, Sapiro G, et al. Introduction to the special issue on partial differential equations and geometry driven diffusion in image processing and analysis[J]. IEEE Trans. Image Process., Mar. 1998, 7(3): 269–273.

[103] Lyxenburger A, Zimmer H, Gwosdek P et al. Fast PDE-based image analysis in your pocket[C]//Proceeding of Scale Space and Variational Methods in Computer Vision, Vol. 6667. Ein Gedi, 2011: 544–555.

[104] Jidesh P, Bini A A. A complex diffusion driven approach for removing data-dependent multiplicative noise[C]//Proceeding of Pattern Recognition and Machine Intelligence. 5th International Conference, PReMI 2013. Kolkata, 2013: 284–289.

[105] Liu Q, Li X, Gao T L. A nondivergence p-Laplace equation in a removing multiplicative noise model[J]. Nonlinear Anal. Real World Appl., 2013, 14(5): 2046–2058.

[106] Chen L X, Liu Y X, Liu X J. A novel model to remove multiplicative noise[J]. Journal of Computational Information Systems, 2013, 9(11): 4223–4229.

[107] Gwosdek P, Zimmer H, Grewenig S. A highly efficient GPU implementation for variational optic flow based on the Euler-Lagrange framework[J]. Trends and Topics in Computer Vision, Lecture Notes in Computer Science, 2012: 372–383.

[108] Burger W, Burge M J. Digital Image Processing, Texts in Computer Science[M]. London: Springer, 2008.

[109] Poynton C A. Digital Video and HDTV: Algorithms and Interfaces[M]. San Francisco: Morgan Kaufmann Publishers Inc, 2003.

[110] Grewenig S, Weickert J, Bruhn A. From Box Filtering to Fast Explicit Diffusion[C]// Proceeding of 32nd Annual Symposium of the German-Association-for-Pattern-Recognition. Darmstadt, 2010, 6376: 533–542.

[111] Weickert J, Grewenig S, Schroers C, et al. Cyclic schemes for PDE-based image analysis[J]. Int. J. Comput. Vis., 2016, 118(3): 275–299.

[112] Schmidt-Richberg A, Ehrhardt J, Werner R, et al. Fast explicit diffusion for registration with direction-dependent regularization[C]//Proceedings of Biomedical Image Registration. 5th International Workshop, WBIR 2012. Nashville, 2012: 220–228.

[113] Yuan C D. Some difference schemes for the solution of the first boundary value problem for linear differential equations with partial derivatives[D]. Moscow: Moscow State University, 1958.

[114] Richardson L F. The approximate arithmetical solution by finite differences of physical problems involving differential equations with an application to the stresses in a masonry dam[J]. Philos. Trans. R. Soc. Lond. Ser. A, 1911, 210: 307–357.

[115] Varga R S, Gillis J. Matrix iterative analysis[J]. Phys. Today, 1963, 16(7): 52–54.

[116] Wang Z, Zhang D. Progressive switching median filter for the removal of impulse noise from highly corrupted images[J]. IEEE Trans. Circuits Syst. II, 1999, 46(1): 78–80.

[117] Hwang H, Haddad R. Adaptive median filters: new algorithms and results[J]. IEEE Trans. Image Process, 1995, 4(4): 499–502.

[118] Ibrahim H, Kong N S P, Ng T F. Simple adaptive median filter for the removal of impulse noise from highly corrupted images[J]. IEEE Trans. Consum. Electron, 2008, 54 (4): 1920–1927.

[119] Sun T, Neuvo Y. Detail-preserving median based filters in image processing[J]. Pattern Recognit. Lett., 1994, 15(4):341–347.

[120] Hsieh M H, Cheng F C, Shie M C, Ruan S J. Fast and efficient median filter for removing 1–99% levels of salt-and-pepper noise in images[J]. Eng. Appl. Artif. Intell., 2013, 26 (4): 1333–1338.

[121] Srinivasan K S, Ebenezer D. A new fast and efficient decision-based algorithm for removal of high-density impulse noises[J]. Signal Process. Lett. IEEE. 2007, 14(3): 189–192.

[122] Esakkirajan S, Veerakumar T, Subramanyam A N, et al. Removal of high density salt and pepper noise through modified decision based unsymmetric trimmed median filter[J]. Signal Process. Lett. IEEE., 2011, 18(5): 287–290.

[123] Aiswarya K, Jayaraj V, Ebenezer D. A new and efficient algorithm for the removal of high density salt-and-pepper noise in images and videos[C]//ICCMS'10 Second International Conference on Computer Modeling and Simulation. 2010, 4: 409–413.

[124] Lu C, Chou T. Denoising of salt-and-pepper noise corrupted image using modified directional-weighted-median filter[J]. Pattern Recognit. Lett., 2012, 33: 1287–1295.

[125] Chan R H, Ho C W, Nikolova M. Salt-and-pepper noise removal by median-type noise detectors and detail-preserving regularization[J]. IEEE Trans. Image Process., 2005, 14: 1479–1485.

[126] Chen S, Yang X, Cao G. Impulse noise suppression with an augmentation of ordered difference noise detector and an adaptive variational method[J]. Pattern Recognit. Lett., 2009, 30: 460–467.

[127] Jung M, Vese L A. Nonlocal variational image deblurring models in the presence of Gaussian or impulse noise[C]//Scale Space and Variational Methods in Computer Vision. 2009: 401–412.

[128] Nikolova M. A variational approach to remove outliers and impulse noise[J]. J. Math. Imaging Vis., 2004, 20: 99–120.

[129] Cai J F, Chan R H, Di Fiore C. Minimization of a detail-preserving regularization functional for impulse noise removal[J]. J. Math. Imaging Vis., 2007, 29(1): 79–91.

[130] Buades A, Coll B, Morel J M. On image denoising method[R]. Technical report, CMLA Preprint., 2004, 5.

[131] Awate S P, Whitaker R T. Unsupervised, information-theoretic, adaptive image filtering for image restoration[J]. IEEE Trans. Pattern Anal. Mach. Intell., 2006, 28(3):

364–376.

[132] Brox T, Kleinschmidt O, Cremers D. Efficient nonlocal means for denoising of textural patterns[J]. IEEE Trans. Image Process., 2008, 17(7): 1083–1092.

[133] Protter M, Elad M. Image sequence denoising via sparse and redundant representations[J]. IEEE Trans. Image Process., 2009, 18(1): 27–35.

[134] Gilboa G, Osher S. Nolocal operators with applications to image processing[J]. Multiscale Modeling Simul, 2008, 7(3): 1005–1028.

[135] Chan R H, Ho C W, Leung C Y, Nikolova M . Minimization of detail preserving regularization functional by Newton's method with continuation[C]//2005 IEEE International Conference on Image Processing. 2005, 1: 1–125.

[136] Cheriet M, Said J N, Suen C Y. A recursive thresholding technique for image segmentation[J]. IEEE Trans. Image Process., 1998, 7(6): 918–921.

[137] Chan R H, Ho C W, Nikolova M. Salt-and-pepper noise removal by median-type noise detectors and detail-preserving regularization[J]. IEEE Trans. Image Process., 2005, 14(10): 1479–1485.

[138] Shi K, Guo Z, Dong G, et al. Salt-and-pepper noise removal via local Hölder seminorm and nonlocal operator for natural and texture image[J]. J. Math. Imaging Vis., 2015, 51(3): 400–412.

[139] Tschumperlé D, Deriche R. Vector-valued image regularization with PDEs: A common framework for different applications[J]. IEEE Trans. Pattern Anal. Mach. Intell., 2005,27 (4): 506–517.

[140] Weickert J. Anisotropic Diffusion in Image Processing[M]. Stuttgart: Teubner-verlag, 1998.

[141] Guidotti P, Kim Y, Lambers J. Image restoration with a new class of forward–backward–forward diffusion equations of Perona–Malik type with applications to satellite image enhancement[J]. SIAM J. Imaging Sci., 2013, 6(3): 1416–1444.

[142] Wu J, Tang C. PDE-based random-valued impulse noise removal based on new class of controlling functions[J]. IEEE Trans. Image Process., 2011, 20(9): 2428–2438.

[143] Tian H, Cai H, Lai J. A novel diffusion system for impulse noise removal based on a robust diffusion tensor[J]. Neurocomputing, 2014, 133: 222–230.

[144] Dong Y, Chan R H, Xu S. A detection statistic for random-valued impulse noise[J]. IEEE Trans. Image Process., 2007, 16(4): 1112–1120.

[145] Caselles V, Morel J M, Sbert C. An axiomatic approach to image interpolation[J]. IEEE Trans. Image Process., 1998, 7(3): 376–386.

[146] Chan T F, Shen J. Nontexture inpainting by curvature-driven diffusions[J]. J. Vis. Commun. Image Represent., 2001, 12(4): 436–449.

[147] Weickert J. Theoretical Foundations of Anisotropic Diffusion in Image Processing[M]. Kaiserslautern: Springer, 1996.

[148] Yan M. Restoration of images corrupted by impulse noise and mixed Gaussian impulse noise using blind inpainting[J]. SIAM J. Imaging Sci., 2013, 6(3): 1227–1245.

[149] Yang M, Liang J, Zhang J, et al. Non-local means theory based Perona-Malik model for image denosing[J]. Neurocomputing, 2013, 120: 262–267.

[150] Mumford D, Shah J. Optimal approximations by piecewise smooth functions and associated variational problems[J]. Comm. Pure Appl. Math., 1989, 42: 577–685.

[151] Chan T F, Vese L A. Active contours without edges[J]. IEEE Trans. Image Process., 2001, 10(2): 266–277.

[152] Zhao H, Chan T F, Merriman B, et al. A variational level set approach to multiphase motion[J]. J. Comput. Phys., 1996, 127(1): 179–195.

[153] Samson C, Blanc-Feraud L, Aubert G, et al. A variational model for image classification and restoration[J]. IEEE Trans. Pattern Anal. Mach. Intell., 2000, 22(5): 460–472.

[154] Paragios N, Deriche R. Geodesic active regions and level set methods for supervised texture segmentation[J]. Int. J. Comput. Vis., 2002, 46(3): 223–247.

[155] Vese L A, Chan T F. A multiphase level set framework for image segmentation using the mumford and shah model[J]. Int. J. Comput. Vis., 2002, 50(3): 271–293.

[156] Chen Y, Vemuri B C, Wang L. Image denoising and segmentation via nonlinear diffusion[J]. Comput. Math. Appl., 2000, 39(5–6): 131–149.

[157] Park J H, Lee G S, Park S Y. Color image segmentation using adaptive mean shift and statistical model-based methods[J]. Comput. Math. Appl., 2009, 57(6): 970–980.

[158] Osher S, Sethian J A. Fronts propagating with curvature dependent speed: Algorithms based on Hamilton–Jacobi formulations[J]. J. Comput. Phys., 1988, 79(1): 12–49.

[159] Malladi R, Sethian J A, Vemuri B C. Shape modeling with front propagation: A level set approach[J]. IEEE Trans. Pattern Anal. Mach. Intell., 1995, 17(2): 158–175.

[160] Ma W Y, Manjunath B. EdgeFlow: A technique for boundary detection and image segmentation[J]. IEEE Trans. Image Process., 2000, 9(8): 1375–1388.

[161] Boskovitz V, Guterman H. An adaptive neuro-fuzzy system for automatic image segmentation and edge detection[J]. IEEE Trans. Fuzzy Syst., 2002, 10(2): 247–262.

[162] Nadernejad E. Edge detection techniques: evaluations and comparisons[J]. Appl. Math. Sci., 2008, 2(31): 1507–1520.

[163] Lim Y W, Lee S U. On the color image segmentation algorithm based on the thresholding and the fuzzy c-means techniques[J]. Pattern Recogn., 1990, 23(9): 935–952.

[164] Pavlidis T, Liow Y T. Integrating region growing and edge detection[J]. IEEE Trans. Pattern Anal. Mach. Intell., 1990, 12(3): 225–233.

[165] Chang Y L, Li X. Adaptive image region-growing[J]. IEEE Trans. Image Process., 1994, 3(6): 868–872.

[166] Kass M, Witkin A, Terzopoulos D. Snakes: Active contour models[J]. Int. J. Comput. Vis., 1988, 1: 321–331.

[167] Caselles V, Kimmel R, Sapiro G. Geodesic active contours[J]. Int. J. Comput. Vis., 1997, 22(1): 61–79.

[168] Kimmel R, Amir A, Bruckstein A. Finding shortest paths on surfaces using level set propagation[J]. IEEE Trans. Pattern Anal. Mach. Intell., 1995, 17(6): 635–640.

[169] Goldstein T, Bresson X, Osher S. Geometric applications of the split Bregman method: segmentation and surface reconstruction[J]. SIAM J. Appl. Math., 2009, 45(1-3): 272–293.

[170] Li C M, Kao C Y, Gore J C, et al. Implicit active contours driven by local binary fitting energy[C]//IEEE Conference on Computer Vision and Pattern Recognition. Minneapolis: IEEE Computer Society, 2007: 1–7.

[171] Li C M, Kao C Y, Gore J C, et al. Minimization of region-scalable fitting energy for image segmentation[J]. IEEE Trans. Image Process., 2008, 17(10): 1940–1949.

[172] Goldstein T, Osher S. The split Bregman method for L1 regularized problems[J]. SIAM J. Imaging Sci., 2009, 2(2): 323–343.

[173] Yin W, Osher S, Goldfarb D, et al. Bregman iterative algorithms for L1-minimization with applications to compressed sensing[J]. SIAM J. Imaging Sci., 2008, 1(1): 143–168.

[174] Bresson X, Esedoḡlu S, Vandergheynst P, et al. Fast global minimization of the active contour/snake model[J]. J. Math. Imaging Vision, 2007, 28: 151–167.

[175] Yang Y Y, Li C M, Kao C Y, et al. Split Bregman method for minimization of region-scalable fitting energy for image segmentation[C]//Proceedings of International Symposium on Visual Computing (ISVC), Vol. 6454. Las Vegas, 2010: 117–128.

[176] Yang Y Y, Wu B Y. Convex image segmentation model based on local and global intensity fitting energy and split Bregman method[J]. J. Appl. Math., 2012, Article ID 692589.

[177] Bregman L M. The relaxation method of finding the common point of convex sets and its application to the solution of problems in convex programming[J]. USSR Comp. Math. Math. Phys., 1967, 7(3): 200–217.

[178] Osher S, Bueger M, Goldfarb D, et al. An iterative regularization method for total variation-based image restoration[J]. Multiscale Model. Simul., 2005, 4: 460–489.

[179] Li C M, Xu C, Gui C, et al. Level set evolution without re-initialization: a new variational formulation[C]//IEEE Conference on Computer Vision and Pattern Recognition. San Diego: IEEE Computer Society, 2005: 430–436.

[180] Chan T, Esedoglu S, Nikolova M. Algorithms for finding global minimizers of image segmentation and denoising models[J]. SIAM J. Appl. Math., 2006, 66 (5): 1632–1648.